U0252231

《环境经济与管理》

编 委 会

主　编　王　远

副主编　安艳玲　张　晨　刘　宁

编　委（以姓氏笔画为序）

万玉秋　石　磊　吕百韬　刘　岩　李文青

张式军　陈　洁　罗　进　黄逸敏

主　审　陆根法

普通高等教育“十三五”规划教材

环境经济与管理

ENVIRONMENTAL ECONOMICS AND MANAGEMENT

王　远　主编

中国环境出版集团·北京

图书在版编目（CIP）数据

环境经济与管理/王远主编. —北京：中国环境出版集团，2020.2

ISBN 978-7-5111-4283-2

Ⅰ. ①环… Ⅱ. ①王… Ⅲ. ①环境经济—经济管理—研究 Ⅳ. ①X196

中国版本图书馆 CIP 数据核字（2020）第 020508 号

出 版 人 武德凯
责任编辑 宾银平
责任校对 任 丽
封面设计 彭 杉

出版发行 中国环境出版集团
（100062 北京市东城区广渠门内大街 16 号）
网 址：http://www.cesp.com.cn
电子邮箱：bjgl@cesp.com.cn
联系电话：010-67112765（编辑管理部）
010-67113412（第二分社）
发行热线：010-67125803，010-67113405（传真）

印 刷 北京中科印刷有限公司
经 销 各地新华书店
版 次 2020 年 1 月第 1 版
印 次 2020 年 1 月第 1 次印刷
开 本 787×1092 1/16
印 张 17
字 数 310 千字
定 价 48.00 元

【版权所有。未经许可，请勿翻印、转载，违者必究。】
如有缺页、破损、倒装等印装质量问题，请寄回本集团更换

中国环境出版集团郑重承诺：
中国环境出版集团合作的印刷单位、材料单位均具有中国环境标志产品认证；
中国环境出版集团所有图书“禁塑”。

前　言

当今人类社会正面临诸多环境问题，在这其中最主要的问题有：①可再生资源（特别是淡水资源、渔业等生物资源）的消耗，严重超出其自然更新能力；②能源的开发与利用缺乏可持续性；③自然区域的生物多样性正因农业和人类居住区用地的扩张逐渐丧失；④日益依赖化学品来促进经济发展产生大量的健康风险、环境污染、处置难题；⑤缺乏良好规划的快速都市化，特别是沿海地区都市化，正在给邻近地区生态系统造成沉重负担；⑥大量排放温室气体等各种污染物质，严重干扰周期复杂且还不完全为人类所知的全球生物化学作用，导致急剧且广泛的气候变暖、酸沉降、臭氧层耗减等全球环境变化。严峻的现实迫使人们持续反思：环境问题产生的根源究竟是什么？

人类社会对于环境问题的探讨经历了三个阶段：①归结为生产技术问题的阶段；②归结为经济运行问题的阶段；③归结为社会发展问题的阶段。伴随着上述认识的逐步深入，环境管理的发展也相应经历了三个阶段：①技术控制阶段；②经济调控阶段；③和谐发展阶段。

起初各国政府为应对频发的环境公害事件，认为只要从生产技术环节入手，加强对污染排放的削减治理，实施严格的污染控制，就能解决环境问题。因此在技术控制阶段，政府通过设置专职的环境管理机构，颁布大量的污染防治法规，依靠国家意志力强制推行严格的环境质量标准和污染排放标准，初步遏制了肆无忌惮的环境污染、资源浪费和生态破坏行为，正式确立起环境管理在政府职能中的重要地位。

随着市场经济的环境外部不经济性以及自然资源与生态环境的多重价值得到

普遍确认，环境问题就不再单纯是生产技术问题，同时也是经济运行问题。因此在经济调控阶段，环境管理延伸至经济领域，经济调控成为技术控制的重要补充与改进，借助市场机制为其提供更高的经济效率和灵活性，正式确立起政府通过环境管理有效干预市场经济运行的重要职能。

当前可持续发展理念被人类社会广泛接受，人类社会发展绝不是单纯的经济增长，更为重要的是提高健康水平、改善生活质量，营造能有效保障人们享有平等、自由、尊严、教育以及免受暴力、恐惧、匮乏的和谐社会，经济增长也绝不能超越自然资源和生态环境的承载限度。因此在和谐发展阶段，环境管理重视“以人为本”，强调社会、经济、资源、环境的和谐发展，推动清洁生产、绿色消费、循环经济的深入实施，谋求合理减少资源消耗、降低环境压力、维持生态平衡以及资源与环境的稳定，逐步确立起政府必须将消除贫困、维护社会公正与保护环境三者统筹解决的重要转变思想。

狭义的环境管理主要是指环境污染控制，广义的环境管理还涵盖自然资源与自然生态管理。政府借助坚决有效的环境管制和灵活高效的经济激励，合理调控经济主体进行生产与消费的种类、数量、方式，重点是抑制能耗高、物耗大、污染重、处理难类产品的生产与消费，约束经济主体承担相应环境费用、履行相应环境责任。

综上所述，环境经济与管理就是人类为实现人与自然和谐关系实施的有意识自我约束，通过合理调控人类思想观念与社会行为（特别是经济主体的生产行为和消费行为），主动谋求社会经济发展与生态环境承载力相适应。作为沟通人与自然的桥梁和纽带，环境管理的突出特点就是运用社会经济规律调控人类自身行为，使其遵循自然生态规律。

我国的环境管理工作，是在党的领导下，在中国特色社会主义制度体系下开展的，要深入认识和理解新时代背景下我国环境管理的内涵和规律，就必须深刻认识中国特色社会主义制度。2019 年 10 月，中国共产党第十九届四中全会审议通过了《中共中央关于坚持和完善中国特色社会主义制度、推进国家治理体系和治理能力现代化若干重大问题的决定》。这是我们党的历史上第一次在中央全会专门研究国家制度和国家治理问题，全会提出，“中国特色社会主义制度是党和人民在长期实践探索中形成的科学制度体系，我国国家治理一切工作和活动都依照中国特色社会主义制度展开，我国国家治理体系和治理能力是中国特色社会主义制度及其执行能力的集中体现”。与此同时，我们也要清醒地认识到实现治理体系和治理能力现代化的重要性。

中国特色社会主义的环境管理，一方面要把握社会经济规律和自然生态规律，在人与自然冲突的表象背后，存在着深刻、复杂、尖锐、激烈的人类社会内部利益冲突与博弈：面对资源的稀缺性与环境价值的多重选择性，围绕当前利益与长远利益、私人利益与公众利益、局部利益与整体利益，各方利益主体都想以最小代价谋求最大利益份额。另一方面要结合在我国国家制度和国家治理体系的大背景下，中国特色环境管理具有集中统一领导、密切联系群众，全国一盘棋，集中力量办大事等多方面的显著优势，同时也要着力提升管理能力现代化水平，要根据新情况、新矛盾的出现，不断进行完善甚至纠错。在开展中国特色环境管理的过程中，制度自信和改革创新，二者是辩证统一的。

因此新时代下的中国特色环境管理，只有深刻认识中国特色社会主义制度下我国国家制度和国家治理体系的显著特点，全面把握和评估社会内部冲突各方利益诉求的正当性及其轻重缓急，寻求各方均能接受妥协的利益切分配置最佳平衡点，才能合理调控和均衡人类社会经济活动，谋求既保护环境又发展经济的双赢结果。

目 录

第一章　环境事务中的政府干预理论

在人类社会经济迅猛发展的当下，自然资源枯竭、环境退化和生态破坏产生的不利影响，包括荒漠化、全球气候变暖、土地退化、淡水资源短缺和海水酸化等，严重困扰着人类社会经济的可持续发展。各国政府也越来越重视环境保护问题，而这不仅仅限于生产技术层面的约束和管理，从社会经济的角度着手已成为目前的常规办法。

环境问题的产生原因是多方面的，环境资源的公共物品属性是引发环境问题的经济性根源。正是由于这一属性，环境资源的价值往往不能正确地反映到价格上，而个体为了个人利益的最大化，使得环境资源的配置不能达到帕累托最优状态，这就出现了市场无法有效配置资源的“市场失灵”现象以及随之而来的环境问题，表现出典型的环境外部不经济性。为使环境的外部不经济性内部化，庇古（Pigou）提出了庇古税理论，即根据污染水平对排污者征税，用税收来平衡私人成本与社会成本；科斯（Coarse）则认为可以通过界定环境产权，建立环境产权交易市场来解决外部不经济性。虽然论述的角度不同，但他们都认为政府在环境事务中可以进行有效的干预，从而达到解决环境问题的目标。

本章通过介绍环境资源的公共物品属性、外部性的基本概念和市场失灵、政府干预的基本理论，探讨政府在环境管理中的职能，即通过环境管理实现环境费用的私人成本化。

第一节　环境资源的公共物品属性

一、环境与资源的价值理论

（一）环境与资源

环境，是影响人类生存和发展的各种天然的和经过人工改造的自然因素的总体，包括大气、水、海洋、土地、矿藏、森林、草原、湿地、野生生物、自然遗迹、人文遗迹、自然保护区、风景名胜区、城市和乡村等。

资源，一般可以分为自然赋予的自然资源和来自人类社会的社会资源（如社会的、经济的、技术的因素）。狭义上的资源即自然资源，指在一定的时间和技术条件下，能够产生经济效益，以提高人类当前和未来福利的自然环境因素的总称。

专栏 1-1 自然资源的范畴

根据自然资源能否再生，可将自然资源分为可再生资源与非再生资源。

（1）可再生资源：又称可更新资源，是指那些被人类开发利用后再生能力能得到恢复或能再生的资源，如水资源、生物资源等。

（2）非再生资源：又称不可更新资源，一般是指那些在人类开发利用后储量会逐渐减少以至枯竭而不能再生的资源，如矿产资源等。

环境与资源，从空间和本质上讲并无严格的区别。它们是一个事物的两个不同的方面。资源作为环境存在时，其自然属性即是环境的各项因子和要素；而环境作为资源存在时，则是相对于人类生产过程而言的有使用价值的具体的环境因子。因此，我们可以认为环境就是一种资源，这是因为：第一，它为人类生活生产提供原材料，包括可再生的和不可再生的资源，如土地、水、森林、矿藏等都是经济发展的物质基础。第二，它为人类及其他生命体提供生存场所，即人类赖以生存和繁衍的栖息地。第三，它对人类活动排放的污染物具有扩散、贮存、同化的作用，即环境对污染物具有净化作用。第四，它提供景观服务。优美的大自然有着令人心旷神怡的巍峨高山和宽广江河，是人类旅游休闲的胜地，是人类精神生活和社会福利的物质基础。

（二）环境资源的价值理论

环境资源是否具有价值是环境经济学研究中的一个重要的核心问题。在哲学上，价值是指客体的属性和功能能够满足主体的需要的一种功效或效用，即客体对主体生存和发展的意义。主体的需要，推动主体作用于客体，客体能够满足主体需要，它就具有价值；而主体需要的满足，就是客体价值的实现。从上面所讲的可以看出，在人类和环境这对关系中，人类是主体，环境是客体，环境能够提供满足人类生存、发展和享受所需要的物质性商品和舒适性服务。因此，对人类而言环境是有价值的，而且随着人类社会的发展进步，其价值也将越来越大。

劳动的二重性理论是马克思价值理论的核心。马克思对于价值和使用价值是这样定义的：使用价值是商品的自然属性，是由具体劳动创造的；价值是凝结在商品中的一般人类劳动，是商品的社会属性，是由抽象劳动创造的。使用价值是价值的物质承担者，离开使用价值，价值就不存在了。运用马克思的劳动价值理论来考察环境资源是否具有价值，关键在于环境是否凝结着人类的劳动。事实上，人类为了使自然资源消耗与经济发展需求增长相均衡，投入了大量的人力、物力。不仅要对自然资源的开发利用制订计划，还要进行相应的环境管理。环境资源早已不是纯天然的自然资源，它们绝大多数包含有人类劳动的参与，打上了人类劳动的烙印，因而具有价值。

此外，根据生态补偿理论，社会经济系统与自然环境系统有着极为密切的关系，它们不断进行着物质与能量的交换。在这个过程中，社会经济系统的发展要从自然环境系统中获取作为原材料的自然资源产品，同时又要将生产和生活废弃物返回到自然环境系统中。这说明，社会经济系统产生和消费的产品的价值，不仅来自劳动生产，还来自自然环境，因而自然环境是有价值的。

从经济学角度来看，价值是商品经济的基本范畴之一，它是伴随着生产力水平逐步提高而出现的。环境资源在为人类社会生产生活提供服务的过程中，体现了价值。传统的资源价值观念产生出“资源无价”的观念，不仅不利于环境资源的合理使用，而且导致人类无节制地、过度地开发使用资源，造成许多矿产资源巨大的浪费和珍稀生物物种灭绝。因此，我们要对环境资源价值做出正确的估算，以合理的经济手段对环境资源进行开发利用、保护和改善，改变传统资源价值的理念，确立环境资源价值的评估体系，以实现环境资源的最优配置。

二、公共物品

经济学家保罗•A. 萨缪尔森（Paul A. Samuelson）在《经济学》（第 14 版）中将物品分为两类：公共物品与私人物品。他认为，公共物品是这样一些产品：不论每个人是否愿意购买它们，它们带来的好处将不可分开地散布到整个社区里，比如国防。相比之下，私人物品是这样一些产品：它们能分割开并可分别提供给不同的个人，也不带给他人外部的收益或成本。公共物品的有效供给通常需要政府才能实现，而私人物品则可以通过市场有效率地加以分配。

公共物品既无排他性又无竞争性。其中，排他性是指可以阻止他人使用这种物品的特性；竞争性是指一个人使用这种物品将减少其他人对该物品的消费或享受的特性。这就是说，不能排除人们使用一种公共物品，而且一个人享用一种公共物品并不减少另一个人对它的享用。例如，国防就是一种标准的公共物品。一旦要保卫国家免受外国入侵，就不可能排除任何一个人不享有这种国防的好处，因为要排除任何人享用国防的利益要花费很大的成本。而且，当一个人享受国防的好处时，他并不减少其他任何一个人的好处。和国防一样，知识的创造也是一种公共物品。如果一个数学家证明了一个新定理，该定理就成为人类知识宝库的一部分，任何人都可以免费使用，排除其他人享用的成本将是很高的。

三、环境资源的公共物品属性

环境资源的含义包括两个方面：一方面是指诸如水、土地、生物、矿产等单个环境要素以及经这些要素组合而成的环境状态；另一方面是指环境容纳污染物的能力，也称为“环境自净能力”。环境资源中除少数资源（如土地、矿产资源）可实现产权意义上的分割外，其他大部分环境资源尚不具备分割的可能性；而就其容纳污染物的能力而言，环境资源在个体之间也是不可分割的，因而可以说环境资源具有公共物品的属性。首先，环境资源在消费上没有排他性。作为人类生存和发展的基础，环境资源具有共享性，个体对环境资源的依赖和享用，并不妨碍其他人对环境的消费和享用；其次，环境资源在消费上具有非竞争性，即公共物品每增加一个单位的消费，其边际成本为零。也就是说，每增加一个单位的环境资源的供给，并不需要相应增加一个单位的成本。可以免费使用的特征使得公共态的环境资源往往被过度使用，使用过后质量下降的特性使得它们的结局都类似于一个寓言故事——“公地悲剧”。

专栏 1-2　公地悲剧（Tragedy of the Commons）

设想生活在一个中世纪小镇上。该镇的人从事许多经济活动，其中最重要的一种是养羊。镇上的许多家庭都有自己的羊群，并出卖用以做衣服的羊毛来养家。

最初，羊大部分时间在镇周围土地的草场上吃草，这块地被称为镇公共地。没有一个家庭拥有土地。相反，镇里的居民集体拥有这块土地，所有的居民被允许在这块地的草场上放羊。集体所有权很好地发挥了作用，因为土地很大。只要每个人都可以得到他们想要的有良好草场的土地，镇公共地就不是一种竞争性物品。而且，允许居民在草场上免费放羊也没有引起问题，镇上的每一个人都是幸福的。

时光流逝，镇上的人口在增加，镇公共地草场上的羊也在增加。由于羊的数量日益增加而土地是固定的，土地开始失去自我养护的能力。最后，土地变得寸草不生。由于公共地上没有草，养羊不可能了。这样，该镇曾经繁荣的羊毛业也消失了，许多家庭失去了生活的经济来源。

什么原因引起这种悲剧？为什么牧羊人让羊繁殖得如此之多，以至于毁坏了镇的公共地呢？原因是社会与私人激励不同。避免草地破坏依靠牧羊人的集体行动。如果牧羊人可以共同行动，他们就应该使羊群繁殖减少到公共地可以承受的规模。但没有一个家庭有减少自己羊群规模的激励，因为每家的羊群只是问题的一小部分。

实际上，公地悲剧的产生是因为外部性，当一个家庭的羊群在公有地上吃草时，它降低了其他家庭可以得到的土地质量。由于人们在决定自己有多少羊时并不考虑这种负外部性，结果羊的数量过多，超出了公共地的承受规模。

如果预见到了这种悲剧，镇里可以用各种方法解决这个问题。它可以控制每个家庭羊群的数量，通过对羊征税把外部性内部化，或者拍卖限量的牧羊许可证。这就是说，中世纪小镇可以用现代社会解决污染问题的方法来解决放牧过度的问题。

但是，土地的这个例子还有一种较简单的解决方法，该镇可以把土地分给各个家庭。每个家庭都可以把自己的一块地用栅栏圈起来，并使之免于过度放牧。用这种办法，土地就成为私人物品而不是公共资源。在17世纪英国圈地运动时期实际就出现了这种结果。

公地悲剧是一个有一般性结论的故事：当一个人使用公共资源时，他减少了其他人对这种资源的享用。由于这种负外部性，公共资源往往被过度使用。政府可以通过管制或税收减少公共资源的使用来解决这个问题。此外，政府有时也可以把公共资源变为私人物品。

作为公共物品，环境资源具有如下特征：第一，由于环境资源产权的非排他性，人类生产消费活动所必需的环境资源是一种对个体免费却具有社会成本的资源。这样，在其维护和生产过程中，追求自身利益最大化的生产者可能产生“搭便车”的动机，而消费者有可能隐瞒他对环境资源的真实偏好。市场不可能通过私人交易来实现对公共物品的最优配置，即存在“市场失灵”的现象。第二，在公共部门提供生态环境产品时，存在如何将个体偏好整合为公共偏好的问题。个体通常使用投票机制来表达偏好，但这一方式存在各种各样的困难，难以准确地表达消费者的偏好。而非投票机制（如强制性的治理制度）则有可能扭曲时间和空间信息，难以高效地提供环境资源。这意味着政府或公共部门的决策可能并非最优选择，即政府干预也存在效率与公平的问题。第三，由于消费和收益的非排他性，私人企业将无法实现排他性的收益，从而不会主动地从事改善环境的行为。

第二节 环境的外部不经济性和市场失灵

一、环境的外部不经济性

（一）外部性的概念

早在古典经济学时期，经济学家们就已经开始了对外部性的探讨。亚当·斯密（Adam Smith）对公共工程的分析，约翰·斯图亚特·穆勒（John Stuart Mill）对灯塔的分析，就是这方面的著名例子。但是，外部性作为一个正式概念，最早是由阿尔弗雷德·马歇尔（Alfred Marshall）提出来的，而最先系统分析外部性的则是马歇尔的学生庇古。

马歇尔在谈到外部经济时写道："我们可以把因任何一种货物的生产规模之扩大而发生的经济分为两类：第一是有赖于这工业的一般发达的经济；第二是有赖于从事这工业的个别企业的资源、组织和经营效率的经济。我们可称前者为外部经济，后者为内部经济。"

从上面的这段话中可以看出，马歇尔实际上只提到正外部性，庇古则区分了正外部性和负外部性。他在解释两者时说："此问题的本质是，个人 A 在对个人 B 提供某项支付代价的劳动的过程中，附带地，亦对其他人提供劳务（并非同样的劳务）或损害，而不能从受益的一方取得支付，亦不能对受害的一方施以补偿。"可见，外部性是指，某一厂商的经营活动对其他厂商、消费者、社会整体造成有利或有害影响，但该厂商并不能获得相应的报酬或承担相应的损失。

根据庇古对外部性的定义来看，外部性具有下列含义：

（1）外部性是指某厂商或某项经济活动所引起的与本活动的成本和收益没有直接联系从而未计入本经济活动之内的外部的经济影响，它是从本项活动财务上所付出的费用及所取得的效益出发考虑的；

（2）外部影响有“好”的或“正”的影响，也有“坏”的或“负”的影响，在经济上有费用小而效益大的，也有耗费大而收益小的，这种影响与市场交易没有直接关系；

（3）本项经济活动与被影响的各个方面没有直接财务关系。

在这里我们对外部性的定义为：外部性（externality）是指市场双方交易产生的福利结果超出了原先的市场范围，给市场外的其他人带来了影响。从对其他人福利影响的好坏角度，外部性可分为正外部性（也称外部经济性）和负外部性（也称外部不经济性）。

正外部性（positive externality）即外部经济性，是指使市场外的其他人福利增加的外部性。例如，植树造林，种树者从树木中得到木材与果实的收益，而木材与果实交易市场之外的当地居住者却可以不付费就享受到林木茂盛、飞鸟鸣叫的美景，呼吸更加清新的空气；使用再生纸节约了木材资源，减少了环境污染……这些行为都具有正外部性。它们对周围事物造成良好影响并使周围的人获益，但行为人并未从周围取得额外的利益。在这里，社会受益高于个体受益。

负外部性（negative externality）即外部不经济性，是指使市场外的其他人福利减少的外部性。例如，开汽车使当事人的交通变得便捷，节约了时间，还可以用汽车运货，但其他人却因此必须忍受汽车行驶过程中产生的噪声以及汽车尾气带来的空气污染；一个自来水厂的取水口设在某河流的下游，后来，河流上游突然兴建了一座化工厂，化工厂排放的废水污染了下游河流，使得自来水厂增加了处理成本，但供水水质却下降了，此时，化工厂不仅对自来水厂产生了负外部性，而且对整个社会都产生了负外部性……这些事物或活动对周围事物造成不良影响，但行为人并未因此而做出任何补偿，具有负外部性。在这里，社会成本高于个体成本。

（二）环境的外部不经济性

马歇尔在谈到环境的外部不经济性时认为在正常的经济活动中，对任何稀缺资源的消耗，都取决于供求大小的对比，而环境问题正是这种正常经济活动中出现的一种失调现象。其后，他的学生庇古于 1920 年在发展福利经济学理论时，对私人厂商生产所造成的环境破坏使社会福利受到损失即环境的外部影响进行了研究，提出了一个环境经济学的重要命题：“人类合理的生产活动意外地对环境引起了与市场没有直接联系，又与各被影响的方面没有直接财务关系的经济作用。”也就是说，环境的外部不经济性是指，在许多与环境相关的生产经营活动中，私人厂商产生的环境费用转嫁给整个社会，使社会福利受损而私人厂商又不必为此做出任何补偿。

专栏 1-3 外部性的辨识

外部性的影响往往是由意外引起的，在过去长时期内，许多外部性影响是没有被预料到和意识到的，或没有完全被预料到和意识到的，即使在今天，外部性的深远影响也不是很明朗。外部性影响并不仅仅是生态环境方面的影响，庇古最初论述它时主要是指某厂商的生产活动对本部门的其他生产者或其他部门生产者的经济影响。例如，某饭店附近有一旅店开业，旅店营业引起的外部影响使饭店顾客盈门，带来效益。这种经济影响就不是生态环境方面的。但假设有一火车站建在该饭店旁，一方面饭店门庭若市、通宵达旦、生意兴旺，火车站给饭店带来巨大的收益；但另一方面，火车进出站和行驶的震动、鸣笛的噪声、机车的烟尘、人流引起的尘土、旅客的喧嚣和嘈杂等，又使店主整天处于污浊的空气中且昼夜不宁。因此，这里的火车站的外部影响（仅指对饭店），有正的效益，也有负的效益；有环境方面的，也有非环境方面的（本例是商业流通方面的）。但在今天，外部性的概念广泛地应用于生态环境方面。

现实生活中外部性多种多样，与环境有关的外部性特别是外部不经济性的存在是产生环境经济学的直接原因之一。环境的外部不经济性（环境的负外部性）是指在一些对环境产生外部性影响的市场中，经济活动产生的环境成本并没有在市场价格中体现出来，某些产品和服务的价格其实是被低估了。

传统上研究的外部性一般是指环境的外部性（environment externalities），从实践观点看，最有意义的是负的污染活动。环境负外部性具有两个特点：一是环境负外部性具有公共性。不但污染的肇事者具有公共性，而且污染的受害者也具有公共性，污染密度或强度不因部分人的消耗而减轻对其他人的作用。二是环境外部性的作用时间比一般外部性长久得多，其有向未来延伸的特性。也就是说，现在经济活动的副作用将由未来人口承担，在当代人承受着前人遗留下来的环境恶化后果的同时，我们也将这种后果传递给后人。

二、市场失灵

通常情况下，可以认为市场是组织经济活动的一种好方法，“看不见的手”通常会使商品和资源在市场中达到有效的配置。但这个规律也有一些重要的例外，即由于各种原因，“看不见的手”有时候会不起作用，会出现市场本身不能有效配置资源的情况。

此外，“看不见的手”也不能确保市场交易的结果是公平的。世界上最优秀的足球运动员赚的钱比世界上最优秀的棋手多，是因为市场经济是按人们生产其他人愿意购买的东西的能力来给予报酬的，而人们愿意为看足球比赛付更多的钱。“看不见的手”不能保证每个人都有充足的食品、体面的衣服和充分的医疗保健。市场在效率与公平上存在缺陷，无法供给充足的公共产品，不能合理配置公共资源，市场失灵就是用来描述这种情况的。

（一）市场失灵理论

1929—1933 年发生的世界经济大危机，彻底动摇了人们对自由市场的信心；20 世纪 30 年代以来，市场失灵理论以及以此为依据的政府干预理论开始萌芽，其理论体系也逐步系统化。

市场失灵理论最初源于对市场缺陷的讨论分析，这种讨论分析主要集中在经济学的微观和宏观两个领域中。

在微观经济学领域中，经济学家们主要是从以下几个方面来论述市场失灵的原因的。

（1）外部性是导致市场失灵的一个主要原因。在上一节中，我们已经讨论了外部性的问题。在市场经济中，外部性会导致资源配置中的边际私人成本与边际社会成本、边际私人收益与边际社会收益的差异。这种差异是市场本身难以消除的。因为，市场主体在进行决策时只考虑对自身利益有直接影响的成本和收益，而对自身没有直接影响的成本和收益则视而不见。因此从社会利益角度看，两者的差异会导致资源配置不合理，市场失灵。

（2）垄断是造成市场失灵的原因之一。多数新古典经济学家在分析市场运转机理时是把完全竞争市场作为讨论对象的，而垄断则被视为一种特殊的情况。

作为完全竞争市场要满足严格的条件：第一，有众多的买者和卖者，任何一个买者和卖者的交易量都不足以影响市场价格，或者说它们只是市场价格被动的接受者；第二，市场主体有完备的信息，买卖双方的信息对称或信息量大体相等；第三，生产要素具有充分的流动性；第四，产品是同质的。但是，这样的市场在现实中并不存在。例如，市场主体不可能有完备的信息，不可能知道所有产品的价格。因为获取信息是要付出代价的，并且买者和卖者对商品信息的拿捏在绝大多数场合是不对称的，卖者一般多于买者。所以现实中的市场大都是不完全竞争市场或垄断竞争市场。

庇古在研究垄断市场时认为，垄断是对市场运行机制的破坏，会导致资源的无效配置。他认为，“凡是存在垄断力量的地方，掌权的人能够为了他们的利益而人为地把价格抬高到超过他们应得的正常报酬以上……为了要得到高价，垄断资本家会压低产量。这反过来又意味着，他把他在本工业中所使用的资源的数量压到‘合乎理想’的数量之下。因此，剩余的资源如果不用在其边际产品价值低于被垄断的工业中，就必然闲置不用”。这样，资源的配置就不是最优的，市场失灵也就出现了。

（3）在社会平等的问题上，市场机制是失灵的，即市场自由运转会导致收入差距悬殊和社会不平等。马歇尔曾对这个问题有过分析，“财富的不均，虽然往往没有被指责的那样厉害，但确是我们经济组织的一个严重缺点。通过不会伤害人们的主动性，从而不会大大限制国民收入的增长的那种办法而能减少这种不均，显然是对社会有利的”。

此外，庇古还从资源配置的角度分析了收入差距过大的危害。“由于纳税后所得收入分配的不公平，大批大批的生产资源被用来满足富人的挥霍……而大批大批的人们却食不得饱，衣不得暖，没有适当的居住条件，受不到充分的教育。生产资源在必不可少的和锦上添花的东西之间分配不当……也就是说，资源被用来满足不迫切的需要，而不是去满足更迫切的需要。”在收入差距过大的条件下，市场信号所引导的资源配置结构违背社会伦理原则，资源的配置是不合理的。

福利经济学家从微观经济学的角度论证市场失灵的原因，而凯恩斯主义者则是从宏观经济学的角度论证市场失灵的原因。

约翰·梅纳德·凯恩斯（John Maynard Keynes，1883—1946）在《就业、利息和货币通论》这部划时代的著作中，批判了市场机制能自动保持“总供给＝总需求”的萨伊定律（Say’s Law）。他指出，在三大心理规律的作用下，有效需求必然不足：心理上的消费倾向“使消费的增长赶不上收入的增长，引起消费不足”，“心理上对资产未来收益之预期”和“心理上的灵活偏好”使预期利润率有偏低趋势，与利息率不相适应，引起投资需求不足。也就是说，如果任由市场机制自发作用，宏观经济就不能保持均衡状态，就会出现市场失灵。这时就需要政府运用财政、金融政策调节供求平衡。

（二）环境保护中市场失灵的表现

根据我们前面所讨论的，由于环境资源的公共物品属性，其价值在经济活动中缺失，产生了私人环境费用转嫁给社会的环境外部不经济性，导致环境资源在市场中的无效配置，引发环境问题。这就是环境事务中的市场失灵。在环境保护中，市场失灵主要表现为以下几个方面：

（1）技术进步的非对称性。一般认为，技术进步是有利于环境资源保护的，它可以提高资源利用率，开发新的替代产品，从而使有限资源的有效使用期限得以延长。现实市场运作中对环境资源稀缺的补偿过程，也正是通过价格机制作用促进技术进步而实现的。但是，并非所有技术都是如此。从对环境的影响来看，技术进步包括两种类型：一类是利用环境资源生产商品与服务的技术，另一类是具有效用的自然现象的生产技术。前一种技术进步因为其技术创新可以导致更新更美好的商品和服务的出现，因而，技术进步常常倾斜于经济生产过程和产品；而对于各种自然现象，如气候现象、大自然奇观、灭绝物种的恢复等，由于它们的生产技术难度大，需要投入多，周期长，成功的可能性低，直接经济效益差，现有市场条件下的技术进步几乎不考虑这些方面。同时，技术进步中资源开发利用技术和环境保护技术也不对称。技术进步往往集中于资源开采利用，考虑更多的是如何降低开采成本、增加资源利用率并获取更多收益以及使以前不能开发的资源能够经济可行地利用。这些技术进步，在客观上都能促进环境资源的开发利用，但不利于环境保护。

（2）市场非对称性。市场经济条件下，市场本身的非对称性是指在商品生产过程中，存在社会成本与私人成本不一致的现象，或者说生产者所承担的那部分成本与其实际上造成的成本之间有差距。生产者关心的只是其生产成本，而对其造成的环境污染等社会成本却疏于考虑，因为这一部分损失对污染物排放者不造成直接影响。市场非对称性是内生于市场体系的，这具体表现在，对于基础资源的开发、加工与分配，市场运作富有效率，能产生足够激励；而对于污染废弃物的处理，市场运作失灵，几乎完全不具效率。这是因为，大气和水等环境资源具有公有资源的属性，污染物排放是对公有资源的破坏。但这种破坏发生在生产和交换过程之外的市场外部，不受市场力量的约束。除了大气和水以外，还有其他一些公有资源的利用，也存在明显的外部性。由于环境资源大多为共同拥有、共同使用，个体对资源的利用不具有排他性，而自利的个体为了自己利益的最大化，往往倾向于过度使用公有资源，如过度砍伐森林、在草地上过度放牧、在海洋中过度捕捞等，其结果是直接导致“公地悲剧”式的环境危机。

（3）非市场交易资源。在环境资源的开发利用中，还有一片市场失灵空间——那些没有市场价值的资源。以上所说的外部性，不论是排污，还是公有资源的使用，它们都有市场收益。而那些没有市场价值的资源，则不存在市场利用问题，它们只是伴随着其他经济活动而被随意处置。这些资源包括生物多样性、生态系统功能，以及许多没有被人们开发利用的动植物品种等。实际上，它们并不是没有价值，只不过是没有直接的使用价值罢了。以生态系统功能为例，如一片森林，可以涵养水分、保持水土、吸收二氧化碳，从而减轻河流淤塞和污染，但这种没有直接使用价值的资源，在现实市场交易中价格为零，因而市场活动主体涉足这些领域的动力不足或根本不愿投资，进而也不利于环境保护和生态平衡。

（4）环境产权不明晰。由于环境资源的非排他性产权安排，直接导致了环境资源的破坏。经济学理论认为，在一个运行良好的竞争性市场，具有可分割性的自然资源，如土地、矿产资源等将被有效地标价和分配。而为人类生产和消费活动所必需的环境资源，却是不可分割的，这些不可分割的环境资源是一种对个人免费但具有社会成本的资源。由于这种外部性的存在，市场的配置方式会失效，即会产生“市场失灵”。在这种情况下，自然资源有可能被过度使用。如在前述 “公地悲剧”中，由于公共草场产权不明晰，人人都从自身利益出发放牧自家的羊群，从而导致草场过度放牧并最终毁坏。环境产权是一种相对抽象的公共权利。在目前的以财产权为中心的产权体系中，环境产权没有得到明晰的规定，而处于“公共领域”。而要对环境资源进行产权界定，无论是在技术上，还是在成本上都存在障碍。

第三节　环境事务中的政府干预理论

在上一节中，我们讨论了环境事务中市场失灵的表现。可以看出，由于存在市场失灵，必须引入新的制度安排。庇古提出由政府征收环境税来实现环境费用私人成本化的解决方案；科斯则提出由政府界定环境产权并建立环境产权交易市场来消除环境外部不经济性的解决方案。政府通过环境管理干预市场的制度安排，到底选择庇古方式还是科斯方式，如何达到社会福利最大化的帕累托状态，取决于环境问题的特定情形和约束条件，有时还需要多种制度形式的配合使用。

一、庇古的环境税理论

20 世纪 20 年代，经济学家庇古发展了马歇尔的外部性理论，提出了政府利用税收调节污染行为的思想，这应该看作环境税思想产生的第一个里程碑。根据庇古的“外部性理论”，寻求利益最大化的厂商只关心其边际私人净产出，而对其行为所造成的环境损害无须承担责任，这种环境损害的责任最终由社会来承担。这样就造成了，边际私人净产出与边际社会净产出之间存在差异，这种差异恰好就等于厂商破坏环境给社会所带来的环境负担。对于私人厂商而言是盈利的经营行为，对于整体社会而言可能就是亏损的。由于厂商无须承担环境破坏成本，并且其破坏环境的经营行为给其带来利润，此行业的经营规模势必会扩大，这就带来了环境资源的恶性循环，进一步加大社会的环境负担。为了克服这个问题，庇古指出，环境成本应当通过国家征税的方式由破坏环境的行为人来承担，并且，税收的额度应同破坏环境行为所造成的损害等同，这种税收理论被称为庇古税收理论。

在西方国家庇古税也被称为环境税或绿色税收，是指专门用于纠正对环境产生负外部性影响的一种税收，主要包括环境资源税和环境污染税两个税种。征收环境税是防治污染、改善环境的经济手段，政府可以通过征收适当税额，使利用和损害环境资源的社会组织和个人承担相应的环境成本，以促使节约和综合利用自然资源、减少环境损害。

从经济学的角度看，生态环境是一种资源。随着社会的发展，其稀缺性日益明显，这种稀缺性就体现了生态环境的经济价值。但是，长期以来，生态环境资源往往被认为是无价的，可以无偿占用和使用，结果形成了所谓环境问题中的外部不经济性。从事经济活动的人对环境的损害没有付出相应的代价，却转嫁给他人来承担，即社会公众遭受环境破坏带来的损害却得不到任何补偿。由于市场机制本身的缺陷，市场本身并不能解决外部不经济问题，需要政府进行干预，而环境税收正是政府解决这一矛盾的有效经济手段。

环境税收实际上可以看作一种生态环境补偿费，是将可持续发展和生态环境保护变为一种具有内在商业价值的制度安排，把应由资源开发者或消费者承担的对生态环境污染或破坏后的补偿，以税收的形式进行平衡，体现“谁使用谁补偿，谁受益谁付费”的原则。环境税作为一种有效的环境经济政策，一方面可以通过征税行为缓解或消除行为人对环境的危害，纠正因市场失灵和政策失灵带来的环境恶化；另一方面，能有效地聚积财力加强环境建设，最终达到保护和改善环境的目的。

庇古税也是一种解决负外部性的手段。生产或消费的负外部性使市场生产的量大于社会希望的量；生产或消费的正外部性使市场生产的量小于社会希望的量。这些情况都是市场失灵的表现，其原因就在于外部性的影响没有包含在物品或劳务的市场价格中。因此，要消除这种类型的市场失灵，我们就要想办法将外部费用引进到价格之中，从而激励市场中的买卖双方进行理性选择。生产或购买更接近社会最优的量，纠正外部性的效率偏差。收取环境税就是这样一种纠正过程。政府通过税收将社会成本加入生产成本中去，使其“外部成本内在化”，对改变企业或个人的决策产生激励作用，迫使企业或个人对资源消费和环境污染付出代价，从而有益于环境。

但是，从更深层次上讲，使自然状态下游离于市场之外的环境资源融入主流经济，由市场对之进行配置或由政府协助配置，再辅以外部性内在化的措施才是有效解决环境问题、实现环境资源可持续运营的长久之计。

然而，庇古税也不是万能的。它自身也存在各种问题：确定环境税的先决条件是确定社会和私人的边际成本，从而制定合理的税率，但实际中是很难获取这些信息的，而且将污染在环境中长期积累并对人们产生危害货币化，也是一个相当复杂的过程。此外实施环境税后，可能对企业和国家的竞争力产生负担或消极的影响等。

二、科斯定理

（一）科斯定理的内容

诺贝尔奖获得者、芝加哥大学法学院的科斯在《社会成本问题》一文中提出了在产权明晰前提下，通过市场机制进行产权交换实现资源最佳配置并有效地解决外部性问题的观点。乔治·J. 斯蒂格勒（George J. Stigler，1982 年诺贝尔经济学奖得主）将科斯的这一思想命名为“科斯定理”。

科斯定理认为，如果私人各方可以无成本地就资源配置进行协商，那么，私人市场就将总能解决外部性问题，并有效地配置资源。即一旦产权设计适当，市场可以在没有政府直接干预的情况下解决外部性问题。

科斯定理的基本内容包括：

（1）具有明确的产权，即当事者双方无论谁拥有产权，最终结果都相同；

（2）无须政府出面干预，由当事者双方通过协商、贿赂等手段自行解决；

（3）交易成本为零时，当事者双方的边际收益达到最大化。

专栏 1-4　科斯定理与牧场放牧问题

设想有这样一个草场，无论谁都可以来此放牧并且不用支付任何费用。每个放牧的人都不顾这样一个事实，即他在草场中放牧的牛越多，对牧草的消耗量也就越大，其他人所放牧的牛获取的牧草量就会减少。如果政府重新安排产权并把放牧权授予某个人的话，那么这个人就会有足够的激励去有效地放牧。这时就不会存在外部性问题。他不仅要考虑短期利益，而且要考虑长期利益。他会意识到，如果他今年放牧过度，明年获取的牧草量就会减少。如果那是个大草场，他会让其他人来放牧并对放牧的每头牛收费或者规定他们可以放牧的数量。他索取的费用或施行的规定是旨在确保这片草场不被过度放牧。这个例子的启示在于，过度放牧问题可以借由适度的政府干预来解决，而政府所要做的只是适当配置产权。即将产权变更，把土地卖给牧场主，那么他们就会有理由照料好土地。在决定今年放牧多少头牛时，他们要考虑对牧草的影响，进而对来年可放牧数量的影响。这样就可以有效地避免“公地悲剧”。

科斯定理的魅力在于它将政府的作用限定在最小范围之内。政府只不过是使产权明晰，然后交由私人市场去取得有效率的结果。科斯设想，一旦产权得以适当的配置，市场解决办法或潜在使用者之间的讨价还价将确保有效率的结果。考虑下面这种情况：假设房间里仅有两个人，一个吸烟，一个不吸烟。两者就是否允许在房间里吸烟发生冲突，但他们都同意协商解决负外部性问题。科斯的办法相当简单：将空气的使用权授予某一个人，比如吸烟者，他有权决定是否吸烟。如果新鲜空气对不吸烟者的价值超过了吸烟者的吸烟价值，那么不吸烟者就会提供吸烟者足够的钱以补偿其不吸烟的损失。同样道理，如果产权给予不吸烟者，而吸烟者的吸烟价值超过了新鲜空气对不吸烟者的价值，那么吸烟者就会补偿不吸烟者。科斯不仅认为产权的分配可以确保有效率的结果，而且认为怎样分配产权的方式仅仅影响收入分配，而不会影响经济效率。房间里是否允许吸烟应当只取决于吸烟者的吸烟价值是大于还是小于新鲜空气对不吸烟者的价值。

（二）科斯定理的局限性

虽然科斯定理的逻辑很吸引人，但现实中应用该定理的机会却极其有限。因为，科斯定理只有在利益各方达成和实施协议的过程中没有麻烦时才能适用，而实际上达成一项协议的成本可能非常高，特别是当涉及很多人时，尤其如此。试设想如下做法何等困难：分配空气的使用权，并使所有受到空气污染的个人与所有制造空气污染的厂商进行谈判。所以，私人解决方法并不总是有效的。

那科斯定理在实践上又如何呢？首先，大多数固定于某一国内、某一区域内的环境资源的产权，比较容易界定。但涉及人类的共同享有的环境资源方面，如臭氧层空洞，无法明确分清是哪一国大气污染造成的；公海也不能分清哪一国是产权的拥有者和使用者。所以，产权途径面对全球环境问题时就不适用了。其次，在当事者双方自行解决问题时，通常受害方总会夸大自己的受害程度，而排污者又会尽力减少其赔偿的数额。所以，利益会驱使当事双方在协商中误导对方，以使自己的边际收益达到最大化。最后，在简单明确的污染事件中，交易成本可以为零。但大多数环境污染和资源破坏案件中，所涉及的是一群人或某一类人，将他们都召集起来协商解决而又不花费交易成本是不现实也不可能的。

所以，科斯定理在处理简单的污染和资源破坏事件上，有它的理论与操作的可行性，但在处理大宗事件上，显然在很多方面都欠成熟，缺乏基本的条件。

三、环境事务中的政府干预

正如前面所讲，科斯定理在实践中也存在许多局限性。虽然明确分配产权可以解决某些外部性问题，但是对于大多数外部性，特别是与环境有关的外部性问题，还需要有政府更多的积极干预，即政府干预（government interference）。这种干预可采取的形式包括管制、经济惩罚、对采取矫正措施的厂商给予补贴以及创建消除外部性的市场等。

（一）政府干预理论

20 世纪 20—60 年代，政府干预理论在市场失灵理论的基础上逐步形成。这种分析又是在两个领域开展的：微观经济学领域中福利经济学家的分析和宏观经济学领域里凯恩斯主义者的分析。

在微观经济学领域中，福利经济学家大都是从以下几方面来阐述政府干预的：

（1）以庇古、张伯伦等为代表的经济学家认为垄断是造成市场失灵的原因，且政府在消除垄断上负有责任。庇古认为，垄断在破坏市场功能的同时也为政府干预开辟了一块不小的地盘。“由于种种弊端，没有人会真的反对，处于垄断性极强的地位的工业，特别是提供所谓公共服务的运输、自来水、煤气、电力等工业，即使交由私人经营的话，为了公众利益，也必须受公共当局的监督。”

（2）外部性是导致市场失灵的原因之一，解决办法就是要实施政府干预。在经济学中，外部性是一个重要概念，因为它是支持政府干预的基本支柱之一。庇古在分析外部性的时候指出：外部性会使资源的配置失效，政府可以采取补助金或课税的方式来引导资源的有效配置。在庇古看来："在有些工业中，雇主们会发现，如果所使用的生产资源数量大于理想的分配额的话，对他们反而有利。因为一部分实际上应该属于他们那一行业的成本被转嫁到别人身上了……相反，在有些工业中，雇主们发现，使用生产资源少于理想的分配额时对他们有利，因为，他们那一行业使公众得到的一部分好处，由于技术上的原因，是不能索取费用的。"因此，外部性必须由政府出面校正。"没有一个不可见的手可以赖以由个别的部分处理以产生全体的良好安排。因此必须有一个具有广泛权力的机构，能干预并处理有关美好空气与阳光等集体问题，如同处理煤气、自来水等集体问题一样。"政府干预此时就应该发生作用。

（3）在社会平等问题上，市场机制是失灵的，市场会拉大收入的差距，这就需要政府的行动，如改变社会经济机构、改善收入分配方式以及培养提高劳动者的技能等。庇古就提出用征收遗产税和收入累进税、对生活必需品给予补贴、兴建服务大众的社会设施，如免费学校、低价住宅等措施来改善收入分配。

在宏观经济学领域，凯恩斯是研究政府宏观经济干预的代表人物。20世纪30年代的资本主义大危机孕育了经济思想的一场革命，即凯恩斯革命。凯恩斯着重强调了政府干预，尤其是宏观干预的必要性。他批判了市场机制能自动保持"总供给＝总需求"的萨伊定律，并指出如果任由市场机制自发作用的话，宏观经济就不能保持均衡状态。在凯恩斯看来可以通过国家政府干预来解决这个问题："国家可以向远处看，从社会福利着眼，计算资本品之边际效率，故我希望国家多负起直接投资之责。理由是：各种资本品之边际效率，在市场估计办法之下……可以变动甚大，而利率之可能变动范围太窄，恐怕不能完全抵消前者之变动。""国家必须用改变租税体系、限定利率以及其他办法，指导消费倾向……要达到离充分就业不远之境，其唯一办法，乃是把投资这件事情，由社会来总揽。"

在他之后，许多经济学家丰富完善了凯恩斯的理论。其中，西蒙·史密斯·库兹涅茨（Simon Smith Kuznets）提出了一套新的国民收入核算体系，为凯恩斯理论政策化提供了计量技术条件；汉森（Hansen，1887—1975）和萨缪尔森对凯恩斯的乘数原理进行了补充，提出了"加速原理"（Accelerator Principle）；克莱因（Klein，1849—1925）则依据计量经济学原理建立了一组经济模型，从而为政府行动提供指南。

（二）政府干预的必要性

东西方国家的实践早已证明，市场机制是迄今为止人类所拥有的最有效的资源配置工具。无论是消费品的最佳分配，还是生产要素的最佳配置，抑或是经济发展问题，市场机制都基本可以圆满解决。尽管如此，市场机制同任何一部机器一样，会出现故障，会在某些环节上失灵。因此，政府干预又是十分必要的。

新福利经济学家 W. J. 鲍莫尔（W. J. Baumol）从外部性的角度论证市场失灵和政府干预的必要性。他说："应该明白外部经济或不经济实质上是表示价格调整上的缺点，其结果是一家厂商的所作所为对该工业中其余厂商的影响，不能通过价格的变动而得到补偿（或去进行补偿）。"正是由于这个理由，鲍莫尔认为那种关于在完全竞争条件下产量一般会趋于理想产量的结论应该有个假设前提，即产量的增加事实上不会使边际私人成本与社会成本发生变动。但这个假定即使在完全竞争市场中也是不现实的。因此，要达到理想产量，就要有政府干预。

一般可以认为，外部不经济性导致了市场失灵并由此而产生了政府干预。因为仅靠市场机制的自发调节，不能遏制企业或个人滥用资源、污染环境的行为，也无法诱导企业或个人采取改善环境的行动，而广大社会成员又难以形成制止负外部性的行为和共创正外部性收益的集体行动，所以需要政府出面干预，进行环境管理。

政府通过环境管理进行有效的干预能够消除或缓解市场失灵，使市场配置资源的效率得以提高。这种制度安排不仅能够提供具有正外部性的公共物品，或使产生正的外部性的供给者得到适当补偿，同时还可以纠正外部不经济性造成的损失并提高资源的使用效率。

第四节　政府的环境管理职能

一、政府环境管理的职能

通过前面的学习我们知道了环境资源属于公共物品，它具有与生俱来的外部性，也正是由于环境负外部性的存在才导致了当今世界所面临的诸多环境问题。为了遏制不断恶化的环境趋势，改善我们的生活质量，我们必须迅速改变以往无限制地滥用资源、破坏环境的传统生产生活方式，必须要对人类的环境行为以及我们现有的生存环境进行切实可行的管理，即政府干预。

在环境事物中，政府可以对市场、非政府组织和社区解决不了的环境问题承担责任。因而，政府具有通过环境管理有效干预市场经济运行的重要职能。依靠政府的有效干预能够消除或缓解市场失灵，使市场配置资源的效率提高。具体来说，政府一方面要承担起保护和治理环境的责任，另一方面也要引导社会成员开展各种各样的旨在保护和治理环境的集体行动，引导非政府组织和社区参与环境管理，包括引导具有强影响力的民间环保组织进行角色转变，从而使全民的环境意识出现由忧患到参与、由索取到奉献的转变。

二、政府环境管理的措施及目标

一般来讲，政府干预是依靠制定各种规章制度来实施的。一类是行政工具，如在各种规章制度中进行设置，对特定行为进行限制和规范；另一类是财政工具，如税收和补贴制度，对私人行为建立激励模式。

具体来说，政府干预对环境负外部性的规制，是由政府出面，以社会福利最大化为目标，用税收、补贴、制定标准等强制性手段对外部性影响的制造者进行规制，以降低产生负外部性的行为水平。这其中包括直接规制和间接规制。

（一）直接规制

直接规制就是由政府规定被规制者的行为或实施外部性的水平，通常采取的直接规制的手段包括制定环境标准、公布禁令、发放许可证等。

例如，污染物排放标准，是政府通过调查研究所确定的社会能够承受的环境污染程度。政府据此规定各行业企业的最大排污量，如果排污量超过规定限度则给予经济或法律上的惩罚。制定污染物排放标准的根本目的是要将企业排放的污染物数量控制在政府确定的最优污染程度之内。

以钢铁厂为例。钢铁厂要从事生产，每天就必须排放一定量的污水。政府往往依据健康指标为钢铁厂制定相应的污染物排放标准，如果钢铁厂排污量超标，则要受到经济处罚。即政府规制机构必须根据边际成本等于边际收益的原则，确定钢铁厂的最优污染程度以制定污染物排放标准。当钢铁厂的边际外部成本和边际私人净收益相等时，所得到的量就是企业的最优排污量。若超过这个量，污染所造成的边际外部成本大于边际收益，污染程度较严重，降低污染能够增加社会福利。这时，政府就可处以罚款。通过这种规制手段，可以使污染者的经济活动尽量不超过这个量，从而消除外部性，实现资源优化配置。

政府制定的污染物排放标准还具有限制企业进入的作用。当企业的排污量超过最优量时，可以通过安装污染处理设施以减少排污量，这样企业因安装了污染处理设施而使排污量达到了最优，从而符合污染物排放标准。显然，这要以产品的价格即平均收益高于因安装污染控制设备而增加的平均成本为前提。所以，条件好的企业才能进入该行业，并有利可图；反之，对于那些生产技术条件差的企业，则不会进入。

（二）间接规制

间接规制则是指通过一定的政策工具，间接地将被规制者引导向政府预先设定的外部性控制目标。间接规制的手段通常包括征税、收费、押金返还制度等。

1. 征收排污费

负外部性的产生是由于外部性施放者没有承担外部成本，从而其私人成本小于社会成本。政府要想通过规制使私人成本和社会成本达到一致，就可以考虑强制性地向外部性施放者按照一定标准收取费用（如按照每单位的产品或者每单位排污量收费），使外部性内部化以提高其生产成本，从而达到控制其生产水平和产量的目的。这一规制方案的理论基础是“庇古税”理论。庇古税也被称为“排污收费”，庇古在其《福利经济学》中提出，应当根据污染所造成的危害对排污者征税，用税收来弥补私人成本和社会成本之间的差距，使二者相等。这一规制办法的关键在于如何来确定合理的收费水平，使得外部性施放者的产出水平正好与最优负外部性产出水平相等。

假定排污费是按照每单位污染量来征收的，企业的污染水平可以降低，但要花费相应的代价，并且治理污染的边际成本是上升的。在图 1-1 中，横坐标 W 表示某钢铁厂生产钢铁时所排放的污染量，纵坐标 C 表示污染造成的边际成本或控制污染排放量必须花费的成本，MSC 曲线表示污染造成的边际社会成本，MC 曲线表示控制污染排放量所花费的边际成本。经过测算，如果政府对每单位排污量征收 C_1 数额的排污费可以使污染符合社会最优水平，即达到 W_1 的水平。在单位排污费征收标准为 C_1 的情况下，无论污染量超过 W_1 还是未达到 W_1，对于钢铁厂来说都是不利的。当污染量超出 W_1 时，企业减少污染的边际成本低于排污费 C_1，企业减少污染是有利的。因为每减少一单位排污量，企业都可以减少 C_1 数额的支出，而增加的减污开支则小于 C_1，这样对企业有利。

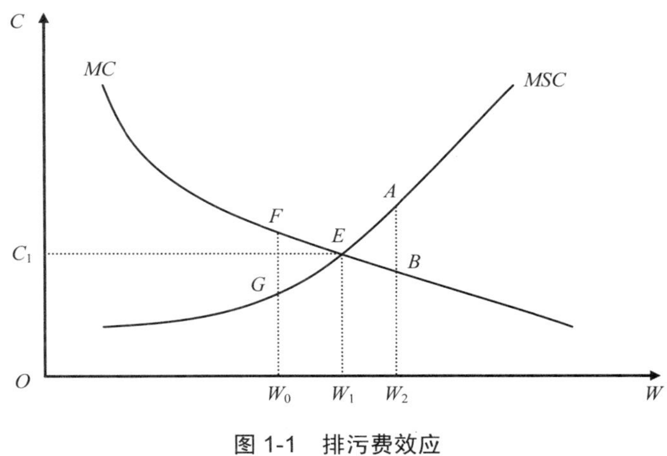

图 1-1　排污费效应

在污染量低于 W_1 标准的情况下，企业减少污染的边际成本高于排污费 C_1，企业增加污染是有利的。因为每增加一单位污染排放量，企业所节约的减少污染的开支都大于应交纳的排污费 C_1。因此，企业宁愿上交排污费，也不愿花费较大成本减少污染。只有使污染量达到 W_1 时，才是企业的最优决策点。所以 C_1 数额排污费的征收使得企业的产出水平符合社会最优标准。

2．征收"庇古税"

图 1-2 为庇古税示意图。图中 *MPR* 为企业的边际私人净效益，*MEC* 为边际外部成本。企业为了实现利润最大化，必定要生产所有 $MPR>0$ 的产品，即把产量扩展到 Q_m。但是，如果要实现社会福利最大化，就必须在 $MEC>MPR$ 时停止增加产量，即生产 Q_s 单位产品符合社会利益最大原则。如果对企业每单位产量征收 t^* 单位的税收，那么，企业在 $t^*>MPR$ 时就要停止增加产量，即企业就会主动将产量限制在社会最优产量 Q_s 的水平。实际上，征税就相当于把 *MPR* 曲线向左下方移动到了 $MPR-t^*$。相应地，税收就使得企业的排污量从 W_m 下降到 W_s。如果政府确定的税收 t^* 恰好等于最优产量 Q_s 所对应的边际外部成本 *MEC*，即单位排污量对社会所造成的额外损害，这样，如果企业的产量超过 Q_s，所付的税款就会超过边际私人净效益 *MPR*。因此企业愿意将产量限制在 Q_s 水平，从而把排污量限制在 W_s 水平。因此，t^* 是最优税收，它能够使最优排污量的成本等于边际外部成本 *MEC*。显然，庇古税的最优税率，正好是能够将最优排污量控制在边际私人净收益等于边际外部成本时的排污收费水平。

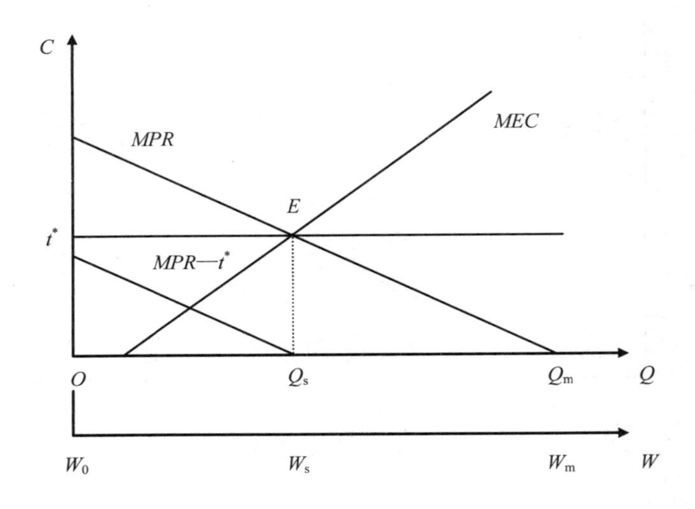

图 1-2 “庇古税”效应

外部性的实质是社会成本与私人成本存在某种偏差，从上面的分析中可知道，只要将这种偏差消除，就可以使外部性内部化。而无论是直接规制还是间接规制，政府的根本目的都是使污染企业排放的污染物数量控制在政府确定的最优污染程度之内，从而消除这种外部性的偏差。

此外，政府干预也可以采取提供信息或资助一些具有公共物品属性的研究活动的形式，甚至由政府直接经营具有明显外部性的行业（如政府修建公路）来纠正市场失灵。

专栏 1-5 西方发达国家的环境管理措施

（1）由国家向“不发达”和“待开发”地区大量投资。环境问题与人口增长、生产力布局不合理有关。在污染和资源破坏严重的区域，引起环境问题的一个重要原因是人口与生产规模超过了其“负载定额”。为保护这些地区的环境质量，国家向该地区增加大量投资、改善生产与生活的环境条件，吸引工业和人口向这些地区转移，实现经济社会的发展在全国范围内的平衡。

（2）此项措施的依据是企业并不都具有自行建设防治污染设施的能力，为从总量上控制污染物排放，政府资助在所难免。日本的《公害对策基本法》规定了政府要通过金融和税收“鼓励”企业修建和改进公害防治设施。原西德政府仅在 1974 年 1 年内，为帮助修建 184 个污水厂，提供了 9 亿马克资金。

（3）发放低息贷款或优惠贷款。目的是采用“间接”方式向修建防治污染设施的企业提供帮助。日本的此项贷款自1970年以来一直低于市场贷款利率1~2个百分点，贷款期限在10年或10年以上。原西德在1975年，发放低息贷款共计800万马克以资助企业修建污水处理厂。

（4）价格照顾和优先购买。一些国家采用对环保设施和产品放松价格限制和优先购买的措施。美国1972年的《噪声控制法》就规定，凡经过联邦“低噪声产品鉴定委员会”确认的低噪声车辆，可以高于法定价格限额的125%销售，并规定政府对该产品要优先购买，只有当这种车辆的数量不能满足需要，才允许购买其他车辆。

（5）征收资源税。此项税收的目的是为鼓励合理、综合开发利用资源，以防止环境破坏和环境污染。例如，俄罗斯针对影响水资源现状的用水量而征收水资源税。

（6）税收调节。西方各国利用税收杠杆的共同原则是鼓励企业安装防治污染设施，发展低污染工艺、技术、产品和综合利用资源。凡遵守环境法的企业在税收上就会得到优惠。例如，日本对发达地区建厂征收特别税，不发达地区建厂减免地方税；“低公害”车辆免征货物税；对污染防治设施免征不动产税并采用加速折旧办法使企业纳税减少，如对污水处理等设施，第一年便可折旧50%；对进口的已脱硫的原油退回关税等。德国对使用新的石油征收油税，而使用再生油则免征油税。

（7）污染权市场和污染权银行。1979年美国国家环保局正式允许各地开办“待用污染权银行”，地方当局将辖区内的环境自净能力分为若干份污染权，在污染权市场拍卖，购得污染权者可以占有、使用、处理此污染权，也可将污染权存入银行，待价而售。企业必须在采用先进技术减少排污合算还是购买排放权合算两者中选择，但不论怎样选择，该地区总的污染物排放是减少的。

作为社会公共事务管理主体的政府（这里理解为狭义的政府，包括立法、司法、行政的多级行政机关以及中央和地方的行政机关），是实施环境管理的主体力量。政府通过法律、行政、经济、技术、宣传教育等手段对企业行为、个人行为以及环境实施监督，控制企业、个人等环境行为主体的污染环境、破坏生态行为。政府制定执行各项有关的法律、法规和标准，而各级环境保护行政主管部门根据一定时期内政府制定的环境保护目标，拟定的环境管理战略方针、指导原则、各种政策制度以及具体实施方案，监督法律、法规、条例等的执行。由此可以看出，政府在控制环境污染、缓解生态破坏等方面起着主要的引导作用。

三、政府干预中出现的问题——政府失灵

我们说政府可以改善市场结果并促进效率与公平，但这并不意味着它总能这样。政府本身不是万能的，有时由于制度体系内部的原因，政府管理的最终结果反而会偏离社会的最优状态。导致“政府失灵”的原因主要有：信息不足与扭曲、政策实施的时滞性、公共决策的局限性和利益集团的寻租活动等。

环境保护的公共政策是由并不完善的政治程序制定的，有时政策由动机良好但信息不充分的领导人制定。政府通过环境管理干预市场也存在局限，甚至可能会出现失灵。在环境问题上导致“政府失灵”的原因主要有：

（1）环境政策失灵。即由于扭曲了环境资源使用或配置的私人成本而导致的政府失灵，这些成本虽然对个人而言是合理的，但对整个社会而言却是不合理的，甚至还会损害社会财产的规章制度和其他政策等。它集中表现为现行部门政策和宏观经济政策在制定过程中，由于没有给予生态和环境以足够重视而导致的价格扭曲。

（2）环境管理失灵。环境管理失灵是指在各级政府组织中存在一系列管理问题，这些问题的存在导致有关政策无法有效实施。环境管理失灵主要体现在两个方面：一方面，各种政策在部门之间的协调不足，无法确保相关政策得以实施；另一方面是环境管理中的寻租行为，由于环境污染者可能会对环保当局进行寻租（行贿），以少交或不交排污费，这样就会把污染所造成的外部成本转嫁给受污染的公众和社会。

由上可以看出，政府对市场失灵的消除和缓解作用是有限的，而且政府干预本身可能是低效率的，有时不合理的税收和补贴会扰乱资源的有效配置；此外，靠现有的政策工具很难达到预定的目标。

总之，对于环境问题，我们不可能仅通过市场来解决，而政府的作用也是有限的。由于市场留给政府干预的经济活动领域并不大，我们不可能得到最优结果，最多只能得到一个次优结果。但是，理论上不完美的结论不能作为实践中无所作为的理由。虽然存在政策扭曲、一些补贴具有破坏作用、市场机制存在外部性、公众环保意识不强等问题，政府干预仍是我们必然的选择。

思考题

1. 为什么环境资源具有公共物品属性？
2. 简述环境保护中市场失灵的主要表现。
3. 在环境问题中政府干预出现“政府失灵”的原因是什么？

参考文献

[1] 保罗•萨缪尔森，威廉•诺德豪斯. 宏观经济学（第19版）[M]. 北京：人民邮电出版社，2013.
[2] 庇古. 福利经济学[M]. 北京：华夏出版社，2017.
[3] 董小林. 环境经济学[M]. 北京：人民交通出版社，2011.
[4] 侯伟丽. 环境经济学[M]. 北京：北京大学出版社，2016.
[5] 胡家勇. 政府干预理论研究[M]. 大连：东北财经大学出版社，1996.
[6] 陆书玉. 环境影响评价[M]. 北京：高等教育出版社，2007.
[7] 迈克尔•帕金. 宏观经济学（第8版）[M]. 北京：人民邮电出版社，2008.
[8] 约瑟夫•E. 斯蒂格利茨. 经济学（第4版）[M]. 北京：中国人民大学出版社，2013.
[9] 张象枢，魏国印，李克国. 环境经济学[M]. 北京：中国环境科学出版社，1998.
[10] N. 格里高利•曼昆. 宏观经济学（第9版）[M]. 北京：中国人民大学出版社，2016.
[11] N. 格里高利•曼昆. 经济学原理[M]. 北京：北京大学出版社，2013.

第二章　环境事务中的公众参与理论

政府失灵是许多国家市场经济发展中政府干预所面临的难题，是难以避免的，转型期的中国也不例外。基于这个原因，我们在对待这个问题时就应该持有一定的包容度。

第一节　政府失灵的具体表现及其危害

我国环境管理中的“政府失灵”体现在中央和地方两个层次上。在中央层次，过去国务院一些部门的管理离科学发展的要求仍有较大差距，在项目审批、财政支持、干部考核、经济统计等方面对经济增长过于偏好而未对资源环境的损耗给予应有的重视。国务院环境保护行政主管部门在国家宏观决策中所起的作用十分有限，在可能对环境带来重大影响的事项决策上，该部门不能像人口、土地行政主管部门那样“一票否决”。由于存在这些问题，中央的环境管理长期出现不同程度的“失灵”现象。2007 年 1 月，国家环保总局首次采用“行业限批”手段，被“限批”的大唐国际、华能、华电、国电四大电力集团的建设项目背后，不乏中央有关部门违反环境法律（如法律关于环评的规定）的情况；截至 2013 年年底，国务院环境主管部门已不下 20（批）次使用该种行政措施；2015 年新修订的《环境保护法》出台，进一步完善了区域限批制度。在地方层次上，一些地方政府的主要领导人尚未真正树立科学发展观，在管理中重发展而轻环境保护，疏于履行环境管理职责，导致污染泛滥和生态遭到严重破坏；一些地方政府为了招商引资，自行制定“土政策”，轻视了对环境的保护。2007 年，国家环保总局对淮河、海河、黄河、长江以及重点湖泊进行专项检查时发现，11 个省区的 126 个工业园区中，有 110 个存在违规审批、越权审批、降低环评等级等环境违法问题，占抽查总数的 87.3%。另外，在 2011 年，环境保护部主管的中华环保联合会将贵州省修文县环保局告上法庭，状告其不履行政府信息公开法定职责。事情是这样的：2011 年 10 月 12 日，中华环保联合会诉贵州好一多乳业有限公司水污染侵权纠纷一案在贵州省清镇市环保法庭立案，基于案件需要，该联合会于2011年10月28日向贵州省修文县环保局提交了政府信息公开申请，请求贵州省修文县环保局公开贵州好一多乳业股份有限公司有关的环境信息，但在政府信息公开的法定期限内，贵州省修文县环保局既未对上述信息予以公开，也未对申请给予答复。2011年11月24日，中华环保联合会向贵阳市环保局发函建议贵阳市环保局督促修文县环保局将信息公开，但截至2011年12月9日（超过信息公开法定时间15个工作日）中华环保联合会未收到贵阳市环保局、修文县环保局任何答复。

专栏2-1　2015年上半年环境保护部拒批项目超千亿元　新一轮环评风暴即将刮起

新一轮环评风暴即将再次刮起。据环境保护部公布的最新数据显示，上半年，环境保护部对不符合审批条件的17个项目不予审批，涉及总投资1 094.28亿元，现有的30家环评机构被取消或注销资质。在不少环保专家眼中，最近一次我国像今年上半年一样频繁地挥起“环评”这把利剑，还是在2007年环评风暴期间。

出现这么多的拒批项目，到底是我们的法律制度不健全，还是执法力度不严呢？其实30多年来我们国家制定的环境与资源保护的法律有30多部，约占全国人大及其常委会立法的十分之一，也就是说在中国的十部法律当中，就有一部跟环境有关。但是这么多的法律，它的实施却是非常不理想，就是说这些法律的具体实施必须要由政府及其主管部门来执行，这里就存在一个问题，如果当地政府或者有关人民政府的主要领导是以发展经济优先或者以提高本地的GDP作为他的一个政绩的指标来落实的话，他就会运用一定的权力遏制环保部门行使执法的权力。在这个过程当中，有关环保的法律实施起来就不是那么地顺畅。从这个层面上来说，就造成了一定程度的政府失灵。

一、环境管理机构设置及其职能配置面临的挑战

我国环境保护部门经历了从无到有、从弱到强的建立和发展过程。环境管理体制从1973年第一次全国环境保护会议开始逐步建立起来，主要经历了四个阶段：环保机构的萌芽发展阶段（1973—1978年）、环保部门的独立发展阶段（1979—1988年）、环保部门的快速发展阶段（1989—2018年）、环保部门的深化改革阶段（2018年至今）。1974年国务院环境保护领导小组正式成立；1979年《中华人民共和国环境保护法（试行）》颁布，

各级政府设置环保管理机构；1988 年国家环境保护局正式成立，并作为国务院直属机构；1998 年升格为国家环境保护总局；2008 年升格为环境保护部，成为国务院组成部门；2018 年国家以环境保护部为主体组建新的生态环境部，新组建的生态环境部把原来分散的污染防治和生态保护职责统一起来，即将环境保护部的职责，国家发改委的应对气候变化和减排职责，国土资源部的监督防止地下水污染职责，水利部的编制水功能区划、排污口设置管理、流域水环境保护职责，农业部的监督指导农业面源污染治理职责，国家海洋局的海洋环保职责，国务院南水北调工程建设委员会办公室的南水北调工程项目区环保职责整合。

长期以来，我国生态环境保护领域体制机制方面存在两个很突出的问题：一是职责交叉重复，叠床架屋、九龙治水、多头治理、责任不清；二是监管者和所有者没有很好地区分开来，既是运动员又是裁判员，有些监管者虽然独立出来，但权威性、有效性也不是很强。改革后，把原来分散的污染防治和生态保护职责统一起来：第一，打通了地上和地下；第二，打通了岸上和水里；第三，打通了陆地和海洋；第四，打通了城市和农村；第五，打通了大气污染防治和气候变化应对。生态环境部的组建有利于让以污染防治为主的环境管理模式向以环境质量改善为核心的管理模式转变，通过机构改革，将山水林田湖草等生态环境问题都统一由环保部门来监管，监管权和所有权分开，这促使环保部门在监管能力和监管手段上都有质的飞跃。随之而来，部门责任也愈发深重，环保部门把分散在各个部门有关污染监管治理的职责集中在一起，统筹生态保护与污染防治，根据生态环境部的“三定方案”（定职能、定机构、定编制），其主要职责包括：建立健全生态环境基本制度、生态环境监测、组织开展中央生态环境保护督察、统一负责生态环境监督执法等 16 个方面。

根据党中央、国务院的工作部署，“十三五”期间要建立省以下环保机构监测监察执法垂直管理制度（简称“垂改”），省级环保部门直接管理市（地）县的监测监察机构，承担其人员和工作经费，市（地）级环保部门实行以省级环保部门为主的双重管理体制，县级环保部门不再单设而是作为市（地）级环保部门的派出机构。这是我国环保管理体制的一项重大变革，有利于增强环境执法的统一性、权威性、有效性。2018 年 3 月 17 日，第十三届全国人民代表大会通过了新的国务院机构改革方案，垂直改革必须先让位于机构改革，机构改革完成后，省以下环保部门机构垂直管理改革将顺势进行。

这项改革的核心目标在于，通过将市县级环境监测和监察权力上收，从根本上破除地方保护主义干扰问题，解决环保监测数据不真实、环保执法不独立等长期困扰环保监管的难题。改革后，地方环保部门的职责、法定主管部门都发生了改变，环保部门职责重心也发生了转移，履责方式发生了重大变化。新的体制对环保部门的原有法律地位产生了明显冲击，由此也会对环保部门的履责机制产生深刻影响。当前，这项改革面临一些挑战和难点，下一步需要重点明确和解决好以下问题：

（一）垂改后县级政府与基层环保部门关系微妙

改革后，基层环保部门法定主管部门发生改变，再加上环境监测监察的垂直管理，这些都有助于落实对地方政府及其相关部门的监督责任。但改革的实施也不可避免地削弱了地方政府规划、管治地方环境的权力。根据《环境保护法》规定，地方政府应该对当地环境质量负责。改革后，县级环保部门成为市（地）级环保部门的派出机构，与当地政府没有隶属关系，县级环保部门作为当地的主要环保业务部门，其工作成效对当地环境质量起着决定性作用，但对环境质量负责的却是与其无任何财政、人员、职责隶属关系的当地政府，这在情理逻辑上难以说通，在法律上也应该有所解释。在实践中，环保部门既是政府环保工作的执行者，又是政府落实环境责任的监督者，如何处理好二者间的关系将是一个艰难的挑战。

（二）垂改后环保部门一线人员严重短缺

垂改后，环境监测、监察执法直接由省级环保部门主管，可以有效地解决地方保护主义对环境监测监察执法的干预，规范和加强环保执法队伍建设。但环境监测、监察执法省级垂直管理后，不可避免地削弱了省级以下环保部门的整体力量。虽然改革后基层环保部门的职责有所减少（环境监测、监察执法被剥离至省级环保部门），但与人员剥离并不成比例，很多名义（或编制）上属于环境监测、监察执法的人员其实更多的是在从事环保部门内部的行政工作，一旦实施改革，这些人员都将归位，如何解决基层人员缺乏问题也成为环保部门要面对的挑战之一。此外，环境监测监察执法省级环保部门垂直管理后，环保部门履责方式也将发生重要改变，省级环保部门从二、三线间接式履责直接跃升为一线直接负责的方式承担地方环境监管责任，为此，省级环保部门如何无延迟地发布指令、如何监督这些数量庞大的机构严格履行其法定职责就是一个巨大挑战，而且一旦这些部门没有按照法律规定，或者没有按上级指令办事而造成了国家和人民损失的，省级环保部门将成为众矢之的，各种行政复议、行政诉讼将不胜其扰。这些都将严重干扰省级环保部门的正常工作。与此同时，市（地）县级环保部门直接面对环境污染治理的第一线，但由于改革的原因，地方环保部门人员严重不足，在此状况下，地方环保部门如何顺利完成法律赋予的环保职责也是一大挑战。

（三）垂改后市（地）环保部门地位尴尬

根据党中央的规划目标，垂直改革的一个重要目的就是要让环保部门能够适应统筹解决跨区域、跨流域环境问题的新要求。改革后，省级环保部门直接管理市（地）县的监测监察机构，承担其人员和工作经费。这有利于在全省范围内统一监测以及统一执法标准，为跨区域、跨流域环境问题的解决打下了基础；而且市（地）级环保部门实行以省级环保部门为主的双重管理体制后，可以大大减少地方政府的人为干预，从而加强省级环保部门统筹解决跨区域、跨流域环境问题的能力，减少行政地域划分而造成的阻碍。但改革后也存在一些问题和挑战：一是我国地域辽阔，即使在省域内，各市（地）县的经济社会发展也存在着巨大差异，各种标准如何统一就是摆在环保部门面前要解决的首要问题，一旦标准产生偏差，后果相比改革前将更加严重；而标准过高或过低都可能导致新的环境不公平。二是虽然中央提出环保机构要进行垂直改革，但这一改革并不彻底，不是环保部门体系整体的垂直改革，省、市（地）级环保部门还是实行双重管理体制，只是在市（地）级环保部门层次上以省级环保部门管理为主，而且实质上并没有改变环保部门作为当地政府组成部门的属性，人、财、物依然主要由当地政府提供，即市（地）级以上人民政府提供。如此看来，环保部门想摆脱地方政府的影响依然困难重重。三是改革后，地方政府处于更加隐蔽的位置，如何厘清与当地政府间的责任问题，或者说地方环保部门的风险规避问题将是摆在地方环保部门面前的又一个新的挑战。不管怎样，环保部门特别是市（地）级环保部门将比以往任何时候更处于一种尴尬的位置，有别于以往行政部门的履责模式，如何履行其法定职责需要摸索前行，在实践中逐步完善。

（四）垂改后环保人的自身发展受阻

改革加强了环保部门的纵向管理力量，改变了以往“条块”分割、以“块状”地域管理为主的管理模式，理论上，这在省域范围内是有利于规范、统一和加强地方环保机构队伍建设的，但同时也存在一些必须解决的问题，如全省环境监测监察人员的工资待遇如何确定？法律依据是什么？如何解决改革后环保人员晋升空间单一狭窄、晋升激励不够的问题，以保障环保部门人员工作积极性？这些都是在实践层面需要解决的问题。此外，要规范和加强地方环保机构队伍建设，还需要足够的人、财、物给予充分的保障，在基层政府逐步减弱对当地环保部门控制的前提下，如何保持和加强基层人民政府对环保部门的投入对环保部门也是一个重大挑战。

二、环境管理模式单一，过多依赖命令控制手段

市场是基础，但不是万能的，当存在污染这种外部效应时，市场就不能有效地配置资源，而政府却有改善市场配置的潜力，可以通过使用公共政策的方法来发挥作用。在市场经济体制逐步完善的过程中，政府的直接行政管制存在的诸多弊端也在逐步显现，表现在以下五个方面。

（一）灵活性差

对于新的生产工艺、新的环境状况或企业间存在的技术差异、控制费用差异，管制方法想做出相应调整需要一段适应期。这是因为，命令与控制的本质是制定规则，而制定良好规则的前提是掌握事物运行的客观规律，了解公共行业和生产技术的细节。而在短时期内，获得所有相关信息是比较困难的。

（二）成本高

政府部门监测和执行的管理成本较大，经常难以执行。环境污染是一种典型的负外部性。解决负外部性问题最直接有效的方法就是通过法律或行政命令禁止或限制这种行为。作为管制工具，命令控制政策虽然环境效益明显，但其目标只是保护环境、控制企业对环境的污染程度。从实际效果来看，这一方式在改进环境质量状况的同时，可能导致大量的交易成本并造成效率损失。泰坦伯格（Tietenberg）发现，要实现同样程度的污染控制，命令控制型手段的成本相当于最小费用手段的 2～22 倍。一方面，排污标准和技术标准的制定和调整要求政府必须掌握大量而准确的信息，任何信息上的差错都会削弱管制措施的有效性。事实上政府很难做到这一点，其制定的标准往往与理想的标准存在较大偏差，因此，这一政策的制定和实施需要花费大量的交易成本。另一方面，污染源对环境管制政策的执行可能导致较高的服从成本和经济效益损失。由于我国存在大量污染源，而其个体间污染控制成本千差万别，对不同的污染源采取整齐划一的标准，既限制了其中边际成本最低者做最大的努力，又迫使部分污染源采取不当的昂贵污染控制措施，从而带来巨额的效率损失。

（三）缺乏对控制污染方法改进的激励机制，不能为开发减轻环境损害的新技术提供激励

企业的环境后果往往受到技术进步的速度和方向的影响，而环境政策的干预对技术进步有着阻碍和激励的双重机制。传统的命令控制型规制的特点是，在厂商完成环境政策目标的手段中允许相当小的灵活性，而且一般是在不考虑污染控制成本因素的情形下通过给所有厂商设定单一的技术标准或执行标准而达到规制目的。其“技术强制性”使得污染控制标准往往是在迫使厂商诉诸较高成本的污染控制手段的过程中被予以实施。尽管命令控制型规制在某种程度上具有推动技术进步的潜在可能性，以及规制者总是假定对现存技术的某些改进是可行的，但要知道能具体改进多少是不可能的。因此，技术或执行标准要么是制定得过于明确，要么具有不可实现的风险，从而导致巨大的政治和经济破坏。另外，在以技术标准为目标而不是以污染排放总量为目标的规制下，对超越控制目标（即较低污染排放）的商业活动不存在任何经济激励，从而新技术的采用就不会受到鼓励。

（四）罚款的设定水平过低，无法阻止违规

排污收费制度就是一个很好的例子：排污收费制度的费率太低。排污收费是庇古税在实践中的一种应用形式，其目的是借助市场力量对相关主体的经济利益进行调节，促使其做出有利于环境的决策。在完全市场条件下，污染源的排污行为同样受市场机制控制：如果排污费高于其边际治理成本，他们就选择治理；反之，则选择缴纳排污费。我国过去排污收费制度最大的弊端就是收费标准太低。据测算，排污收费仅为企业污染治理设施运转成本的 50%，某些项目的收费甚至还达不到污染治理成本的 10%。过低的费率以及按浓度和单因子收费的做法，对企业控制污染的刺激作用很小。虽然排污收费专项资金的使用增强了污染治理的能力，但作为环境管制政策，排污收费制度并没有发挥通过市场手段来控制污染的作用。因此，相对于环境管制目标而言，排污收费制度既没有将环境污染水平控制在一定范围内，同时也扭曲了资源配置。

为了解决这一弊端，从 2018 年 1 月 1 日起，环境保护税正式开征。自《环境保护税法》施行之日起，不再征收排污费。同年 5 月 2 日生态环境部正式发布第 2 号令《关于废止有关排污收费规章和规范性文件的决定》，对有关排污收费的 1 项规章和 27 项规范性文件予以废止，在我国实施了 40 来年的排污收费制度退出历史舞台。

环境保护税和排污费的不同点主要是：第一，增加了企业减排的税收减免档次。排污收费制度只规定了一档减排税收减免，即纳税人排放应税大气污染物或者水污染物的浓度值低于规定标准 50%的，减半征收环境保护税。第二，进一步规范了环境保护税征收管理程序。排污费由环保部门征收管理；改征环境保护税后，将由税务机关按照《环境保护税法》和《税收征收管理法》的规定征收管理，增加了执法的规范性、刚性。同时，考虑到环境保护税的征收管理专业性较强，《环境保护税法》还强调了环保部门和税务机关的信息共享与工作配合机制。

（五）可能会引发其他违规行为，如以较低的贿赂成本获取较高的不正当收益

违法者通过向政府行使贿赂来获取有利于自己的监测结果，从而逃避应交纳的排污费或罚金，这种行为不仅会导致环境进一步恶化，还会增加廉政成本。

第二节 政府失灵的原因

一、利益集团理论

一般意义上，利益集团（interest group）是一个由拥有某些共同目标并试图影响公共政策的个体构成的组织实体[①]。在政治学上，利益集团可以追溯到“多元”理论，实质上是要求社会各个利益阶级参加政府政治行为。它在美国有很长的历史，几乎涵盖了所有阶层民众，其组成类型非常复杂，包括厂商、消费者、行业、选民、劳工等。利益集团

① 在西方，利益集团又称利益团体、压力团体、院外活动集团等。关于利益集团的研究渗透于西方政治学、经济学、社会学等多门学科，是一个综合性的范畴。许多学者分别从不同的角度对利益集团作了界定。1951 年，美国著名学者大卫·杜鲁门在其《政治之过程》一书中系统地论述了利益集团及其在政府决策中的作用，认为利益集团是指“在其成员所持的共同态度的基础上，对社会上其他集团提出要求的集团”；《布莱克维尔政治学百科全书》中的利益集团是指“致力于影响国家政策方向的组织，它们自身并不图谋推翻政府”。詹姆斯·麦迪逊认为，“最普遍、最持久的党派来源却是多种多样、不平等的财产分配。拥有财产的那些人和没有财产的那些人已经形成了不同的社会利益集团”，“对这些多样的、相互干扰的利益集团进行管理，构成了现代立法的首要任务，并且涉及在必须的、正常的政府运行中政党和派别的根本态度”。一般来说，利益集团的主要活动有：在选举公职时，一致投票、募集经费、协助竞选；组织或雇用人员进行院外活动；建立共同基金，从事学术、文化、宗教、慈善活动；扶持舆论机器或智囊集团制定和宣传政治经济主张；等等。

的共同特征是成员之间享受某种程度的共同利益，但在规模、资源、力量和政治导向上存在显著的差异。曼瑟尔·奥尔森（Mancur Olson）将利益集团分为两大类型：初级团体是最基本的，建立在出生或家庭背景特性上，如性别、宗教、民族或种族特性等，这类集团的特性一般是不会变化的；第二类集团是资源参与的团体，或者是以政治目的设立，或者是通过参与政治候选人达到该组织的目标。以下是几种经典的利益集团理论。

（一）奥尔森的利益集团理论

传统的利益集团理论认为，集团的存在是为了谋求个人不能通过纯粹的个人行动来获得的那一部分利益。理性经济人通过结成利益集团来追求和实现共同的利益目标。

奥尔森对以上传统理论提出了挑战。他在《集体行动的逻辑：公共利益和团体理论》（*The Logic of Collective Action*：*Public Goods and the Theory of Groups*，1965）一书中提出，集团或组织的基本功能是向其全体成员提供不可分割的、普遍的利益，该利益是一种具有非排他性的公共品或集体物品。由于存在“搭便车”[①]的行为，个人的投入与产出并非同步增长，有理性的、寻求自身利益的个人不会采取行动来实现他们共同的或集团的利益。因此，集团的规模与其成员的个人行为和集团行动的效果密切相关。一般而言，小集团由于规模小、成员少，联系起来成本少，因此小集团相对大集团来说更容易形成行动的一致性。

在谈及集团的分类时，奥尔森除了根据成员数量把集团分为大集团和小集团外，还根据其利益的性质将集团分为两种：一种是相容性的利益集团，指的是利益主体在追求利益时是相互包容的，即所谓的“一损俱损、一荣俱荣”，此时利益主体之间是正和博弈；另一种是排他性的利益集团，指的是利益主体在追求利益时是相互排斥的，此时利益主体之间是零和博弈。奥尔森认为，较之于排他性利益集团，相容性利益集团比较容易实现集体的共同利益。

尽管相容性集团实现其共同利益比排他性利益集团容易，但是，相容性利益集团却不一定能够实现共同利益。其主要原因是，集团成员存在“搭便车”的行为倾向，因此集团必须要解决集体与个人之间的利益关系问题。为此，奥尔森提出了一种动力机制——“有选择性的激励”。激励之所以是有选择性的，是因为它要求对集团的每一个行动实施奖惩。

一般来说，“有选择性的激励”会使集团更容易实现其行动目标。但是奥尔森认为，

---

① “搭便车”理论首先由美国经济学家奥尔森于1965年发表的《集体行动的逻辑：公共利益和团体理论》（*The Logic of Collective Action*：*Public Goods and the Theory of Groups*）一书中提出的。其基本含义是不付成本而坐享他人之利。

集团规模大、成员多使“赏罚分明”的实现需要花费高额成本，“集体行动的逻辑”恰恰说明的是“集体行动的困境”。这种困境会随着集团规模的扩大而扩大。当然，尽管存在困境，但是具有“有选择性的激励”机制的集团比没有这种机制的集团更容易组织起来集体行动。

奥尔森提出的利益集团的行动逻辑的观点具有很强的理论和实践意义，他曾经利用这一理论框架解释了国家的兴衰。但奥尔森的利益集团理论也有着无法避免的片面性，即奥尔森理论的一个前提条件就是成员不存在质的区别。显然，这并不符合现实情况。奥尔森对利益集团的分类仅仅着眼于规模的大小。而在现实中，利益集团之间最大的区别，并不仅仅体现在规模上，更多的是成员质的不同。小利益集团的成员往往具有较为雄厚的资本，较为有利的社会地位，他们相对于大集团来说，具备更强的行动性。

（二）贝克尔的利益集团理论

加里·贝克尔（Garys Becker）[①]首先假设政治市场中有两个利益集团：集团 1 和集团 2，这两个利益集团通过影响管制决策来进行利益上的博弈。贝克尔在方法上沿用了经济学的古诺-纳什均衡概念，即两个利益集团通过建立最优反应函数进而在政治市场上形成纳什均衡。贝克尔认为，利益集团影响管制决策是有成本的，同时也会获取相应的转移支付，这种利益集团所付的成本也可以用经济学中的价格来表示。假定集团 1 的价格为 P_1，集团 2 的价格为 P_2。利益集团影响管制决策的成本取决于利益集团中成员的数量以及利益集团为之所进行的努力。假定集团 1 比集团 2 付出更大的努力，更大的努力促使集团 1 获得更多的转移支付。假定 T 是集团 1 通过管制决策所获得的转移支付，则 $T=I$（P_1，P_2）（称为影响力函数）。假定 I（P_1，P_2）随着集团 1 努力水平的提高而增加，即 $IP_1>0$，随着集团 2 努力水平的提高而减少。

贝克尔模型意义上的政治市场中的纳什均衡取决于双方的最优反应。每个集团的最优化的转移支付在给定另一集团努力水平的条件下而获得。其中每个利益集团都存在这

---

① 加里·贝克尔的新经济理论。1930 年出生的加里·贝克尔在我国鲜为人知。然而，在美国和其他西方国家，他被认为是当代西方最有才华的经济学家之一，堪与经济学史上最著名的人物相提并论。他是一位把经济研究扩展到新领域这一开拓工作中贡献最大的人物。一般认为，他在经济理论研究中推动了三项最重要的发展，即家庭学说，把经济分析的应用范围扩大到非商业性的社会及其活动中，以及关于消费者的新学说。贝克尔认为，受教育程度、健康状况或个人对工作的态度等，都是人力资本研究方法论的一个自然的延伸。如对婚姻问题的分析和对影响家庭是否要孩子的因素的分析，可以将人口现象视为一种内在因素，将其纳入经济结构的发展变化的模式之中。因此，贝克尔将经济计量原则引入了原来无法以数字来计量的领域，如爱情、利他主义、慈善和宗教虔诚等。

样一种权衡，即付出的努力水平越大，价格越高，付出的努力水平越小，则另一集团的相对价格就越高，此时就会导致集团的转移支付减少。因此，在成本和收益的权衡下，利益集团 1 将在给定集团 2 的 P_2 下选择最优的价格水平 P_1，集团 1 的最优努力水平即反应函数为 W_1（P_2），集团 2 的最优努力水平为 W_2（P_1）。政治市场上的纳什均衡是在同时满足这两个条件下的最优价格水平（P_1^*，P_2^*），即集团 1 进行最大化福利的最优努力水平为 P_1^*，集团 2 为进行最大化福利水平的最优努力水平为 P_2^*。政治市场的纳什均衡也是两个反应函数的交点，即两个集团同时达到了最优的努力水平。

贝克尔模型意义上的政治市场均衡的主要特征是：第一，政治市场中纳什均衡不是帕累托均衡，这说明政治市场本身也存在很大的租金耗散行为，这当然是由博弈双方进行过量的资源投入所造成的；第二，利益集团的决策主要依赖于另一个利益集团的努力水平，而不再是在集团内部的“搭便车”问题。虽然集团内部的“搭便车”问题会在很大程度上影响利益集团的主要决策，但贝克尔在此强调的是作为一个整体的利益集团概念。该模型的缺陷在于，它只关注了政治市场的静态均衡，而忽视了政治市场的动态演变性质。事实上，贝克尔模型意义上的政治市场中的纳什均衡昭示了制度变迁的悖论状态：制度若要成立，需要纳什均衡，但纳什均衡又会造成制度陷入僵局而不能创新。

二、寻租理论

寻租（rent-seeking）从广义而言就是对租金的追逐，即在实现获取租金或维持已经占有租金的过程中所采取的行动。美国著名经济学家詹姆斯·M. 布坎南（James M. Buchanan）对寻租所下的定义是，人们依仗政府保护进行的寻求财富转移而造成的浪费资源活动，或者是在某种制度环境下的经济行为，在这种制度下人们使自己价值最大化的努力所造成的不是社会剩余而是社会浪费。可见寻租概念包含着以下含义：一是任何寻租活动最终结果都是社会资源的浪费而不是社会剩余的增加；二是任何寻租活动都与政府的管制、垄断有关。我们不妨了解一下几个主要经济学流派的寻租理论[①]：

---

① 寻租理论的思想最早萌芽于 1967 年塔洛克（Tullock）的一篇论文，但作为一个理论概念是到 1974 年才由安妮·O. 克鲁格（Anee O. Krueger）（1974）在她探讨国际贸易中保护主义政策形成原因的一项研究中正式提出来的。在这以后的十多年中，寻租理论长足发展，其理论影响力已遍及经济学的各个分支，乃至为社会学、政治学、行政管理学等其他社会科学学科，也提供了新的研究思路。这主要是因为寻租理论对于现代经济学的研究方法有独特的创新。

（一）公共选择学派的寻租理论

公共选择理论是最近40年来在西方经济学界逐渐形成的一个新的研究领域，是由斯蒂格勒（George Joseph Stigler）和布坎南发起的。它把经济学的方法和工具用于研究集体的或非市场的政治决策过程，认为政治家们并非人们所想象的立场中立的社会公众利益的代言人，而是追求自身利益最大化的经济人。政治舞台则是一个经济学意义上的交易市场，从供给和需求两个方面分析政府对经济进行管制的行为选择。政府对竞争的干预和管制往往给私人企业带来了垄断利润，这种垄断利润就是租金。私人企业或利益集团为获取这种租金而进行的各种活动，诸如院外游说、资助政治家竞选、贿赂政府官员等，就是寻租。而政府官员在这个寻租过程中也获得了种种好处，参与了对租金的瓜分，从而也成为寻租者。可见，政府虽然在表面上宣布管制的目的在于公共利益，实际上则变成了某些个人或利益集团牟利的工具。因此，公共选择学派认为，寻租是政府干预经济的结果，寻租基本上是通过政治活动进行的。克服寻租的最好办法就是减少或解除政府对市场的干预。

（二）国际贸易学派的寻租理论

寻租理论中的国际贸易学派是由安妮·O. 克鲁格和贾格迪什·巴格瓦蒂（Jagdish Bhagwati）开创的。它首先是由安妮·O. 克鲁格在对国际贸易中配额限制的福利损失估算研究中发现，进口配额特权会给其所有者带来租金，而人们竞相争夺进口权的活动则会给社会带来损失，这种活动即为寻租，克鲁格的这一研究成果可谓是开创了寻租理论的先河。而巴格瓦蒂提出的“直接非生产性寻利”（DUP）[①]的概念则把寻租活动扩大到更广阔的范围，它包括以直接非生产性活动取得利润的各种途径。这不仅涉及寻租，还包括护租（投资于维护现有租金的行为）、创租（投资于鼓励创造租金的政策干预）和逃避政策限制的活动（如走私、放私和偷税漏税活动）。

（三）集体选择学派的寻租理论

以奥尔森为代表的集体选择学派与公共选择学派相比，更偏重于对集体行为或集团活动的分析。奥尔森将集体利益区分为相容性的和排他性的。前者是指利益主体在追求

---

① 寻租这种活动带来的利润（收入）是直接非生产性的，即这种活动能产生货币收入，但是这种活动不会直接产生传统效用函数中包含的中间产品或劳务。直接非生产性寻利这个概念，把寻租这类活动扩大到更广的范围。

利益时是互相包容的，即一方获利不影响其他方的获利。此时利益主体之间是正和博弈。后者是指利益主体在追求利益时是互相排斥的。例如，处于同一行业中的公司通过限制产出而追求更高的价格时就是排他的，即市场份额一定，你多生产就意味着我少生产。这时的利益主体之间是零和博弈。这一理论为分析集体寻租确定了一个理论框架。奥尔森在《国家兴衰探源——经济增长、滞胀与社会僵化》中扩展了他的早期分析，用寻租理论分析经济制度，解释了为什么不同社会的增长率会不一样。他的观点是，寻租过程给社会带来了限制和约束，降低了这个社会的增长率。如果一个国家不经历类似战争的突发性制度变迁（即奥尔森震荡），那就不能打破这些既得利益集团，就会出现经济增长的缓慢与停滞。

（四）新制度经济学的寻租理论

新制度学派对寻租理论的贡献在于他们从产权与制度变迁的角度分析了寻租问题。约拉姆·巴泽尔（Yoram Barzel）认为，由于存在信息成本，任何一项权利都不是完全界定的，没有界定的权利便留在了公共领域，公共领域的全部价值就是租。公共领域越大，租越多，从而诱发更多的人去寻租，寻租现象就越发严重。而公共领域的大小是与产权被界定的清晰程度密切相关的，产权界定得越清晰，公共领域就越小，反之则越大。因此，清晰地界定产权有利于抑制寻租活动。

专栏 2-2　矿产资源开采的寻租行为

寻租行为表现在矿产资源的开采上尤为突出，监察部、国家安监总局、工商总局*等六部委严厉打击的“官煤勾结”就是一个典型的例子。官煤勾结使部分地区超限开采和非法开采大行其道，这不仅构成诸多安全隐患，同时也造成了大量资源浪费，危及国家能源安全。据国家安监总局的统计资料显示，我国煤炭资源回采率较低，各省区煤炭资源的回采率平均只有30%左右，小煤矿的浪费更加惊人，陕西省煤田地质专家范立民介绍说，陕西省有一个地方小煤矿资源量800多万t，开采不到4年就因井下巷道混乱而停产，累计采煤不到6万t，资源回采率还不到1%，损失浪费严重。

注：* 根据2018年3月国务院机构改革方案，这3个机构不再保留，监察部并入新组建的国家监察委员会，后两个机构分别组建为应急管理部、市场监督管理总局。

由于自然资源性质的特殊性，对于其配置不可能完全由市场来运作，所以政府权力的介入成为必然。矿产资源的开采就是如此。政府重视当地的经济发展，而在一定程度上“纵容”了企业的开采行为。矿产开采商正是凭借着政府保护进行财富转移，但是在转移过程中由于开采不当、资源回采率极低，造成了资源浪费。为了确保经济的高速发展，在一系列的企业寻租行为中诱发了政府失灵。

三、政府失灵的原因

（一）利益集团造成政府失灵的原因

要彻底弄清为什么会产生政府失灵，就必须知道是哪些群体作为驱动力使政府失灵。根据利益团体的社会基础和活动目标，可以把它划分为以下六类。

1．经济或行业的利益团体

由各行业、企业组成，旨在保护和促进各行业、企业的发展。目前中国最大的经济团体是工商联，行业团体承担着行业管理职能。

2．业界利益团体

由同一职业的人员组成的组织，旨在保护本职业从业人员的切身利益，如中华全国新闻工作者协会、个体户协会、律师协会等。

3．学术利益团体

由文艺科教等学术领域的专家、学者组成的团体，目的是促进这些领域的发展，更好地满足社会发展的需要。

4．宗教、民族、地缘利益团体

例如，中国佛教协会、中国道教协会等。

5．市民团体

广大民众针对某一公共问题或某一社会福利政策，以保护其切身利益为宗旨而组织起来的团体，如残疾人联合会、消费者协会、保护未成年人协会等。

6．对外友好团体

这个利益团体旨在促进我国与各国、各地区的民间友好往来。

事实上，每一个利益集团都希望自己的利益得到最大限度的保障。为了保护自己的利益，难免会给政府造成一定的压力，从而引起政府管理失效，也就导致了政府失灵的发生。

（二）寻租造成政府失灵的原因

寻租是造成政府失灵的又一原因，这体现在政府失灵的法律基础博弈。博弈着重研究的是社会生活中的矛盾及利益冲突与合作，它认为，在冲突和竞争的情况下，每一个参加者都遵循追求最大利益，并把损失降低到最低限度的原则。其根源是利益的驱动，利益是博弈的动力源泉，同时也是政策执行时博弈的动力源泉。政策执行时，政府组织与其他组织、政府组织与目标群体、政府组织与执行者以及执行者与执行者之间，常常为自身利益最大化而发生冲突与博弈。不同的集团都在追求自己的目标，获取最大的利益，而政府为了使整个社会能够持续发展，在一定程度上必须以政策为依托，采用法律手段来约束企业的发展，显然就会使企业不能实现利益最大化。此时，企业为了长足发展，就会施加影响给政府，使政府给予一定的政策支持和法律上的政策让步，从而获得比较大的利益，此时政府给予的政策倾斜就造成了一定程度的政府失灵，在这个过程中就出现了法律基础的博弈。例如，煤矿资源的开采就属于典型的寻租行为。煤矿开发商凭借政府保护寻求煤矿资源并进行财富转移，这样的寻租行为使得煤矿资源的回采率极低，势必造成资源浪费，可是煤矿开发商追求自己利益的最大化，这种情况下人们为了使自己利益最大化所做的努力造成的不是社会剩余而是社会浪费，而政府是保 GDP 还是资源就存在一定的博弈，为了经济的发展和人民生活水平的提高，难免会造成政府失灵。

（三）政府失灵的主要原因

1. 政府行为目标与社会公共利益之间具有不一致性

政府制定各种干预经济活动的决策，都是建立在政府作为社会公众利益代理人的基本假定基础上的，其行为目标与社会公共利益相一致。然而，现实情况并非如此，因为政府不是超脱于现实社会利益关系的“万能之神”，它是由各个机构组成，而各个机构又是由各层官员组成的，无论是政府机构，还是政府官员都拥有自己的行为目标，也要追求自身利益。因此政府在制定和实施政策时，往往借社会公共利益之名而行谋取机构私利之实。同时，政府官员作为经济人，以追求个人效用最大化或利润最大化为原则，他们会把追求个人私利的行为自觉或不自觉地融入制定的公共政策中，使其私利行为通过制定过程合法化。

2．政府角色错位

在现实的经济干预过程中，政府干预的范围与力度往往超出自己矫正市场失灵和维护市场机制顺畅运行的合理界限。这种现象在像我国这种由传统的计划经济体制向市场经济体制转型的国家中尤为严重。政府包办一切的错误定位，造成政府在干预经济的过程中出现干预范围过宽、干预力度过强的倾向，使资源无法按照市场的客观需要趋于合理配置。

3．政府机构的低效率

政府机构功能的有效性要求政府机构必须具有效率，按照投入产出理论，其投入和产出应是经济的、有收益的。然而，现实中政府的表现行为结果却不尽如人意，政府机构往往是高投入、低产出。这主要体现在：政府机构缺乏竞争机制，相当多的政府官员因没有选票的约束或竞争机制而缺乏改善行政效率的动力；政府自身组织制度存在缺陷；政府机构缺乏降低成本的机制；监督政府机构的信息不完备。

4．政府行为易产生外部性问题

外部性问题是指当政府试图通过各种经济政策手段弥补市场功能缺陷时，常常会产生某种难以预见的副作用或消极后果，这就是作为非市场活动的政府行为派生的外部性问题，也称外在性负效应。政府对其行为产生的外部性所造成的后果往往缺乏控制力，这突出表现在政府推行的各种管制和福利性政策之中。例如，政府为保障工人的实际利益实施最低工资制，政府的行为和目的是善意的，可实际结果是在部分劳动者与劳动力市场之间架起了一堵厚墙，原因是企业不愿意以最低工资雇佣那些受过很少教育而又缺乏职业技能的简单劳动力，这些人只好长期处于失业状态。

第三节　公众参与环境管理的基础及机制

一、公众参与的社会学基础

从社会学的角度讲，公众参与是指以社会群众、社会组织或个人为主体在其权利义务范围内有目的的社会行动。在中国，公众参与环境保护是公众有序参与政治和社会活动的一个重要方面，同时也是解决环境问题的重要途径。任何社会现象都是人的行为直接参与下的结果，因此，人的行动是一切社会现象中所共有的要素。另外，人在从事社会行动时往往形成集合，即社会群体，甚至是一种更高级更复杂的社会单元，即社会组织，这是社会生活组合的基本形式。公众参与活动实际上就是这样一些社会群体、社会组织所从事的社会行动。这种社会行动往往要受到社会制度的制约和限制，如经济制度、政治制度的不同，直接影响着公众参与的形式和程度的差异。所以在环境保护中进行公众参与活动，不能是一种脱离社会现实的纯主观意识活动，它必须在社会中进行，以社会学为基础。下面通过公众环境权益理论来说明公众参与的社会基础。

环境权益是指环境能够提供给人们的各种利益的总称。环境权益理论的基本内容包括环境权益的客体、环境权益的分类和环境权益的基本权能。

（一）环境权益的客体

环境权益的客体应包括各种环境要素（即自然资源要素、自然环境与人工环境以及整个地球生物圈）、各种防治对象和行为。一般而言，作为环境权益客体的物，具有以下特征：

（1）有不可替代的使用价值或效用价值，表现为能够满足人们生产和生活的物质需求，但是这种效用性不是以直观的价值量反映出来。例如，具有旅游资源效用性的环境景观，环境要素中的生态功能和环境容量等。

（2）具有能够满足人们精神需求、不可替代的效用性。

（3）能够被人们支配、利用和影响，进而可以附带具体的权利义务。

（4）环境权益客体物的外延包括物质实体和自然力。

物质实体指具有一定形态的物质和能量，包括资产性的环境资源及其产品（如森林、林地和林木）、环境要素的聚合体（如水体）、环境污染物（如固体垃圾）、有毒有害的物和能（如有害化学品、核辐射）、有毒有害物的可替代产品和物质以及净化环境的技术、设备、设施等。

人类的生命安全和健康是环境法最基本的价值追求。从早期公害法的产生可以看出，人类生产、生活活动所引发的对生命和健康的严重危害，是国家进行环境与资源管理的社会根源。换言之，环境法维护人类生命健康、维护整体人类生存条件的社会公共利益的追求是国家行使环境与资源公权的权力之源，是环境法的基本目的所在，因此人类的生命和健康自然就成为环境权益的首要客体。

（二）环境权益的分类

根据不同的标准，环境权益有不同的分类。按照权属主体不同，环境权益可以分为公民环境权、单位环境权、国家环境主权和人类环境权等。按照权益内容不同，环境权益可以分为环境的资源权、环境的人格权和环境的精神美感权等，其中环境的资源权又可分为环境的资源所有权和环境的资源使用权。

1. 公民环境权

公民环境权是指自然人享有生活在适宜的环境中的权利，并承担保护适宜的环境的义务。公民环境权的意义在于：确认自然人享有在适宜环境中生存、发展的权利和履行保护环境的义务。它是自然人依法利用环境资源要素或环境功能、享受适宜的生活环境条件的法律保障；是防止个人生活环境被污染、破坏而使其身心健康和合法财产遭受损害，或在受到损害时依法请求救济的法律武器。它赋予公民参加环境保护活动、参与国家环境管理的平等资格，是实行环境民主和环境公众参与的法律依据。在各种环境权中，公民环境权是最基础的环境权，它不仅是单位环境权、国家环境权和人类环境权的基础，也是实现个人财产权、劳动权、休息权、生存权、生命健康权等其他基本权利的必需条件。

2. 单位环境权

单位环境权是指单位有享用适宜环境的权利，也有保护环境的义务。这里的单位，包括法人组织（如企业法人、机关、事业单位和社会团体等）和非法人组织。

任何单位及其生产、经营或业务活动，都必须占用一定的场所、空间，使用一定的环境资源和自然力，都需要适宜的自然环境条件，如果这些场所、空间、自然力和环境条件受到污染和破坏，单位的生存和发展就会受到影响和损害。这就是单位环境权存在的现实基础。单位环境权是公民环境权的自然延伸。由于在现代生活中个人常以一定的单位（团体、组织、公司等）形式出现，环境污染和环境破坏主要由企业事业单位造成，环境保护也总表现为某个聚落环境中一群人的共同活动。因此，处于国家环境权和公民环境权之间的单位环境权，具有承上启下的特殊作用。实践证明，单位环境权是单位依法合理开发利用环境资源、依法排放其生产生活废物的法律保障，是单位保护和改善环境、防治环境污染和破坏、建立健全单位环境保护责任制度、进行集团环境诉讼的法律依据，也是协调发展生产和保护环境、个人和集体之间的环境利益的重要工具。

3．国家环境主权

国家环境主权是指国家在利用环境和自然资源进行各项发展活动时，确保本国的发展活动不致损害其他国家和地区的环境，同时保护本国的环境不受境外活动损害的责任。国家环境主权，对内表现为人民身体健康、维护良好的环境品质；对外表现为国家参与全球环境与资源保护的国际合作，承担相应的国际义务和国家责任。

4．人类环境权

人类环境权是指人类作为地球村的整体居民，共同享有的环境与资源权利、共同承担的环境与资源保护的义务。人类环境权区别于公民环境权之处是：人类环境权在反映权利义务的时候，强调人类对自然的权利和义务，强调人类要尊重自然和其他生命物种的伦理观念。1982 年联合国大会通过的《世界自然宪章》指出："每种生命形式都是独特的，无论对人类的价值如何，都应得到尊重，为了给予其他有机体这样的承诺，人类必须受行为道德准则的约束。"这里无疑是从义务的角度对人类环境权的一种声明。确切地说，人类环境权更多反映的是人类与自然和谐相处的自然法的准则；而公民环境权则主要是人与人类社会关系中非常现实的实证法规范。

（三）环境权益的基本权能

环境权益具有三种基本权能，即环境的资源权、环境的人格权和环境的精神美感权。

1．环境的资源权

环境本身就是一种资源。环境的资源属性，是由环境权益的客体（环境容量和景观舒适美感性）具备满足人类某些需要的效用性所决定的。环境（主要是环境容量和环境景观）作为资源，它的价值量化过程不是直截了当的。以环境容量资源为例，在人类生产和生活过程中排出的废物量在环境容量范围内的时候，因无须耗费劳动去防治，环境容量的价值量化不明显，但是当人类排泄的废物量超过环境容量时，人类必须治理污染、保护生态，更新并扩增环境容量，这时环境容量的价值量化就显而易见了，从而成为环境（生态）资产。环境的资源权有两种基本权能：环境的资源所有权和环境的资源使用权。

（1）环境的资源所有权。环境的资源所有权是指社会主体占有、使用、收益和处分环境（容量或景观）资源的权利。国家制定环境质量标准、环境排放标准和许可证等进行环境监督管理，从环境权益角度考察，实质是国家对其所有的环境（容量或景观）资源行使所有权权能的过程。但是，国家的环境（容量或景观）资源所有权，其权能不是无限的，而是有环境安全底线的，即必须首先满足全体自然人和地球本身对环境（容量或景观）资源的自然生存需要，不能超过环境（生态）阈限过度支取环境（容量或景观）资源。

（2）环境的资源使用权。环境的资源使用权是指社会主体利用环境（容量或景观）资源的权利，属于用益权，有着广泛的权能表现，如清洁空气权、清洁水权、宁静权、日照权（采光权）、通风权、眺望权、风景观赏权和污染物排放权等。按照权利依据的渊源，存在两类不同的使用权：一类是不需法定程序批准即可获得，如清洁空气、水和阳光等，这类环境资源的使用权占绝大多数；另一类是需法定程序批准才可获得，如利用环境容量或环境要素的环境资源使用权，若不加限制可能改变生态系统的生态功能，从而对环境造成巨大影响。

环境（容量或景观）资源使用权人的权利主要有：①开发使用权。使用权人有权开发、利用环境容量和景观价值；使用权人依法利用环境自净能力，向环境排放污染物等；使用权人可以欣赏优美景观，可以享受清洁、宁静和适宜的生活和工作环境。②收益权。使用权人可以利用已获得的使用权获取正当收益，如公民利用通过生态农业获得的景观资源，开发生态旅游获取经济收益。③请求保护权。使用权人有权禁止他人妨碍其行使权利。对非法入侵者，可以请求法律保护，赔偿损失。例如，受大气、水污染的受害者可以要求停止污染行为；因噪声而失去宁静环境的受害者可以要求加害人消除或减轻噪声污染妨害；对于破坏风景名胜、自然景观的，可以要求加害人停止破坏或要求其恢复原状。

环境（容量或景观）资源使用权人的义务主要有：①使用权必须依法取得。法律规定须经法定程序获得的使用权的，必须依法定的程序和条件取得，并依法定条件行使使用权。我国目前实行的污染物排放许可证制度、危险废物处理处置许可证制度等，使用权人必须通过申请许可证才能得到环境资源的使用权，并在许可证的条件下从事有关业务。②费用负担和损害赔偿。使用权人在使用环境（容量或景观）资源时对消耗的资源应当付费或给予补偿，对造成环境（容量或景观）资源损害的，必须依法给予赔偿。③无害使用。使用权人在使用环境（容量或景观）资源时，必须遵守环境保护法律和标准，选择对环境损害最小和无害的方式或技术行使权利；对造成的环境污染和生态破坏，应当采取适当的措施予以减轻、减少或消除。

2．环境的人格权

公民的人格权在环境权上主要表现为生命权和健康权。从环境法的发展历史中可以看出，公害法和环境法产生的直接动因是生态破坏、环境污染损害到了人民的生命健康权（人格权）。《环境保护法》的首要之立法目的就是保护人民的身体健康。目前，我国对环境人格权的保护其实还停留在对生存权的保护这个较低水平，而对身心舒适权、精神免受损害权的保护远远没有满足。

3．环境的精神美感权

环境作为传承人类历史的空间联结，无论是人工环境还是天然环境，都凝聚着人类物质文明和精神文明的精华，都潜含着启迪人类智慧、净化人类心灵、陶冶人类情操等功能和价值。环境法的目标是保护人类生存，为人类物质文明和精神文明持续发展提供环境条件。

对自然人而言，环境的精神美感权是人格尊严权的一部分。环境的精神美感权在具体权能上体现为优美风景赏析权、自然和文化遗迹赏析权等，它不同于环境人格权中的精神免受损害权。环境人格权中的精神免受损害权是健康权的一个方面，是针对人体心理和精神健康，它的损害病症是心理或精神的生理性失常，是对生存权的维护；而环境精神美感权则是在生存权之上的精神文明的发展，两者虽然都与自然人的心智相关，但权利的内容不同。

二、公众参与环境管理的实施机制

所谓公众参与机制，是指由各种用来实现公众参与的手段组成的整个系统。公众参与机制是一个动态的概念，它不仅把实现公众参与的各种手段集合在一起，作为一个整体加以研究，而且以运动的、动态系统的形态来反映这些不同的手段，从不同方面来说明实现公众参与的过程、能力和效果。从总体上讲，公众参与可以划分为三种基本的实施机制，即政治机制、法律机制和社会机制。

（一）政治机制

政治机制是指由各种实现公众参与环境管理的政治手段组成的系统。在这个机制里，公众参与环境管理的方式和途径是运用选举、议会、政党等政治机器，参加公民投票，选举关注环境或致力于环保的政党和议员进入议会，通过这些政党和议员的活动，向政府提出环境方面的质询案，间接地参加到各级环境决策的程序中。在一些环保力量强大的西方国家（如原西德）公众参与的政治机制相当有效，“绿党”就是一支不可忽视的政治力量。在我国，通过人大代表和政协委员进行的立法活动和宪法监督活动，就属于政治机制下的公众参与环境管理。下面以我国“人民代表参与环境管理和环境保护”为例来说明此机制的运行。

1．人民代表参与环境管理的保障

1992年通过的《中华人民共和国全国人民代表大会和地方各级人民代表大会代表法》（以下简称《代表法》）第二条第三款规定：“全国人民代表大会和地方各级人民代表大会代表，代表人民的利益和意志”，准确地将代表的属性定位为“代表人民的利益和意志”，因此，人民代表作为公众的代言人，参与环境管理和环境保护是其职责之一。由于人民代表大会制度已深入人心，人民代表作为社会公众的代言人参与环境管理和环境保护，早已被社会公众接受并被认为是理所当然的事。

另外，《中华人民共和国宪法》（以下简称《宪法》）、《中华人民共和国地方各级人民代表大会和地方各级人民政府组织法》（以下简称《地方组织法》）、《代表法》等法律对人民代表的职权、议事规则、程序等都做了全面规定，确认了人民代表作为社会公众的代言人参与环境管理和环境保护的地位和资格，为公众参与环境管理和环境保护活动提供了便利。另外，《宪法》《代表法》给予了人民代表人身的特别法律保护和物质上的法律保障。这样，人民代表作为社会公众的代言人，就能摒弃人身安全和经济负担的顾虑，全身心地投入环境管理中，使“人民代表参与”这样一种公众参与有了法律保障，从而缓解了因公众参与制度和具体法律规定不足而造成的实践中流于形式的情形。因此，人民代表大会制度是一项较为系统的制度，为公众参与环境管理提供了强有力的保障。

2．人民代表参与环境管理和环境保护的可行性

人民代表参与环境管理和环境保护的具体操作办法和形式，是建立在法律对人民代表职权的具体规定的基础上的，具体表现在如下几个方面：

（1）提案权。《宪法》规定：全国人民代表大会代表有权依照法律规定的程序提出属于全国人民代表大会职权范围内的议案。《地方组织法》也规定：县级以上地方各级人民代表10人以上联名，乡、民族乡、镇的人民代表5人以上联名，可以向本级人民代表大会提出属于本级人民代表大会职权范围内的议案。人民代表所提议案中当然包括有关环境管理和环境保护的议案，如流域污染治理议案、行业节能降耗议案、建设工程生态影响议案、居民住宅小区环境规划议案等。

（2）质询权。人民代表在人民代表大会期间享有就本级人民代表大会权限范围内的任何问题，对政府机关及其工作人员提出质问，并有要求被质问的机关必须做出答复的

权利。人民代表有权就其职权范围内的重大环境污染事故、生态破坏现象、企业违法超标排污、人文古迹的保存、维护等有关环境管理和环境保护问题，向有关机关提出质询，责成其答复直至满意为止。通过质询，可以暴露出环境管理上的问题，促使有关政府部门加大对环境进行管理的力度和强度，推广新的节能、清洁、高效的环保措施，严格执行国家环境标准，减少环境污染排放；还可以鼓励社会公众同违法或不当的管理行为、污染行为作斗争的勇气与信心，提高公众参与的力度。

（3）视察权。进行视察是人民代表大会闭会期间代表的一项重要活动，也是代表的一项权利。《代表法》规定：县级以上各级人民代表大会代表根据本级人民代表大会常务委员会的统一安排，对本级或者下级国家机关和有关单位的工作进行视察；代表可以持代表证就地进行视察；视察时，代表有权向视察单位提出建议、批评和意见等。这项权利，对于人民代表参与环境管理和环境保护活动意义重大。

（4）表决权。人民代表在人民代表大会期间，享有对提交大会通过的各项决议、决定草案进行充分讨论和自由表达个人赞成与否态度的权利。人民代表行使该项权利的过程也就是参与环境管理和环境保护的过程。对不利于可持续发展的环境立法草案、规划，可以自由发表意见并投反对票；对强化环境管理、保护生态环境、维护公民环境权益的各项决议、决定等，可以自由地表达观点并投赞成票。此外，《代表法》还规定：代表有权对本级人大提出各方面工作的建议、批评和意见。因此，人民代表对环境管理和环境保护这方面的工作，依法有权向大会提出建议、批评和意见，真实地反映人民群众的利益和意志。

综上所述，人民代表作为公众的代言人参与环境管理和环境保护，不仅于法有据，而且现实可行。它能使公众参与活动迅速展开，推动其向民间深入，带动广大人民群众的参与积极性；能弥补公众参与制度法律规定之不足；能最大限度地使经济发展与环境保护协调起来；能改变过去公众参与仅为“末端参与”的情况，尤其是通过提案权与表决权的行使，参与环境立法和决策，实现“全过程的参与”。

（二）法律机制

法律机制是指由各种实现公众参与环境管理的法律手段组成的系统。将公众参与环境管理的权利、形式、途径、程序在法律体系中规定下来，建立起公众参与的法律手段，具有强制性。这样一来，公众就能通过法定的参与程序和工具，直接地、系统地、有效地对环境决策过程施加影响，达到保护自己的环境权益的目的。在法律机制下，公众参与是以环境权为依托的，公众有权依照国家法律规定的形式和程序参与一切对环境产生影响的环境决策过程。下面以“法律赋予公民环境权”为例来介绍本机制。

随着改革和对外开放的不断深入，中国已经制定了一系列法律法规来保障公民权的实现和不被侵害，使公民的环境权得到了法律的正式确认。一方面，环境权的各种表现形式都应该以环境法的形式对其进行明确的确认；另一方面，公民所拥有的环境权的实现应该用程序的形式予以明晰。这些程序包括以下四个方面。

1．公众环境知情权

2015年施行的《环境保护法》专门增加了一章“信息公开和公众参与”，首次规定了“公民、法人和其他组织依法享有获取环境信息……的权利”，这堪称我国公众环境知情权的最高法律依据。为了保障公众环境知情权的实现，《环境保护法》明确了中央、省级和县级以上人民政府环保部门以及“重点排污单位”各自的信息公开职责，还规定“其他负有环境保护监督管理职责的部门”也负有环境信息公开的职责，从而“有助于形成中央与地方结合、环境保护部门和其他职能部门相互协调的政府环境信息公开良好态势，进而对公众环境知情权的实现大有裨益”。虽然通过立法直接确立了公众的知情权，但是还应更具体地规定知情权的行使方式、程序以及权利受到侵害后的救济程序。

2．环境立法参与权

我国《立法法》第三十六条和第六十七条规定，列入常务委员会会议议程的法律案及行政法规在起草过程中，法律委员会、有关的专门委员会和常务委员会工作机构应当听取各方面的意见。听取意见可以采取座谈会、论证会、听证会等多种形式。我国环境法应当将立法的这些规定进一步具体化，防止听取意见“走过场”，要保障公众参与对立法决策和立法结果的相当影响力。

3．环境行政执法参与权

我国在1996年后修改和制定的《水污染防治法》和《环境噪声污染防治法》中有“环境影响报告书中，应当有该建设项目所在地单位和居民的意见”的规定。2002年10月通过并于2003年9月起正式实行的《环境影响评价法》第二十一条对公众参与进行了更为具体的规定，使得公众参与建设项目环评成为一项制度。另外，《行政处罚法》也有行政相对人可以参与重大的环境行政处罚程序的规定。2015年施行的《环境保护法》特别强调了公众参与，而2015年9月1日起施行的《环境保护公众参与办法》则对公众参与环境保护做出了专门规定，并在总则中明确规定了“公众参与”原则，而且对“信息公开和公众参与”进行了专章规定。《中共中央　国务院关于加快推进生态文明建设的意见》

中提出要“鼓励公众积极参与。完善公众参与制度，及时准确披露各类环境信息，扩大公开范围，保障公众知情权，维护公众环境权益”，体现了我国政府充分认识到环境保护工作的重要意义。

就这些法律规定而言，公众参与环境行政执法的范围正在逐步扩宽，今后有必要进一步推动多元参与协同治理和保护环境的局面，切实落实法规政策，真正体现出“全民治污”的环保理念。

4．环境诉讼参与权

环境诉讼是公众监督环境法实施的重要形式。如果公民和环保社会组织以环境权为后盾，提出有关环境的诉讼，借助法院强制力迫使行政机关改变其行政行为，迫使污染者停止环境侵害，使违法行为得到纠正，使遭受污染损害的公民获得赔偿，那么，法律将不会因为缺乏监督而成为一纸空文。2015 年施行的《环境保护法》首次明确规定环境公益诉讼制度，扩大了环境公益诉讼的主体，其第五十八条规定：“对污染环境、破坏生态，损害社会公共利益的行为，符合条件的社会组织可以向人民法院提起诉讼：（一）依法在设区的市级以上人民政府民政部门登记；（二）专门从事环境保护公益活动连续五年以上且无违法记录。符合前款规定的社会组织向人民法院提起诉讼，人民法院应当依法受理。此举对增强公众保护环境的意识，树立环境保护的公众参与理念，及时发现和制止环境违法行为，具有十分重要的意义和作用。

（三）社会机制

社会机制是指由各种实现公众参与环境管理的社会手段组成的系统。这个系统不仅包括自由言论的传统工具（如个人意见、群众集会、环保社会组织），还包括造就公众舆论和公众论坛的工具（如报纸、杂志、广播、电视台），也包括能提高公众环境意识的教育工具（如教育、宣传、培训）。在《21 世纪议程》等一些文件中，常常把促进环境教育和培训、提高公众意识等活动称为“公众参与”，后者实际是促进公众参与得以实现的必要手段，可以认为是公众参与社会机制的一部分。在《21 世纪议程》的指导下，现在世界各国都致力于建立或促进公众参与的社会机制，使环境教育和培训更加面向公众，使媒介手段更加接近公众，使公众发表意见和言论更为自由和方便，尤其是重视民间组织的作用。下面以“环保民间组织在环境保护中发挥重要作用”为例对此进行阐释。

1. 民间组织简介

民间组织是指在特定法律系统下，不被视为政府部门的协会、社团、基金会、慈善信托、非营利公司或其他法人，不以营利为目的的组织。民间组织有三个基本属性，即非营利性、非政府性和志愿公益性。

非营利性是民间组织的第一个基本属性，是区别于企业的根本属性。民间组织不是以营利为目的，而是为了实现整个社会或者一定范围内的公共利益；民间组织不能进行利润的分配，而只能用于组织所开展的各种社会活动及自身发展；民间组织不能将组织的资产以任何形式转变为私人财产。

非政府性是民间组织的第二个基本属性，是区别于政府的根本属性。民间组织有独立自主的判断、决策和行为的机制和能力，是独立自主的自治组织；民间组织通过横向的网络联系与坚实的民众基础动员社会资源，形成自上而下的民间社会组织；民间组织采用各种竞争性手段获得各种社会资源，并提供竞争性的公共物品。

志愿公益性是民间组织最具特征的一个属性。志愿者和社会捐赠是民间组织的主要社会资源；民间组织使用社会资源，提供公共物品，其运作过程和开展的活动要向社会公开，保持透明，并接受社会监督。

2. 民间组织的表现

作为草根组织，环保民间组织在当今全球的环保运动中扮演着非常重要的角色，《21世纪议程》也赋予了民间组织更加重要的作用。在英国，环保民间组织有资金、人力资源和专业技能来对环境法的实施进行监督。民间组织所发起的活动，例如“要求恢复街道”“土地是我们的”“批评的大众”，以及各种各样的以实体命名的抗路、抗机场、抗核电站的活动，已经对传统的认知“道路、机场、核电站是我们生活在这个世界所必需的”这一观念提出了挑战。

在我国，“自然之友”就公众关心的环境问题通过全国政协等渠道向政府提交了多个建议、倡议和议案，将公民的环保呼声直接反映给政府。例如，自然资源保护（反对飞机穿越张家界“天门洞”、反对攀登梅里雪山）、野生动物保护（金丝猴、藏羚羊问题）、治理城市污染对策（首钢搬迁）等。“地球村”在《中国消费报》上开办的环保教育专栏“绿色时尚”，以及与中央人民广播电台社教部共同制作的专栏节目“环保时间”，通过这些传媒的广泛传播作用推行环保理念，取得了良好的宣传效果。“保护藏羚羊”“保护母亲河行动”“圆明园事件”“怒江工程”……这些事件的背后，有一个共同的关键词——环保民间组织。数据显示截至2012年年底，全国生态环境类社会团体已有6 816个，生态环境类民办非企业单位 1 065 个，环保民间组织共计 7 881 个，环保民间组织的数量从 2007 年到 2012 年增长了 38.8%。另外，新《环境保护法》的实施为公众参与环境保护，民间组织参与环境维权、公益诉讼提供了法律依据。截至 2014 年第 3 季度末，在各级民政部门登记的 7 000 个生态环保类的社会组织中，有 700 家符合《环境保护法》及其解释的规定，即可提起环境公益诉讼。2015 年 5 月，福建省南平市中级人民法院依法公开开庭审理的侵权责任纠纷一案，是新《环境保护法》实施后，全国首例由民间组织提起的环境公益诉讼案，使环保民间组织成为表达公众环境权益的一支不可忽视的绿色力量。2017 年 3 月，有关部门发布《关于加强对环保社会组织引导发展和规范管理的指导意见》，目的在于更好地发挥民间环保力量，广泛动员公众参与生态文明建设。2009 年和 2015 年的阿苏卫垃圾焚烧项目反建事件就是分别由社区组织的“奥北志愿小组”和环保民间组织“自然大学”主导的。

随着中国市场经济体制的不断完善，政府对环境保护领域等公益事业将逐步退出，环保民间组织的作用将越来越重要。政府可以制定相应的法律、法规推动环保民间组织的发展，同时通过有效的监督体制对环保民间组织进行监管。真正实现环保领域的“公众参与”，取决于环保民间组织的生存环境的改善和自身素质的提高。没有广泛的公众参与，环保民间组织就失去了立足之本，从而成为无源之水、无本之木。同时，为了自身的生存和发展，环保民间组织需要有广阔的信息来源，使组织本身可持续地健康发展。

三、公众参与环境管理的重要性和意义

（一）公众参与是实施可持续发展战略的一项重要措施

可持续发展，即是“既满足当代人需要，又不对后代人满足需要的能力构成危害的发展”。在 1992 年联合国里约环境与发展大会通过的《21 世纪议程》认为“公众的广泛参与和社会团体的真正介入是实现可持续发展的重要条件之一”，社会公众参与是中国可持续发展的群众基础。公众是可持续发展的行为执行者和最终受益者。可持续发展的目标和行动，必须依靠社会公众与社会团体最大限度地认同、支持和参与。公众、团体和组织的参与方式和程度，将决定可持续发展目标实现的进程。

（二）公众参与有利于提高公民环境意识

公众参与和提高环境意识之间是紧密联系、相辅相成、互相促进的。建立完善的公众参与机制，能培养公众环境意识。公众通过参与环境管理，了解和掌握环境信息，监督环境执法，提高了捍卫自身环境权益的意识；公众环境意识的提高，反过来又促进公众自觉参与环境管理。

（三）公众参与是公民环境权益的保障机制

公众是环境污染的最终承受者。公众通过环境决策、环境信访、环境诉讼等法律途径参与环境管理监督，是政府行为的一种补充。在制定环境决策阶段，公众的参与对环境权起到事先保障的作用。因为公众往往对某一决策指向地区的环境状况有着广泛而细致的了解，同时对自己切身的环境权益有着深入而全面的要求，所以他们通过参与程序提供的信息和意见能够使决策者充分考虑来自公众的各方面的环境权益，预防公民环境权益损害的发生。在执行环境决策阶段，公众的参与对环境权又起到事后保障的作用。这种参与也是一种监督，既针对工商企业者污染环境、侵犯公众环境权益的违法行为，也针对环境行政管理机关及其工作人员不履行其环境管理义务或监管不当造成损害公众环境权益的行为，公众对此可以通过向有关政府机关或法院提起控告、申诉、起诉等方式，获得对环境权益受到损害的补偿和赔偿。公众参与的法律机制和政治机制尤其是社会机制所起的监督作用常常受到决策者的充分重视，所以说公众参与是公民环境权益的保障机制。

（四）公众参与是国家民主和法治水平在环境领域的标志

正如政治参与是衡量一国政治系统民主化和现代化程度的标准一样，公众参与也是一国环境管理领域民主和法治水平的反映。公众参与是环境运动的产物，从其产生开始即与民主相连，是公众对政府权力扩张的挑战，表达了公众要行使自己对环境拥有的权利，把自治的民主原则应用于环境保护的实践中。

从这些实践中可以看到，公众与政府间的相互作用富有成效，保护环境的共同责任产生了极为广泛的社会基础，因此，公众参与一直被认为是在人们相互尊重和信任基础上发展民主的重要因素，同时也是民主发展程度的必然反映。另外，把民主思想应用于环境管理领域必然会丰富公民自治的原则及实践。而且，把公众视为环境管理领域最有价值的合作者，势必减少政府、工商业与公众之间的利益冲突，提高环境管理这一管制性系统的制度化程度，反映出环境管理领域的法治水平。可见，环境领域的公众参与与一国的民主和法治程度紧密联系，因而成为它的一个标志。

（五）公众参与有利于政府效率的提高和对环境问题的全方位管理

国际社会保护环境的一个重要经验是“环保靠政府”，这是公众对国家政府机关在环境保护方面的作用的充分肯定。那么，政府又靠什么呢？答案是显而易见的，政府靠公众。国家进行环境保护和管理，必须依靠广泛的社会支持和公众的积极参与，这是由国家政府的性质、职责和能力决定的，也是世界上许多国家在环境保护和管理实践上总结出来的宝贵经验。一个好的国家政府应该是该国人民的代表，应该依靠全国公众保护和管理环境。国家有义务为公众参与环境管理提供途径和法律保障。公众参与环境管理可以增强政府决策和管理的公开性、透明度，使政府的决策和管理更符合民心民意和反映实际情况，减少民众和政府之间的摩擦，加强政府与公众之间的联系和合作。因此，支持、发动和依靠公众参与环境保护，是国家政府履行其环境保护职责的根本途径。

（六）从环境保护事业的角度看，唯有公众参与环境保护才能发展环境保护事业

防治全球性的环境污染和破坏，保护和改善地球环境不是个别人的事业，而是全人类的事业。全人类的事业必须依靠全人类即公众的参与。从世界范围看，目前公众参与环境管理已从个别国家的实践逐步发展成为公认的环境法准则，有关公众参与的形式、程度和保障措施日益完善。各国政府日益认识到环境保护事业的公益性和群众性，日益理解公众的环境权益、作用和力量，认识到国家有义务提供法律手段保障、发挥公众的力量和作用。实践证明，公众参与环境管理有利于解决和处理广泛、普遍的环境问题，实现对环境问题的全过程、全方位管理，加强和改进全社会的环境保护和环境管理，有利于全面推动整个环境保护事业的发展。

专栏 2-3　中石油"赌"输了　云南安宁炼油项目被环境保护部叫停

自 2013 年年初以来，中石油云南安宁炼油项目引起巨大争议，昆民市民集体反对，环保民间组织联名抗议，媒体指责其实为"对赌"环境保护部不会叫停。当时在安宁工业园区建设的云南千万吨炼油项目，位于昆明主城区上风向，超出当地环境资源承载能力，其行政许可程序和环境影响评价令公众充满疑惑，曾经连续两次引发群体性事件，致使多个行政机关被当地居民诉至法院。2013 年 8 月 27 日，多家环保民间组织通过公开信，共同呼吁中国石油天然气集团公司停止云南安宁炼油项目违法施工。3 月 25 日，南方都市报发表记者调查报告，揭露云南炼油项目未批先改、擅自扩建，且相应环评承诺未予兑现。随后，数家门户网站予以转载，各网站纷纷传播，引起广泛的社会关注，"中石油云南项目对赌环境保护部不会叫停"成为公众话题。

7 月 31 日，环境保护部受理并公示了《中国石油云南 1 000 万 t/a 炼油项目优化调整（中国石油-沙特阿美合资云南 1 300 万 t/a 炼油项目）环境影响报告书》。厂区的基本格局和生产的工艺流程，已经大异于获批的环评报告，由此产生的环境、健康和安全风险令人担忧。为了节约工程投资而新增在建的 120 万 t/a 延迟焦化装置，导致清洁生产工艺路线发生根本性改变，环境污染和人群健康风险大幅度增加。专家指出："延迟焦化是重污染，这一装置多产生的特征污染物是之前设计的路线所没有的，比如说 3,4-苯并芘，属于毒性物质，会致癌，它的毒性比被'妖魔化'的 PX 产品严重很多倍。"

2015 年 4 月，环境保护部调查发现，中石油云南 1 000 万 t/a 炼油项目建设方无视法律法规明文规定，对炼油项目擅自变动、未批先建、扩大产能，在毫无环境容量的螳螂川流域违法新建污染项目，在螳螂川河道违法新设排污口，给社会公共利益和环境法治体系造成了现实损害，致使本已是劣 V 类水的螳螂川雪上加霜，无法休养生息、恢复生机，也将给已经成为梯级水库的金沙江下游带来更多污染影响，还可能因延迟焦化的生产中存在较大的火灾爆炸危险性而带来多种污染物事故泄漏排放风险，影响人民安居乐业，影响生态环境安全。8 月 25 日，环境保护部对中石油云南石化有限公司下发了行政处罚决定书（环法〔2015〕70 号），确认了中石油云南石化有限公司突破环评、未批先建等违法事实，责令中国石油云南 1 000 万 t/a 炼油项目变动工程停止建设，并罚款 20 万元。

公众参与推动了炼油项目被叫停，令事件峰回路转，最终民意取得了胜利。另外，这场环境保卫战的胜利应该得益于信息的披露，通过媒体、网络等渠道对炼油项目披露使得公众知道了炼油项目对自己所处的环境即将产生的危害。

四、我国在公众参与环境管理方面的问题

除政府行为的管理体制之外，公众参与环境管理也是一个很重要的组成部分。政府和公众共同管理环境，可以使环境管理从“政府直控”转变为“社会制衡”，实现环境保护的社会化。在我国，大多数公众认为“经济靠市场，环保靠政府”。这种观点有其合理的成分，也是对现实的反映。从我国中央和地方各级政府履行环境保护职责的情况来看，环保主要靠政府，因为只有政府才有这样高的效率和权威，但环境保护仅靠政府是不够的。环境保护具有综合性、广泛性的特点，仅靠政府的力量很难完成环境保护的艰巨任务，只有实行环境民主和公众参与才能实现对环境全面、系统有效的管理。尽管我国公众参与环境保护管理工作取得了一些成就，但是还存在许多问题。

（一）参与的内容

从参与的内容上来看层次较低，主要是参与宣传教育，对政策的参与重视不够，极大地限制了公众参与作用的发挥。

（二）参与的过程

从参与的过程来看主要侧重于事后的监督，大多属于“事发后举报”“受害者举报”的参与模式，以“末端参与”为主，在“预案参与”方面则相当薄弱，属于“告知性参与”，缺乏对事前参与的重视。因为处于“被告知”的地位，公众的观点、建议无法得到真正的重视。事后的监督固然重要，但鉴于环境危害后果的严重性，事前的预防更加重要。

（三）参与的保障

从参与的保障来看政府组织的较多，制度性建设不够。关于公众参与环境保护管理，法律只有原则性规范，而在操作程序和权益保障（公众的环境权益，如环境知情权、环境决策参与权）等方面没有做出具体规定。

我国的环保民间组织大多属于官方拨款支持或半官方性质，有些在组织上挂靠政府，只能间接地、被动地参与环境决策过程；自下而上的环保民间组织数量少、起步晚、影响小、活动范围窄，在参与环境管理中所起的作用非常有限，再加上公众参与的基础性条件——信息公开制度建设仍显滞后，使得公众参与环保制度基本上还停留在“纸面上”。

若没有信息披露，公众就不知道如何合法地表达声音，推动环境问题圆满解决。因此，信息公开是公众成功参与环境管理的前提条件。

第四节　公众参与的信息非对称难题

一、信息非对称的理论基础

（一）非对称信息理论

信息非对称是指有关某些事件的知识或概率分布，在相互对应的经济人之间不作对称分布，即一方比另一方占有较多的相关的信息，一方居于信息优势，而对方则处于信息劣势。信息非对称理论认为，参与者们拥有不相同或不相等的信息或者不拥有做出满意决策所需要的相关信息。信息非对称是信息的基本特性，信息的这个特性表明信息的分布是不对称的。

最早非对称信息理论是柠檬市场理论。这是研究二手汽车市场上由于卖主与买主对汽车质量的信息非对称，使劣质车在价格竞争中把优质车排挤出市场导致市场机制失效的理论。该理论是 2001 年度诺贝尔经济学奖获得者之一美国加州大学伯克利分校乔治·阿克洛夫（G. Akerlof）教授，在 1970 年发表的论文《柠檬市场：质量的不确定性与市场机制》中提出来的。阿克洛夫所说的柠檬市场指二手车或旧车市场，但也可扩大范围，泛指其他的二手货或旧货市场。根据阿克洛夫的细心观察和开创性研究，他建立了一个模型，用来反映在旧车质量均匀分布的假设下，因旧车的性能只有卖主知情而买主不知情，结果出现交易中旧车的平均价格与平均质量轮番下降的问题，以致把好车逐出市场而使坏车成交的逆向选择过程。阿克洛夫用此来说明：与古典经济学中“劣币驱逐良币”的原理相类似，由于不对称信息的存在，市场是如何阻碍互利交易顺利进行的。柠檬市场原理的意义在于，促使人们用非市场方法弥补因信息非对称所造成的市场本身的缺陷。

（二）环境信息非对称

环境信息是在环境管理工作中应用的经收集、处理而以数字、字母、图像、音响等多种特定形式存在的环境知识，是环境系统受人类活动等外来影响作用后的反馈。《环境信息公开办法（试行）》中所称环境信息，包括政府环境信息和企业环境信息。政府环境信息是指生态环境部门在履行环境保护职责中制作或者获取的，以一定形式记录、保存的信息。企业环境信息是指企业以一定形式记录、保存的，与企业经营活动产生的环境影响和企业环境行为有关的信息。

环境信息非对称性是指环境信息在不同相关者之间分布不均的情况，一方面相对于另一方面拥有更多的环境信息。目前国内外对环境信息的划分，一般以环境会计信息的可核算性进行分类，可把环境信息分为货币信息、非货币（物量）信息和记述性信息。传统会计信息主要是货币信息，财务报表附注中也有少量的记述性信息；现今环境会计信息中，定性信息与定量信息并存，以定性信息为主；定量信息中货币信息和非货币信息共存，以非货币信息为主。所以，从环境信息披露角度来看，这三类信息同样重要，而且不同企业在环境会计报告中对这三类信息披露的侧重也不同。

专栏 2-4　环境信息非对称性对我国农村环境保护的挑战

一、农村环境信息非对称性存在的社会基础

（一）经济基础

在相当一段时间内，我国农村改革与发展政策一直是追求经济增长而忽略资源和生态环境建设，为了获得基本生存和解决资金短缺问题，农民积极寻求赚钱的机会来改变目前贫困的现状。比如说，发达城市（地区）的生产者来农村投资建厂，农民们看到的只是：一来帮助他们解决就业问题，二来增加收入帮助他们摆脱贫困的“正面效益”；却没有看到这些经济效益的获得是以牺牲当地的资源环境为代价的“负面效益”。这样，环境信息非对称性就有了存在的经济基础。

（二）地域基础

较之城镇居民，农民仍处于相对闭塞的状态之中。一是在网络时代背景下，农民群体因触网时间短、有效信息获取难度大，环境信息的获取十分有限；二是农村地区较为偏僻，交通相对不便、基础设施落后，部分偏远地区网络及电讯仍不甚发达；三是我国农村劳动力数量大，优势明显。因此，农村所处的相对落后闭塞的地域环境为环境信息非对称性的存在创造了条件。

（三）社会文化基础

由于我国农村劳动力整体文化水平还比较低，农民的就业观念和就业能力势必受到较大限制，被动就业现象尤为突出，尤其是在经济转型时期，高文化程度的劳动力人力资本的缺乏是导致贫困和收入增长缓慢的一个根本性因素。同理，农民对环境基础知识以及污染无知或认识不足，为“污染转移”提供了可乘之机。因此，农村环境信息非对称性就有了社会文化基础。

二、农村环境信息非对称性的主要表现形式

（一）政府主管部门和污染者之间掌握信息的不对称性

污染者出于各种原因尤其是经济原因对信息进行保密，而政府部门出于对当地政治、经济的影响考虑采取大事化小、小事化了、鱼目混珠的态度，导致了政府部门对信息掌握和披露的局限性以及对污染现象发现的事后性和解决的滞后性。

（二）百姓和污染者掌握信息的不对称性

由于百姓对环境知识了解甚少，对许多潜在性的环境污染危害和污染程度认识不足，更多的是停留于表面，注重于看得见、摸得着的污染现象，而污染者出于对自己的利益保护，部分地或全部地对其生产中的副产品——“污染”对当地环境和人们健康的危害进行保密，使得百姓处于对信息的不知状态。

（三）地方行政当局监管与宣传脱离群众和实际，搞形式主义

鉴于历史和现实的原因，地方当局更加重视“形象工程”，大搞特搞形式主义。另外，由于交通条块分割、地方分散保护和资金等原因，当局基层管理人员监管无力，宣传脱离实际。

通过上述分析，不难看出，我国农村环保信息的不对称性必然导致政府主管部门、社区、公众很难对污染者进行有效的监督。

三、非对称性环境信息对农村环境保护的挑战

（一）对政府职能转变的挑战

从政府主管部门来看，政府领导往往只注重在任期间能够实现多少经济增长。政绩考核时也只注重任职期间做出多大的经济贡献、为百姓提供了多少福利，而往往不注重对环境造成的潜在危害。这些也必然导致政府主管部门、公众和生产者各自掌握环境污染信息的不对称性。这就给政府职能转变带来了严峻的挑战。

（二）对健全公众监督机制的挑战

农村环境信息非对称性的诸多表现形式充分说明了一个问题，即我们的监督机制不健

全。因此，要逐步解决农村环境信息非对称性的问题，必须健全公众监督机制，否则只能是“纸上谈兵”。

（三）对生产厂商的挑战

从生产者角度来看，追求利润最大化是他们的目标。这必将导致生产厂商、百姓、政府部门掌握的环境信息的非对称性，从而为该类企业带来挑战。我国加入 WTO 后，这些企业要继续生存和发展，必须迅速树立起国际市场的观念，切实把环境保护纳入企业的决策要素当中。

（四）对环境宣传教育的挑战

由于人们受教育程度、职业、收入水平、年龄、职位等的不同，对环保知识的知晓度也参差不一，总体来讲，人们对表面、形式上的环境问题有一定的认识，但对深层次的、潜在的环境问题认识不足。这就给我们的环境宣传与教育提出了巨大的挑战。

二、环境信息非对称的危害

人类认识世界、改造世界的行为之所以具有社会性，是因为人类上述行为总是在一定的认识的指导下进行的，是具有主观目的性的。而认识的获得或者说主观目的的形成必须依赖于对大量认识材料的占有，在经过去粗取精、去伪存真的过程之后形成产生于实践基础上的认识。公众参与环境管理是基于某种环境现状基础上的认识的指导下进行的，对环境现状的认识和了解，除了个人的切身感受外，还要求公众必须获取和掌握有关环境现状的信息。公众只有在掌握环境信息的基础上才能判断和认识环境现状，并在判断和认识的指导下进一步有目的、有针对性地参与环境管理，提出有事实根据的参与意见和观点。

公众参与、环境信息公开，是行为与结果的关系。环境信息公开的对象是公众，公众的积极参与才能促进及时有效的信息公开，同时，公众还要对公开的环境信息行使监督权。目前，传达信息的渠道并不畅通，地方有关部门和单位并没有把真实信息积极有效地传达和公开；更为严重的是，以虚假信息蒙混过关的事例屡屡发生。也就是说，表达渠道的不通畅，造成信息的不真实、不对称。环境信息非对称有以下几点危害：

（一）干扰市场机制的有效运行

1. 逆向选择

逆向选择又称不利选择，是指因交易双方信息非对称导致一方蒙受不利而影响市场效率的选择。逆向选择是微观信息经济学或理论信息经济学的基本范畴之一。它最早出现在前述阿克洛夫的柠檬市场理论中，即在二手汽车市场中，卖者与买者因信息非对称而导致一种劣质车淘汰优质车的逆向选择。逆向选择是事前的机会主义行为，会干扰市场机制的有效运行。

例如，在建材市场上，卖方在交易过程中可能会故意减少有关建材的非环保性或有害性的介绍，隐瞒重要的质量问题和环保问题，诱导买方接受不环保、不合格的建材的价格，从而使买方使用后身体受损，这种卖方有利、买方受损的行为就是一种逆向选择，这种行为会严重干扰市场机制的有效运作，甚至破坏整个市场的运行。

2. 道德风险

在市场经济活动中，由于信息非对称现象的存在，交易一方的有些行为无法为另一方观察或验证，成为隐藏行为，若这是一些在最大限度地增进自身利益时产生的不利于他人的行为，则称为道德风险。之所以称为道德风险，是因为在信息非对称的情况下，契约的监督只能依赖于每个人的道德自律。环境信息披露的研究某种程度上必须依赖于个人的“道德自律”，道德自律是靠不住的，这是一种风险。

例如，有的燃煤发电厂安装了烟气脱硫设施，当环境监察人员前来检查时，开启设备，当环境监察人员离开后，又关闭设备；有的厂家为了逃避公众的监督，白天开启脱硫设施晚上就关闭，这些行为使得污染治理设备成为应付检查的工具而不是真正进行环境治理的工具，这种现象就是道德风险行为。

（二）对政府的影响

1. 信息非对称在某种程度上强化了政府行为的任意性

在环保工作中，媒体和公众需要知道有关环境的真实信息，一些地方政府会本能地“捂盖子”，部分政府官员或机构滥用信息封闭权，组建了一个个地下信息加工厂，对应该公开的信息采取了封闭作业的方式，使得一些行政过程犹如一个“黑箱子”，政府官员也习惯于在这种“幽暗”的情况下作业，以避免公众的监督。而在现实中，有些地方政府为了追求政绩引进了大批高污染高能耗的企业，以赤裸裸地掠夺和牺牲大多数人的生存环境和健康为代价，使得少数人快速膨胀发达，严重污染了环境。环境信息非对称及地方政府盲目追求 GDP 增长的政绩观和不法商业利益的畸形结合，成为破坏环境的重要因素。所以，环境信息非对称必然会影响政府行政活动和行政过程的透明性。

2．信息非对称制约政府决策的科学性

政府的决策建立在各种因素综合基础上，尤其是行政管理人员的意见。但是因为传统的政府管理民众的思想遗毒和政府片面追求行政效率和降低行政成本践踏了公众的知情权，使公众无法对政府行政提出有价值的建议和意见。在这种情况下做出的决策，信息收集极其不充分，其主观性和危害性可想而知。决策权在一定程度上变成了特权，由于靠经验决策和决策信息的不完全导致的决策失误非常多见，给国家和人民造成了不同程度的损失。

3．信息非对称影响政府的公众形象

政府的威信与良好的政府形象，来源于政府良好的工作作风和政府官员的生活作风，而不是信息封闭和“暗箱操作”。在市场化条件下，信息成为一种重要的资源和资产，但是在环境信息非对称的条件下，有政府官员和不法商人相互勾结，利用信息缺失制造虚拟信息以牟取私利。环境信息越不对称，特殊利益群体勾结的机会就越大，从而严重影响政府的公众形象。

（三）信息非对称对公众的影响

公众知情权是指公民获取官方的消息、情报或信息的权利。在现实情况下，信息公开与否并不一定直接与公众的利益相关联，因此无论是政府还是公众都往往忽视了对充分、完全发布信息的重视。同时，在信息非对称的情况下，政府官员可以根据自己的偏好决定是否公开信息，而商家为了自己的商业利益凭借种种理由拒绝发布环境信息，在没有充分的保障和救济的前提下，公众的知情权就被无情地剥夺了。公众由于不能有效及时地获知环境信息，并不清楚自己生活在一个怎样的环境之中，更不知道身边可能会发生的环境污染，一旦发生也没有应对措施，从而使得自己的人身安全和财产安全受到威胁。

专栏 2-5 日本核泄漏后的我国“抢盐事件”

2011 年 3 月，日本福岛核电站发生爆炸，日本政府宣布“核能紧急事态”，核电站周边大量灾民开始撤离，灾难进一步升级。随后，爆炸和泄漏并没有结束，在这之后的连续几天内，核电站反应堆不断出现爆炸事故，核辐射范围也不断扩大。众多国家陷入核辐射危机的恐慌中，防辐射风潮席卷各国。3 月 15 日，核危机的不断升级已引发全球恐慌，各大媒体都出现了各国的抗辐射报道，如“日本根据福岛核电站周围检测到的放射性物质，拟向居民发放碘片以防止碘-131 的危害”“芬兰的防辐射碘药片脱销”等。

我国某主流网络媒体还专门开设了一个聊天室，邀请嘉宾对此次灾难进行详细解说。在此过程中，虽表示“我国应该不会受到太大核辐射影响”，也指出“如果实在不放心，可服用一定的稳定性碘来预防”，但并未说明摄入“稳定性碘”具体应该服用哪些药物以及如何科学服用。由于信息的不对称，此时一些谣言信息正通过手机短信传播开来：“BBC 报道，日本政府已经确认严重核泄漏，所有亚洲国家应该立即采取必要措施……”这条短信被竞相转发，使谣言信息呈几何级增长。尽管 BBC 发表声明澄清，称从未发布日本核泄漏将影响亚洲邻国的消息，但绝大部分人都不知道事实真相，将对核辐射的恐慌心理推到顶点。

3 月 16 日，“专家称服用稳定性碘可防辐射”的消息出现在谷歌新闻头条，与此同时，有关“吃加碘盐可防核辐射”“日本核辐射会污染海水导致以后生产的碘盐都无法食用”的谣言开始在网络大量扩散。此时，已经有部分人群开始购买碘片来预防辐射，但由于人们对食盐更为熟悉，出于对核辐射的不了解和恐慌心理，更多的人选择参与到抢购食盐的队伍中。浙江省的宁海、诸暨、萧山、永嘉、三门、临海、庆元、江山等市县开始出现排队抢购食盐现象。这一抢购风潮迅速向浙江省相邻周边地区如安徽、江苏、上海扩散，各大超市、便利店的食盐销售量暴增，一度出现食盐供货紧张，造成抢购食盐的集体恐慌，严重扰乱了民众的正常生活。虽然食盐属于政府定价商品，施行全国统一销售价格，但还是出现了不少商贩私自哄抬物价的违法行为。各大媒体对此次抢购风潮也纷纷展开大规模报道，并引起了政府部门的注意，开始有个别地方政府在其管辖区域内发布保障食盐供应的公开信息，但并未取得太大成效。

3 月 17 日，食盐抢购风潮迅速向全国各地蔓延，河南、广州、北京、福建等地也纷纷受到影响，出现了大规模的抢购行为。食盐供应异常愈发明显，许多地区的食盐已经脱销，出现盐荒现象。部分不法商贩趁机提高价格，更加加剧了群体抢购行为，一些公众购买的食盐量甚至足够其一家食用几十年。与此同时，我国政府部门高度重视，积极回应。卫生部办公厅公开发布了关于“放射防护中的碘知识问答”，通过来源于中国疾病预防控制中心的专业科学解释，向人们介绍了“如何通过科学服用稳定性碘来预防辐射”“过量服用碘的危害性”以及“通过食用碘盐来预防放射性碘摄入的不可实现性”。工业和信息化部发布新闻公告，指出目前我国加碘食盐90%以上是井矿盐，供应完全可以保障。国家发改委也发出紧急通知，要求各地立即开展市场检查，坚决打击造谣惑众、哄抬食用盐价格等违法行为。商务部也启动了生活必需品的市场供应应急预案，并印发了《商务部关于进一步做好食盐等重要商品市场供应工作的紧急通知》。各地方政府相关部门对这些信息进行了公开转发，并纷纷采取限购、价格监管、紧急调拨资源等实际措施。各类食盐生产厂家也纷纷加大生产并扩大食盐供应量。各大媒体纷纷转载了政府部门的公开信息，在百度搜索中输入与盐有关的关键字，会直接显示出我国卫生部、商务部、国家发展改革委及中盐公司关于食盐相关信息的通知。

3月18日，我国各地食盐的市场供应情况明显好转，如山西等17个省、区、市食盐市场供应量增加，价格稳定；北京等18个省、区、市食盐供应紧张状况也明显缓解；其他的一些大城市经过积极补货、加紧配送，排队购买现象已明显减少；全国大中型超市的食盐供应基本充足，少数便利店和农村地区的供给也逐步恢复。3月19日，食盐抢购风潮已基本消退，部分地区的购盐潮甚至变成了退盐潮。

专栏2-6 触目惊心的459个“癌症村”，90%死于癌症，他们的出路在哪里？

据官方不完全统计，当前中国各地总共存在459个“癌症村”，而这些主要分布在中国广大的中西部地区，而且规模和数量有每年递增的趋势。杭集村位于江苏省扬州市，全村总人口约3 000余人，近年来癌症患者越来越多，其中食道癌和肝癌患者居多，在一个家庭中甚至出现了同时有两人患癌的局面。相对于杭集村的现状，位于陆良县兴隆村的状况更加严重，仅在2010年，全村便有33人因为癌症离世，占到了全村总人口的10%；而位于河南省浚县的一个村庄，据不完全统计在过去的十年间总共有112人死于癌症，癌症的致死率占到了当地死亡率的90%。一个又一个的癌症村被曝出，究其根本原因都有一个共性，即经济相对落后，为了追求经济的快速发展，吸引大批污染严重的工厂到当地安家落户，然而本应负起污染物处理的工厂却没有尽到应尽的义务。有相当多的工厂为了节约成本，直接将富含亚硝酸盐、重金属的废水直接排入地下，而这些污染物严重超标的地下水几乎是当地唯一的水源。

（四）信息非对称对国家安全的影响

环境信息是社会公众对企业、政府行为做出判断以及根据判断做出行为的依据。如果不能及时和适当地披露信息，就可能造成信息扭曲，除了严重干扰市场机制的有效运作，破坏整个市场的运行，导致公众对政府缺乏信心，影响政府的形象外，甚至会造成社会恐慌和混乱。例如，“非典”刚发生时，政府没有意识到信息公开的重要性，没有及时公开相关消息，公众只能通过非正常渠道获取信息，结果导致大量虚假信息大肆传播，引起社会恐慌，造成严重的社会后果。

环境信息是典型的公众信息，公众与政府环境信息的不对称是妨碍公众参与、导致环境问题的重要根源。2005 年 11 月，吉林石化公司双苯厂发生爆炸，造成大量苯类污染物流入松花江水体，造成松花江部分江段污染，导致沿江居民用水困难，该事件在国内外造成轰动性影响，一时间，松花江成为国内外各大媒体报道的焦点。其中，不少媒体追问的是，相关政府部门和企业是否知情不报，表现出对公众生命安全不负责任的态度，并造成恶劣的国际影响。

三、环境信息非对称的社会资源博弈

从经济学角度来看，有一种资源为人们所需要，而资源的总量具有稀缺性或是有限的，这时就会发生竞争，竞争需要有一个具体形式把大家拉在一起，一旦找到了这种形式就形成了博弈，竞争各方之间就会走到一起，开始一场博弈。本节以我国环境会计信息的披露为例进行博弈分析。

（一）企业和政府部门之间的博弈分析

在改革开放初期，由于经济发展的需要，我国企业走的是一条劳动密集型生产的道路，即通过大量的消耗能源促进经济发展。但随着经济和人们文化思想意识水平的不断提高，政府开始意识到可持续发展和环境保护的必要性，并于 20 世纪 90 年代中期提出了经济可持续发展的任务，明确了环境保护的重要性，企业也逐渐向知识和技术密集型生产的道路迈进。但是作为不同的利益主体，企业和政府的目标是不一致的。企业以自身经济利益为主要目的，只要有利于企业的价值增长，就有可能不顾其他利益主体的需要。而国家则着眼于公共事业，为人们的日常生活和社会的长远利益服务。环境会计信息作为评价企业环境保护现状和预测未来环境风险及质量的工具，成为企业和政府进行博弈的桥梁。根据博弈双方的自利和理性的假定，企业在对是否进行环境信息披露的决策中，必定充分考虑政府对其环境信息披露的强制性要求，这包括法律和经济两个方面，有强制性要求的，则予以披露，否则不予披露。另外企业还会考虑环境信息的披露成本：一方面，我国环境会计还不健全，在核算、计量和披露方面都还没有形成统一的制度，因此在进行环境会计信息的披露时，实际收集资料、确认、计量以及进行其他相关工作的成本太高；另一方面，商业机密外泄可能给企业带来较大的机会成本。因此，企业所披露的信息有所选择。而作为行政主管部门的政府机关也同时是理性的和自利的主体，它的理性是指政府为了公共事业的利益、大众的利益以及经济的可持续发展对环境信息的披露进行理性的控制和调控。

信息非对称主要是污染者出于各种原因，如害怕影响企业的形象或信息被滥用或误用，尤其是经济原因对环境信息进行保密，导致政府及公众对信息掌握的局限性以及对污染现象发现的事后性和解决的滞后性。

（二）企业与社会的博弈分析

企业的目标与社会的目标在许多方面是一致的，企业在追求价值最大化的同时，也使社会在增加就业、提高劳动生产率以及公众的生活质量等方面受益。但两者也有不一致的地方，尤其在环境保护方面，有时企业在谋求自己利益的同时，往往不顾工人的健康和社区的生活环境，以至于损害社会的整体利益。而社会也针对企业不同的作用力予以反应。在现阶段，尽管个别国家或组织对环境信息披露有专门的要求，但总体来看，环境信息的披露主要还是依赖于企业的主动性和自愿性。这种结论的假设前提是：社会及公众均是理性的，并且拥有相关知识。如果社会公众知道或有信息存在的可能性极高而本身又对其内容缺乏充分的认识和了解，企业对环境信息的不充分或错误披露就会使社会和公众对企业的价值打折，甚至将其列入不会长期、持久发展的企业组。这种由于环境信息披露的问题而产生的社会及公众对企业价值的打折，称为环境负商誉。同理，由于企业对环境会计信息披露的充分、及时、恰当，社会及公众能合理地预测企业的发展状况，从而较好地评估企业未来收益和风险，进而提高社会公众对企业的信心，企业价值也会随之升值，这种源于环境信息披露的企业价值提高，称为环境正商誉（图 2-1）。

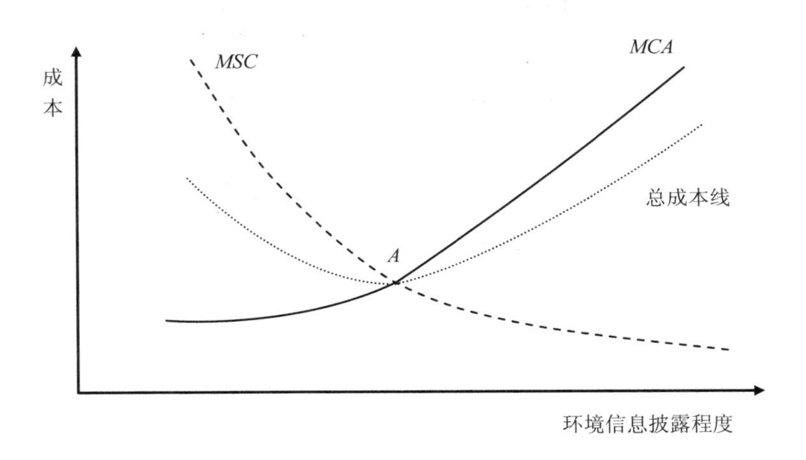

注：*MCA* 是企业自身成本，*MSC* 是社会成本。

图 2-1　环境会计信息披露程度

基于以上假设，企业为了提高自身价值、增加收益而愿意公开更多的环境信息。但环境会计信息的披露是需要成本的，从经济学的角度讲，环境信息作为一种"公共物品"，有其外部性。因此，环境信息披露程度与其成本之间的关系也可称为企业和社会的博弈。如图 2-1 所示，*A* 点为博弈均衡点，在 *A* 点的左侧由于环境信息披露的不充分，虽然企业自身的成本较低，但是由于社会对环境信息披露的满意程度太低，从而高的社会成本发生作用，企业产生环境负商誉，使整个社会生产无效率；在 *A* 点右侧时，由于环境信息披露太多，造成企业收集资料、核算等实际工作成本太高，同时环境信息的披露还有泄露企业商业秘密的可能，使机会成本升高，即实际成本+机会成本=*MCA* 升高，而社会公众则会因能根据充足的环境信息进行合理准确的评估，恰当地对企业进行预测，使社会成本降低。这两种情况的最终结果都会使社会的总成本提高，都是没效率的。因此社会和企业之间应在合作博弈的基础上，尽量提高效率，达到博弈均衡点。

（三）企业经营管理者与股东之间的博弈分析

随着现代企业制度中所有权与经营权的分离，产生了委托-代理问题：经营者可能为了追求他们自己的目标利益，甚至不惜以所有者（股东）获得较低利润为代价。"逆向选择"和"道德风险"就是委托-代理问题的两种表现形式。由于股东不直接参与公司的生产经营，因此不能像经营者那样对环境信息充分了解，经营者也正是利用这一点，在认为披露该类信息有可能对他们造成不利影响时，他们就会尽量避免披露，以实现其最大合理的效用；而如果对他们有利，他们甚至不管是否对股东有利而予以披露。从股东自身来说，他们想尽可能多地获取相关信息，但是获取信息的同时也意味着要花费大量的财力和人力成本。从经济的角度来说，当花费的成本超过获取相关环境信息的收益时，就会变得没有效率，获取信息也就没有意义。股东考虑的是企业价值的升值，而经营者只考虑自身的利益，在这种自利和理性的前提下，股东要和经营者达成“纳什均衡”。

股东会从物质和精神两个方面和经营者的“逆向选择”和“道德风险”进行博弈。首先，从物质上，股东会制订出相应的激励报酬计划，使经营者能分享企业增加的财富，鼓励他们采取符合企业最大利益的行动。例如，企业股票价格提高后，可以给经营者以现金、股票奖励。另外，支付报酬的方式和数量大小也有多种选择。报酬过低时，不足以激励经营者，股东不能获得最大利益；但报酬过高时，股东付出的激励成本过大，也不能实现自己的最大利益。因此激励虽然可以相对减少经营者违背股东意愿的行为，但也不能解决全部问题。其次，从精神上，经营者有增加自身闲暇时间可能的要求，因此股东可以适当减少工作的时间和劳动强度，在适当的情况下还可赋予经营者一定的名誉股份，使其自身的利益能和企业价值充分挂钩。最后，监督也是股东和经营者博弈的一种手段。但是全面监督在实际上是行不通的。全面监督管理行为的代价是很高的，很可能超过它所带来的收益。在股东和经营者的博弈过程中，监督成本、激励成本、增加闲暇等精神方面的机会成本和经营者偏离股东目标的损失之间此消彼长、相互制约。

从中石油“赌”输了、云南安宁炼油项目被环境保护部叫停到核泄漏“抢盐”事件，都说明所谓“信息公开”不仅仅意味着事故发生前后的环境信息的发布要透明及时，贯彻始终的信息公开才能真正起到防微杜渐的效用。正如，信息公开是公众参与的前提条件，没有信息公开，公众不知道如何参与，更不能有效地参与。所以，信息非对称是制约公众参与效果的主要原因，即公众参与中存在的主要问题，只有实行信息公开才能解决中国的环境问题。

思考题

1. 简述政府失灵产生的原因及其表现。

2. 简述公众参与环境管理的机制。

3. 简述信息非对称理论及其危害，并论述如何解决公众参与环境管理的信息非对称难题。

参考文献

[1] 安艳玲，陆根法. 环境信息非对称性对中国农村环境保护的挑战[J]. 农业环境与发展，2002（3）.

[2] 白列湖，潘开灵. 政府失灵的原因及其对策[J]. 科技创业月刊，2004（6）.

[3] 蔡守秋. 环境法教程[M]. 北京：法律出版社，1995.

[4] 陈玲，孙杨铖，卢刚. 我国环保民间组织的发展特点研究[J]. 污染防治技术，2018（1）.

[5] 丁国军. 我国环保民间组织的发展路径探析[J]. 环境保护，2015（21）.

[6] 丁轩，王新新. 利益集团理论：从政治学到经济学——利益集团理论述评[J]. 国外社会科学，2008（2）：64-69.

[7] 杜群. 论环境权益及其基本权能[J]. 环境保护，2002（5）.

[8] 费一红. 信息非对称与“阳光政府”建设[J]. 运城学院学报，2005（4）.

[9] 郜炳峰. 我国煤矿采区回采率调查评价[J]. 城市建设理论研究，2013（14）.

[10] 桂林. 论环境管理中的公众参与[D]. 苏州：苏州大学，2002.

[11] 解振华. 深入推进新时代生态环境管理体制改革[J]. 中国机构改革与管理，2018（10）.

[12] 李瑾，张坤. 公共事业管理中政府失灵现象研究[J]. 劳动保障世界，2018（29）.

[13] 李迅. 论环境法公众参与制度[D]. 北京：中国地质大学，2008.

[14] 李亚红.“政府失灵”与现代环境管理模式的构建[J]. 河南科技大学学报（社会科学版），2008（2）.

[15] 李亚伟. 我国环境管理体制中存在的问题及改革发展[J]. 资源节约与环保，2018（10）.

[16] 李悦. 中国民间环保组织参与社会治理法治化研究[D]. 长春：吉林大学，2017.

[17] 林波. 论环境管理的公共参与和舆论监督[J]. 中国环境管理，1997（6）.

[18] 卢成龙. 环境会计信息披露的博弈论分析[J]. 四川理工学院学报（社会科学版），2005（1）.

[19] 马彩华. 中国特色的环境管理公众参与研究[D]. 青岛：中国海洋大学，2007.

[20] 齐仲锋，范宏. 寻租理论及其在中国的发展[J]. 西安石油大学学报（社会科学版），2004（3）.

[21] 秦天宝，胡邵峰. 环境保护税与排污费之比较分析[J]. 环境保护，2017（Z1）.

[22] 熊超. 环保垂改对生态环境部门职责履行的变革与挑战[J]. 学术论坛，2019，42（1）.

[23] 史玉成. 论公众环境知情权及其法律保障[J]. 甘肃政法学院学报，2004（73）.

[24] 宋海水. 公众参与环境管理机制研究[D]. 北京：清华大学，2004.

[25] 苏春安. 环境保护中政府和公众的博弈[J]. 内蒙古环境科学， 2008，20（2）.

[26] 谭溪. 我国地方环保机构垂直管理改革的思考[J]. 行政管理改革，2018（7）.

[27] 汪劲. 论现代西方环境权益理论中的若干新理念[J]. 中外法学，1999（4）.

[28] 王丹. 依托寻租理论思考腐败行为的风险防范策略[J]. 现代企业，2018（9）.

[29] 王光玲，张玉霞. 对我国环境管制政策的反思与建议[J]. 中国市场，2008（14）.

[30] 王曦. 建设生态文明需立法克服资源环境管理中的“政府失灵”[J]. 环境保护，2008（5）.

[31] 王艳，丁德文. 公众参与环境保护的博弈分析[J]. 大连海事大学学报，2006，32（4）.

[32] 王燕. 论环境法的公众参与原则[J]. 徐州师范大学学报（哲学社会科学版），2002，28（1）.

[33] 乌家培. 信息经济学与信息管理[M]. 北京：方志出版社，2004.

[34] 沈晓悦，李萱. 我国环境管理体制改革思路探析[J]. 社会治理，2017（1）.

[35] 徐敏宁. 从博弈论视角探析公共政策执行失灵及规制[J]. 党政干部学刊，2008（1）.

[36] 徐文君. 我国环境事务中的公众参与及其完善[D]. 青岛：中国海洋大学，2005.

[37] 曾丽媛. 民间环保组织在环境公益诉讼中的法律地位研究[D]. 长沙：中南林业科技大学，2012.

[38] 赵娟. 寻租与寻租理论[J]. 经济界，2006（2）.

[39] 周耀东. 利益集团理论[J]. 安徽大学学报（哲学社会科学版），2004（4）.

[40] 朱富强. 逐利行为、市场外部性与社会困局——市场主体的有限理性及其问题[J]. 当代经济管理，2019（1）.

[41] 朱琦，徐富春，尚屹. 中国环境信息系统的现状和展望[J]. 环境保护，2004（3）.

第三章　环境管理中的利益权衡理论

造成环境污染和生态破坏的原因除了人们未能认识自然生态规律外，从经济的角度讲，也有人们没有全面衡量发展与环境的关系，只考虑经济利益、眼前利益，而忽视了环境利益和长远效益。从系统的角度讲，可以把环境与经济看作一枚硬币的两面，它们的相互联系和相互制约共同决定了环境经济系统的变迁与发展。一方面，环境是经济的基础，环境的变迁必然影响经济的发展；另一方面，经济活动对环境会产生重要影响，并在一定时期内将主导环境的变化。

将环境问题纳入经济学研究的视野可以追溯至古典经济学的形成时期。当时农业生产居主导地位，环境问题并不突出，古典经济学的先驱基本秉持着“无为而治”的消极思想。新古典经济学所处的时代人类已经进入工业社会，环境问题具有了与以前完全不同的性质，环境问题成为从根本上影响人类社会生存和发展的重大问题，与此同时，经济学也有了很大发展，各种新理论和分析方法不断涌现，环境治理的经济学分析在各国的环境治理政策实践中得到越来越多的应用。环境问题的解决从市场失灵到政府干预，再到政府失灵，人们又重新重视市场的力量。看似从终点回到起点，但实际上却体现了经济学家们对环境问题分析的不断深化，因为这意味着人们已经从单一地依靠市场或政府的力量来治理环境的思维模式中逐步解脱出来。无论是传统的命令控制方式还是以市场为基础的经济激励方式都不是万能的，它们都有各自的优势与劣势，所以需要对原有制度进行扬弃并寻找更优的管理方式。

环境问题的解决与社会经济息息相关，任何环境政策的制定都需要进行经济分析，因为政策的实施除了实现某一特定目标外，也会影响社会的利益格局，这些影响又反过来制约着环境政策的选择。所以，权衡各方利益是环境政策制定时至关重要的一个环节。本章从污染控制水平、自然资源使用和生态系统保护三个主要的环境政策应用领域，探讨如何权衡各方利益从而制定出易被人们接受且富有成效的环境政策。

第一节 污染控制的最优水平

根据环境政策发挥作用的动力机制可把其分为两大类：命令控制型环境政策和经济激励型环境政策。前者是通过政府行政命令及制定的法律法规对当事人环境行为施加影响，如常见的污染排放标准和环境技术标准。后者则通过利用市场力量以经济刺激的方式来影响当事人的环境行为，常见的形式有排污税（费）、补贴、排污权交易等。两种类型的政策各有其适用的条件，例如污染不能被监测时至少政府可以采用某一技术标准来控制污染；而当众多污染主体在控污成本上差异巨大时，基于市场的政策工具则更有利于实现全社会总控污成本最低。

在具体展开介绍之前，我们要探讨两个问题：首先，最优的污染控制水平的确定——这是所有这些政策制定的基础，因为只有在确定了最适宜污染控制点之后，才能够讨论用什么样的政策来实现这一目标；其次，各类环境政策工具在实现此既定目标时的特点及相关实例。

一、最优污染削减水平

边际分析是经济学重要的研究方法，其有助于理解环保政策的制定。图 3-1 中两条曲线分别为边际污染削减成本曲线和边际环境损害成本曲线。事实上并不存在削减污染或环境损害这样的“成本”，两者的价值各自取决于排污程度和排污削减量。所以，污染和削减污染的（隐含）价格会随着污染程度的不同而改变，且这种变化通常很大。一般来说，污染引起的边际损害随着排污量的增加而增加（斜率为正），但当损害达到一定程度后，曲线将会平缓或向下倾斜至零，这意味着已经到了即使再增加污染排放也几乎不会产生任何额外损害的某个点上（例如，一条河可能不再是传统意义上的“河”，而变成一条“污水沟”）。减污的边际成本一方面随着减污量的增加而增加，另一方面又随着排污量的增加而减少（斜率为负）。还有其他一些影响曲线的因素，如规模报酬的变化、科技发展等。

两条曲线的交点就是排污量的最优水平。直接命令控制型政策使得污染从当前或初始排污量 E_0 缩减到最优排污水平 E^*，市场激励型政策对污染制造者征收税费（T^*），促使他们将排污量减少到 E^*。边际污染削减成本（即为达到较低水平的污染而额外花费的成本）主要是清洁生产的花费。在这个简单的模型中，两种政策可以产生相同的结果。在实际管理中，决策者还可以有更多的工具选择，但较上述两种政策而言这些工具的效果并不那么确定。

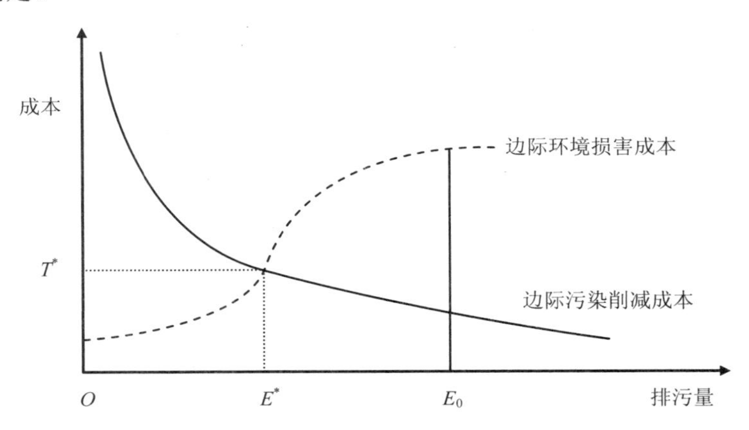

注：T^* =最优税费；E^*=最优排污水平；E_0 =当前或初始排污量。

资料来源：托马斯·思德纳，环境与自然资源管理的政策工具。

图 3-1　最优污染削减量

在最优水平的右边，随着排污量的增加环境损害的边际成本要比削减污染的边际成本高，将偏向于选择一个更清洁的环境。在最优水平的左边，情况恰恰相反，削减污染的边际成本会更高，所以继续净化环境的成本要比环境净化后带来的收益高。所以在此条件下，如果将原用于削减污染的资源投入到经济的其他方面（当然也包括投入到其他环境问题上），将发挥更大的功效。

环境政策制定者关于最优排污量削减控制问题曾有一个争论，即可否使用一些基于市场的政策工具，如排污费和可交易许可证。通常情况是当总体污染水平不变而减污边际成本有很多种类时，基于市场的机制将比其他工具更为有效。当污染削减成本差别很大时，要想以社会最低总成本来实现污染控制目标，必须使每个污染主体控制污染的边际成本一致。在这种情况下，具有高边际污染控制成本的企业可以减少治理污染，而具有低边际污染控制成本的企业则可以多削减污染，以使全社会的总污染治理成本达到最低，此时市场会成为合理分配减污任务的最优工具。

如果环境损害具有外部性，市场自身就无法达到这一最优水平，这种情况下政策的制定及实施将会产生一定的作用。在许多简单的情况下，对排污收取排污税费（T^*）或进行数量上的限制（E^*）将不会有差别。如果在诸多企业间分配减污量，确定减污的最优水平将变得复杂许多。就数量限制而言，可分为削减排污量或控制产品产量两种实现手段。实际的情形是更多地采用削减污染。综上所述，使用政策工具的基本目的就是纠正外部性等市场失效问题。

二、确定污染控制最优水平的复杂性

最优污染削减水平的实现，理论上是由污染控制的边际损害曲线与边际成本曲线的交点确定。但在实践操作中并不完全如此，主要原因是边际成本曲线受许多因素影响，看起来并不像图中那样平滑简单。例如，即使是主要的政策制定者（包括当事人和管理者）也未必十分了解污染控制的技术；管理者必须依赖的由当事人提供的信息可能并不完整甚至不正确；尽管有更先进的污染控制技术（尤其是基础性的清洁生产方法）终究会被开发出来，但事先我们并不确定。所以，并不能预先对排污削减量和排污成本的预期值做准确估计，导致了根据这些不甚准确的估计值确定的成本曲线会在很大程度上“失真”。

同时，很大的不确定性也同样会出现在损害成本中。一方面，由于损害成本依赖于环境污染浓度而不是排污量，故很难估计；另一方面，损害也可能是非线性的，而且随着地域、时间、种群密度以及与其他污染物的交互作用的改变而大幅变化。这两种不确定性的结合造成了最优规制或最优税费水平上更大的不确定性。对不同的情况选取适当工具，可能得到失误更少的预期成本值。

总而言之，环境管理是利益权衡的结果，现行的政策总是由协商得来，因此在比较不同工具时，不能想当然地认为工具的使用就一定是为了达到同等的最优。

第二节　自然资源的最优配置

自然资源是一个多样而复杂的生长要素群，其中包括像鱼群、森林这样的再生资源，还包括像石油、矿石这样的不可再生资源。地球上的自然资源能否满足发展的需要，不仅取决于资源供给总量的多少，也取决于人们开发利用资源的速度。自然资源的大量开采、不适当的利用方式和过度消耗造成了日益严重的环境破坏、污染和生态失衡。过于严厉苛刻的资源管理会造成严重的经济扭曲，如经济发展停滞或衰退、加剧劳动力失业或者消费者更高的支付成本等，但是过于宽松放任的资源管理也会产生高昂的代价，如资源匮乏和丧失。例如一片草场，为防止沙漠化而禁止任何放牧，或者任由牧民过度放

牧导致荒漠化都不是最佳的资源管理。最优管理应当既保证草场满足合理的放牧使用需要，同时又维持适宜放牧强度，有效避免草场退化。这样才能实现资源跨期配置合理——也就是资源的可持续利用。再如能源利用，控制过紧会导致代价高昂，但放任同样会产生巨大代价，因此合理的管理强度才是最重要和有现实意义的，这就取决于对围绕能源利用各种利益得失的综合权衡。

一、非再生资源的优化利用

非再生资源，又称可耗竭资源，即不能运用自然力增加蕴藏量的自然资源，包括可回收非再生资源与不可回收非再生资源两类。当此类资源以某一固定边际成本开采时，这种可耗竭资源的有效开采数量将逐渐减少。如果没有其他资源替代，这种资源数量将减少至零。假若可以找到一种可再生的固定成本替代物，该可耗竭资源开采量将平稳地减少到用可再生资源替代它的时候。无论何种情况，这种可耗竭资源最终将会耗尽，边际使用成本将日渐提高，在开采的最后一单位时达到最大。

边际成本持续增加型资源的有效配置方式在开采数量逐步下降方面与前例类似，但在边际使用成本和开采累计总量方面又不尽相同。当边际开采成本固定不变时，边际使用成本明显上升；反之，当边际开采成本上升时，边际使用成本又会逐渐下降。而且，在成本固定不变的情况下，开采的累积数量等于可得到的供给量，在成本上升的情况下，累积数量要少一些。

将科技进步和勘探行为引入这个模型将延迟可再生资源对原资源的替代时间，勘探活动将增加现存资源的数量，而科技进步可以抑制边际成本过快的增长。如果这些影响足够强大，边际成本在某一时期就会呈下降趋势，从而导致开采数量增加。

在产权结构界定清晰时，可耗竭资源的市场配置也是有效的。而当资源的开采需承担外部的环境成本时，市场配置通常就会失效。可耗竭资源的市场价格将远低于其正常价格，从而导致资源过度利用。

专栏 3-1　可耗竭资源管理实例

石油和天然气是目前大部分工业化国家主要依靠的能源，它们都属于可耗竭不可再生的资源。在有效分配的情况下，石油和天然气将向替代燃料过渡，当其使用的边际成本超过替代品（如煤或太阳能）的边际成本时，两种能源均将退出市场。现在我们来回顾一下过去几十年里这类资源的配置情况，考察与能源分配相关的一些主要问题，通过经济分析阐明资源分配问题及其解决方案。

在1974年年底到1975年年初的冬天，美国发生了严重的天然气短缺问题，导致已签订供应合同并愿意付款的客户无法得到充足的天然气供应。事实上，如果按照有效率的市场分配方式，并不会发生这样的短缺问题。那么是什么引起这样异常的现象呢？问题的根源可以追溯到政府对天然气价格的控制。

1938年美国通过了《天然气法》，开始对天然气的使用进行管制。这个法律由能源管理机构（联邦能源委员会）来保证天然气价格的“公正”。1954年最高法院在“菲力普石油公司诉威斯康星州政府”一案中强令联邦能源委员会对生产者实行价格控制。而在此之前，联邦能源委员会只对管道输送公司进行管制。

由于设置价格上限的过程是非常繁琐的，所以在匆忙出台的“过渡时期价格上限”生效近10年后联邦能源委员会才制定出经过充分论证的价格上限。

这一价格管制直接导致了市场混乱，限制了天然气的价格达到它原本应该的正常水平。价格的提高是资源得到节约的动因，而低价格则会导致资源的过度使用。因此，一方面是天然气的消费远高于没有价格上限时的正常水平，另一方面是生产者在利润低下的情况减少产出。在这里，价格上限对供求双方的影响使得资源的配置产生严重扭曲，不但产生了供给短缺的现象，同时还引起其他一些问题。当天然气的价格上限解除时，即它的价格随着国家政策的改变而忽然升高时，则会对经济产生不利的影响。例如，当某产品预期在不远的将来大幅升值时，生产者就会减产等待高价位的来临，这对消费者来说是非常不利的。

从长期角度考虑，价格控制对消费者来说是有害的。稀缺性租金在资源分配过程中起着重要的作用，企图消除稀缺性租金只会引发更多的问题。经过长时间的争论，美国国会在1978年11月9日通过了《天然气政策条例》，开始分阶段解除对天然气的价格控制。

事实上，在能源领域，政府和市场之间的关系不总是和谐并有效率的。在过去，价格控制抑制了能源的保护，鼓励了开发和供给，从而使未来的开发者处于不利的地位，同时使向可更新资源的转变出现停滞。我们可以清楚地意识到：在这个重要的领域所需要的是减少管制。但此结论并非普遍适用，在其他有关能源利用的情况下，政府的角色是不可缺少的，尤其是对那些不稳定的国外进口资源，需要实施关税和物资储备政策来调节，以降低风险并平衡进口资源与国产资源的成本差异。此外，政府还必须确保能源利用的成本能充分反映出其潜在的环境成本。在向未来合理的资源的转变过程中，政府还要采取措施削弱价格波动对这一进程的不利影响。对供应商来说，能源贮备的成本小于生产扩张，能源储备和峰谷定价都是用来引导消费的非常有效的经济手段。在经济手段和政府手段共同调控下，有效率的能源配置是有可能实现的。

专栏 3-2 稀缺是价值的来源（Hotelling，1931）

随着某物品稀缺性的上升，该物品的价值必定以与其他金融工具一样的利率上升，否则物品持有人将出售物品而不是继续持有，从而降低价格。如果假设：资源是有限的，需求和开采成本是常数，未来市场是理想的，且拥有的资源并无它利，则能够得到结论——稀缺性租金必然以经济的利率呈指数级上升。于是资源的市场价格上涨，开采率逐渐下降，这样资源就不会在有限的时间内耗尽。所以说，稀缺性租金的唯一目标是保护未来的消费者。

当政府试图通过价格控制来减少稀缺性租金时，就会导致当前消费者的过度配给和未来消费者的配给不足。因此，看起来是从生产者转移到消费者的收益大部分实际上是从未来消费者转移到当前消费者的收益。对此，当前的消费者会乐于接受，但未来的消费者在短缺出现时却不知道是何原因。价格控制是有政治吸引力的，但不幸它是低效率的。未来消费者与生产者所承受的损失大于当前消费者的收益。价格控制破坏了资源的分配状况，因而是不公平的。在价格控制下的市场是缺乏远见的，但问题的根源不在于市场本身而在于不恰当的控制。

二、可再生资源的最优配置

可再生资源即能够通过自然力保持或增加蕴藏量的自然资源，可以分为再生商品性资源和再生公共品资源。前者指财产权可以确定、能够被私人所有和享用，并能在市场上交易的可再生资源；后者指不为任何特定的个人所拥有、可被任何人所享有的可再生资源。可再生资源种群增长的模型主要有几何增长模型、指数增长模型、逻辑斯谛增长模型、随机增长模型等。

可再生资源，例如以鱼类和森林为代表的有生命的动、植物群体的生存、发展和衰亡，主要取决于其群体总数的规模或尺寸、大小。如果群体总数低于某一临界水平，则该物种就会遭到灭绝的危险。可再生资源的群体总数又取决于两类因素：生物学因素和人类社会行为因素。除了生物学因素外，人类行为是影响物种生存、发展和灭亡的重要因素。因此，对人类而言，如何有效地使用可再生资源，确保其持续利用，是十分重要的经济决策问题。

可再生资源（主要指生物资源）的特点决定了我们不能像对待可耗竭资源那样，预

先设定一个存量 N，然后求出最优开采量的时间路径。因为种群规模是不断变动的，后一阶段的净增长量与原有种群规模（初始生物资源存量）及其变化速率有关。因此，从资源种群的最优管理角度来看，资源开采控制侧重于对种群规模或资源存量的最优控制。资源的最优配置指资源所有者的目标是从资源开发中得到已贴现的总收入为最大值。从一个连续时间过程看，管理者的目标是使整个开发周期的净收益现值最大化。

专栏 3-3　渔业资源的最佳管理

在渔业资源的开发利用中常遇到这几个问题：因为渔业资源大多为公共产权，故渔业竞争者会不断增大自己的渔船马力，使渔船趋向大型化，继而引起单位捕获量的下降；专注高经济价值的虾、蟹、鱼类，抛弃捕获的低经济价值的小杂鱼等（大中型鱼类的主要饵料来源），会影响海洋生态系统；受渔民文化程度及捕鱼业劳力和资金的转移难度限制，渔业就业转移困难等。

针对以上渔业管理中常出现的问题，下面列出几类科学、合理、可行的渔业管理政策，以实现渔业资源最优配置：

（1）鼓励私人占有并进行养殖。此管理方法适用于那些流动性不大的渔业资源以及某些固定洄游到出生地产卵的鱼类。

（2）通过管理提高捕鱼的真实成本。重视净效益的最大化而非最大可持续捕捞量。例如，美国防止太平洋鲑鱼过度捕捞所设计的管理办法——政府明令禁止在鲑鱼高产河流中设置障碍物和陷阱；关闭了若干捕捞区，并在另一些捕捞区的若干时间禁止捕捞等。这种提高成本的管制能够部分缓解过度捕捞，但不能阻止单个渔民采取新技术增加其市场份额的行为。

（3）税收。与提高成本的管制不同，税收可以提高政府收益，这部分税金能够用于为社会谋福利。总成本的增加部分从社会的一部分转移到另一部分，故社会的总成本并没有增加，同时又减少捕鱼量。但是“税”使得渔民个体利益遭受损害，故会引起渔民的不满。

（4）可交易配额。即规定每个渔民的捕捞量配额。配额规定了鱼的捕捞量，并且可以自由买卖。因为每个渔民的生产成本不同（并且政府不可能了解每一个渔民的成本），故交易使得配额流转到那些交易成本低而获得更多好处的渔民手中，这样同时提高了全社会的效益。

减少捕捞量是上述各种政策的共同目标，但在设计政策减少捕捞量的时候会存在各种问题。例如，因为捕鱼业存在规模经济，所以与其所有的渔船都部分时间空闲着，不如减少渔船（即渔民）数目，让每条船都充分使用。设计合理的经济政策，对捕捞配额收取年费，此部分收入用以支付那些自愿退出捕鱼业的渔民。此外，实施环境也影响着政策的效果，所以设计政策需要考虑其可实施度，并应把监督执行成本计算进来。

第三节　生态系统的有效保护

生态系统是指在一定时间和空间范围内，由生物群落与其环境组成的一个整体。生态系统具有一定的大小和结构，各部分借助能量流动、物质循环和信息传递相互影响、相互依存，形成具有自组织与自我调节功能的复合体。众所周知，自然生态系统是人类生存与发展的基础，发挥着许多至关重要的功能，故人类要谨慎合理地对待自然生态系统，保持生态系统的开发与保护和谐统一，保证经济社会与环境的可持续发展。

生态系统是高度非线性的适应性系统，具有复杂性和动态性，基于人类对系统的认知有限，因此在对生态系统的管理过程中会遭遇各种各样的困难。第一，生态系统本身具有一些导致市场失灵的特征。例如，热带干旱地区长期处于干旱会导致土壤腐蚀，森林覆盖率逐渐下降直至沙漠化。而生态系统恢复取决于系统内一些生态内存，如种子储存、迁移动物和物种多样性，甚至是遗传水平。第二，生态系统又是联合生产的来源（从人类的角度讲），故它的某些产品具有公共产品或共有资源的特征，这些特征也增加了对系统管理的难度。第三，生态系统具有服务多样性，这源于同一个生态系统可以被不同的使用者所使用，如何均衡各方利益是生态系统管理中较普遍的难题。第四，对生态系统产权的定义还不够完善，当地群体和外来群体之间因为对产权的不同认知会引起地区冲突。但现实中由于高昂的执行成本和清晰产权的缺失，目前地方层面上的生态系统处于几乎向公众开放、各类利益团体均可进入的局面。即使当地使用者愿意合作，也难以处置对其他群体的外部效应，更不用说当地使用各种资源和生态系统功能的机构核心决策层面临着统筹市场结构、不确定性、集合及贴现等诸多棘手问题。

针对生态系统开发利用中存在的各种障碍，经济学家、生态学家以及系统的管理者已提供部分解决对策。一个生态系统包含着许多资源，能够单独管理这些资源的所有政策工具都可以被考虑用于管理整个生态系统，如税收、补贴、适当的收费、规制和产权等。还有一些针对生态系统的特有的保护政策工具，如分区、利益相关者的参与、公共产权和对正外部性的支付或者补贴。另外，发放许可证和加贴标签也是可行的政策工具，并已经被用在渔业、农场经营和农业的管理部分，这显示了政策工具在生态前景或商业化经营方面对自然资源进行管理。但由于生态系统管理的内在复杂性，政策工具的设计也更加复杂。

下面列出几类主要的生态系统的开发管理实例，其中有正面的成功案例可供参考，也有反面的经验以供借鉴。

一、森林生态系统的管理策略

这里以热带国家沿海地区常见的红树林生态系统为例，通过分析其各项价值及被使用的情况，帮助理解环境资源管理中的“利益均衡”问题。

绝大多数海洋和沿海生物资源不为任何人所有以致被过度开发，并且随着资源的日渐稀缺呈现消费缺口。理性的生态系统管理可以填补消费缺口，使所有使用者的情况往好的方向转变，但很难达到所需的协调水平。

表 3-1 是热带国家沿海地区常见的红树林生态系统所提供的一些服务。其中，1～14 的产品用途概括了生态系统的直接使用价值（产品的直接消费结果）、间接使用价值（不直接提供消费品的生态系统服务，如降雨）、非使用价值（无形的产品，如景观资源）及一个选择性用途。其中用途 1～3（繁殖）与渔业相关：用途 1 和用途 2 通过提供食物、就业和收入使许多当地居民获益，用途 3 则使最初在边远城市甚至是外国的渔民通过使用现代化船只获得收益。

表 3-1　红树林生态系统提供的服务

用途编号	使用价值
1	动、植物栖息地，营养物，以及虾类、甲壳类和软体动物的繁殖地
2	海底深水鱼类的产卵和繁殖地
3	远洋浮游鱼类的产卵和繁殖地
4	提供燃木和建材等
5	当地的药草、小野味的来源
6	提供盐和虾
7	防御台风、洪水和侵蚀——向海洋扩大现有陆地范围
8	固化碳、氮、磷及其他营养元素
9	保护其他海洋和海岸生态系统（如珊瑚礁）

用途编号	使用价值
10	固化毒素
11	保护鸟类栖息地——观赏鸟类的环境价值（如观光旅游潜力）
12	与未来用途相关的选择性价值，如生物技术和遗传学
13	生态系统的存在价值和遗产价值
14	其他的一些开发

资料来源：托马斯·思德纳，环境与自然资源管理的政策工具。

用途 4 和用途 5（提供燃木和其他种植产品）是典型的直接产品。由于其中部分产品只在当地使用，故缺少市场价值，难以估计，需搜集有关数量和其他功能特征的数据。如果这些产品被当地居民所用，并且是基本的蛋白质、药品或类似于与人类生活必需品的产品，则其损失就不是通过相近的商业替代品的简单估算能够衡量的，它可能被认定为福利的巨大损失。若以小规模经营来分类的话，用途 6——提供盐和虾，也可与用途 4 和用途 5 归为同类。

用途 7～9（防御暴风雨和土壤侵蚀，固化某些营养物质和联合保护其他海洋生态系统）是标准的生态系统服务特点，因为它们具有真正的公共产品或公共产权资源的特征，对所有当地居民有益。其使用者可能与用途 1～6 的相同，也可能不同。

用途 10（固化毒素）仅适用于靠近工业或城市污水污染以及遭受农业杀虫剂径流的红树林。这种用途排除了许多其他用途，不过从成本-收益角度考虑，它可能是一种处理城市污水的选择。至于用途 9 和用途 11（保护海岸区域和旅游者的环境价值），地方决策者则更关心收入的增加而非消费者的剩余，而旅游业收入一般会使游玩者而非当地渔民受益。

用途 12 和用途 13 都是非使用价值：选择价值（用途 12）与保持这种“选择”开发状态的价值有关；存在价值（用途 13）即一种内在价值，人们不期望看到它，仅仅以知道它的存在获得体验。非使用价值可以为当地所有，也可以为全球所使用，但这种价值在实践中很难获得。即使在生物医药公司和当地社团之间有额外的合同来开展合作研究以找到可以生产出新型药物或其他产品的物种的情形下，也很难得到它的非使用价值。

上述列出的 14 项用途，有些可以联合起来，有些则具有排外性。例如，当某片红树林被用于处理城市污水，即用途 10（固化毒素），则不再具有提供水产养殖（用途 6）的价值。换言之，对环境服务而言，其机会成本就是所丧失的净收益，因为提供服务的资源极可能在以后的最能产生收益的用途中将不再被使用，而当资源能被用于不同用途时，资源就不再是免费的。

通过这个红树林生态系统的例子，我们可以看到当资源被用于不同的用途时，相关利益者的收益大有不同，故而环境管理需要谨慎权衡各方利益，努力使各种利益相关者的利益得到满足，即通过制定适当的政策使污染控制达到最优的水平，自然资源得到适度的管理，生态系统得以有效的保护。

二、海洋生态系统开发实例

许多热带的沿海岸区域所包含的生物多样性令人吃惊，它们发挥着极为关键的生态功能，例如提供食物，保护人口稠密的地区不被侵蚀等。随着生物医学的快速发展，关于从这些环境中所获得的各种化合物，人们对其新的生物有效性潜力的认知也大大提高。同时，新兴的海洋生态旅游业为当地社区提供了就业和收入。

然而，被保护的海域也成为一个新的可能引起争议的概念。一方面，缺乏清晰的产权以及实施这种产权存在的技术困难（因为许多水生资源具有非区域性和可移动性），使得对一个“公园”的描述存在相当多的问题；另一方面，海洋公园会遭遇到陆上公园不存在的特殊问题，诸如排他性、实施和监督，安装安全和低廉的潜水设备以及水下摄影装备，暗礁的安全性和保护方面等更大的利害问题。

这一节将列举在坦桑尼亚海岸附近保护海域里的几个海洋公园，来说明在不同条件下对海洋自然生态系统的一些可能适用的管理形式。这里选取的典型案例，既包括私人经营的公园，也有被作为公共产权资源管理的公园。案例中，姆内巴岛仅仅保证了有限的生态目标，并获得了一定的盈利；琼碧岛具有相当的生态可行性，但从经济的角度看几乎是不可行的；马菲亚岛代表了一系列较大、较多和较复杂的岛屿，它有利益相关者的积极参与，但在可行性与可持续性方面仍存在一些问题。此外，在技术和解决社会冲突方面，一些类似项目在其他方面最初表现较好；另一些类似项目将更具生态性；还有一些其他的项目可能更具有盈利性，而在同一区域，不同类型项目的共存及合作可能会产生更大的利益。

（一）私人海洋公园的管理——琼碧岛

琼碧岛与桑给巴尔（Zanzibar）岛相连，在 1994 年变成了由桑给巴尔政府保护的区域，在 2000 年它仍然是所有桑给巴尔公园中仅存的一个海洋公园。最早的保护区域是由私人发起和创办的。它建立的初衷是提供给一个少数的群体娱乐享用，后来为了他们的子孙后代的利益，某些重要的区域被保护了起来。由于这类保护区域是建立在对穷人排斥的基础之上，故这种保护造成了相当的紧张局面，隐藏着潜在的冲突，并威胁着保护区的可持续性。

还有一些导致海洋区域被私有化保护起来的原因是：①生态系统的产权不明确，原本需要用公共政策来解决生态系统“供给”的市场失灵，却发现公共部门不一定就是管理者。②原来处于管理位置的公共权威机构被发现是笨拙无效的管理者。例如，不少国家都存在有些公共公园管理水平很差的事实。这也是传统的公共企业如铁路和电信等被私有化的一个原因。因此，公共管理不应该将合作性或私有化的管理排斥在外。由于上述原因，许多发展中国家，如南非、纳米比亚、哥斯达黎加和肯尼亚，都有以私有化的方式进行保护的区域，甚至在一些地区，这些区域比公共管理的公园还要大。

琼碧岛项目于 1992 年由私人发起，是个人志向和坚持的结果。该项目对 2.5 hm^2 已经清理好的土地签有 33 年的契约，并对琼碧岛暗礁禁猎区签了 10 年的管理契约。该海洋区域拥有一个在其他过度捕鱼或者过度开发区域罕见的原始的珊瑚岛生态系统，岛上无人居住，周围的水域并未被渔民大量使用，否则渔民可能就会有被别人从他们自己的捕鱼区驱逐的感觉。因此，潜在冲突的风险是最小的，并且岛的规模很小，是一个特别适合于私人管理的海洋公园。该项目的设计和管理计划反映了管理者对环境的极大关心和极强的环境意识。而且，因为其商业投资是由私人进行的，所以从长期来看，它也一定具有资金上的可行性。

该项目的最终目标是暗礁和岛的保护以及培养人们对暗礁的生态重要性的认识。管理计划的一个重要建设项目是对当地人进行环境教育。他们雇用了 5 个当地渔民作为公园的守护人，并对他们加以培训，另外组织在校学生定期参观琼碧岛项目，从而增加当地人对该项目的理解。尽管生态旅游业被认为是能够维持并向其他目标提供资金从而使项目在长期内具有可行性和独立性的活动，但是这一结果（定义）是值得怀疑的，因为当环境目标提高后，生态旅游业的成本也会随之增加，若仅允许有限数量的旅游者，那么其获利的能力就会受到相应的限制。

从琼碧岛的面积来看，仅仅 16 hm^2 的占地对生态旅游业的承载能力是有限的。而琼碧岛没有任何淡水设备或者电力设施，再加上珊瑚礁对营养元素极为敏感，因此环境卫生和其他废弃物问题是商业投资计划的重点。该项目应用了复杂的生态技术，在某些国家属于艺术级的生态技术按坦桑尼亚的标准肯定是先进的技术。7 间带走廊的平房（由一个 14 口之家所居住）均安装有复式卫生间，雨水被收集和储存起来用于淋浴。可回收利用的废水经过沙床的过滤，用于菜园或者花园。每一间平房都有太阳能热水器和光电池，这些光电池用于给电池充电，进行夜间照明。

岛上基础设施的许多细节（如小路和工程建筑）反映了项目设计对生态方面的认真考虑，这一努力也获得了一些人的认同和赞赏。但具有讽刺意味的是，这一努力也引发了各种问题。由于技术是昂贵的，技术的类型不易被地方当局所承认，他们有时把技术看作一种反常的或者古怪的东西而非有用之物。这样一来，项目很难作为一个（豪华的）旅馆被官方所认可，因为传统豪华旅馆的通常属性（酒吧间、游泳池、迪斯科甚至一个多层的水泥建筑住所）已经全部消失。由此而产生的不确定性和来自地方当局的阻挠导致项目进度被推迟和项目成本的增加。事实上，一种对项目具有吸引力的选择是完全不开发琼碧岛，将该岛仅用作一天的短途旅游之地。然而，这种选择不符合当地管理，因为政府租约的一个要求是旅馆设施的建设或者类似的开发。

高成本给项目的定价带来两难处境，为了能用仅有的床位来补偿这一高目标项目所带来的成本，价格将会很昂贵。如此高的价格需要复杂的市场营销策略，也使得有必要施加某些限制，例如限制白天的游客和在校学生游客的数量。而这些问题说明了生态意识利益，即当地社区互动以及那些准备支付高税率和要求排他性使用权的当事人利益之间的冲突。

琼碧岛的经历说明，在某些情况下对保护海洋生态系统来讲，私人保护可能是一种可行的和令人满意的方法。一个重要的问题是场地的特性。琼碧岛的大小适合于私人企业的管理，而要由公共机构来管理就显得特别小。使琼碧岛变得完美的另一个特征是当地居民没怎么利用该场地。进一步讲，场地的生态特征决定了保护成功与否以及如何生产或提供生态系统的服务。琼碧岛似乎具有这样的潜力，即在生态上作为各种珊瑚和鱼类撤退的区域，并对桑给巴尔岛进行补充。

（二）公共海洋公园的管理——马菲亚岛与姆内巴岛

在 1975 年《渔业法》声称要对 8 个地区海洋进行保护的时候，坦桑尼亚海岸附近保护海域中的许多地区仅能称为名义上的“公园”，其环境已经恶化到了几乎不再值得保护的地步。马菲亚（Mafia）岛是少数未被重度开发的一个岛屿，也是当地的公共产权资源参与最多的公园，一直被认为是管理最成功的区域。马菲亚岛极近自然的海洋生态系统已经引起了科学界、捐资者和保护性社区的极大关注，从而促使了 1994 年的《海洋公园和保护法》对马菲亚岛的正式保护，这是一个主要成就。而各种利益相关者的适当参与，包括不同种类的渔民和当地的合作组织，似乎是马菲亚岛取得潜在成功的关键。然而进展一直较为缓慢，合作参与的方式具有局限性，特别是在没有什么人口的区域，仍有许多工作需要去完成。

姆内巴岛是与主要的岛屿——桑给巴尔岛相连的另一个特别有趣的小岛。姆内巴岛是北海岸附近的一个特别豪华的、具有排他性的度假胜地（比尔·盖茨曾到过那里）。该岛虽属于公共资源，却被精心地加以保护，以防止当地居民及外来人员对其资源的开采，这也意味着创收活动，如收集贝壳、章鱼和海黄瓜等，对当地居民来讲已经不再可能。这也体现了管理者尽可能为了满足富人消费者而注意保护当地的环境。

一个产生外部利益或者提供公共产品服务的被保护区域，需要某种形式的补偿，不一定是资金方面的，可能是简化的办理许可证的程序。小规模经营者处理官僚问题的能力有限。当政策环境允许无摩擦地、安全地经营的时候，发展项目最为成功。没有适当的合法的基础设施、所有权安全及与政府良好的关系，高额的交易成本足以使得项目难以实施。在私人保护的制度条件中，最重要的将是所有权的安全性。若没有所有权的安全，私人企业将会以放弃长期的可持续性为代价而实现短期目标。

事实上，并非所有的生态系统都能够被保护，总有一些区域会被作为商业资源予以开发。这种趋向反映了功能分区是一种重要的政策工具。对生态系统及其所提供的服务必须加以深入理解，这样才能决定保留的规模及所需要的条件（如缓冲区或者廊道），从而实现以令人满意的方式来保护生态系统功能和生物多样性。尽管分区是一种必要的政策，但就其本身来讲仍存在一定的缺陷，因为在未提供适当保护制度的情况下，被保护的区域不一定会受到尊重。为了获得有效的保护和确保决策的适当程序与合法性，政策制定者必须考虑利益相关者的利益（例如，在没有保护的情况下，他们如何利用这一区域），而这可能需要通过公共产权资源管理的方法来进行。

公共产权资源管理最适合的情况是，当地资源的使用者参与合作性的资源使用或至少期望如此。公众应有权利分享利益的分配——无论什么组织经营一个公园或者区域，公众都应该获得一定的利润份额，但经营组织也需要补偿其成本并获得一个合理的利润。无论对私人经营实体还是公共经营实体而言，获得资金和成本补偿都是他们必须面对的至关重要的问题。

第四节　环境管理中的效率与公平

一、环境管理中的效率问题

面对来自环境的巨大挑战，不少环境问题需要付出高昂的代价才能解决。如何通过成本和收益的理性权衡来选择合适有效的政策工具，消耗最低的成本实现预期的目标，就是这一节所要探讨的内容，即环境管理中的效率问题。

一项政策工具的选择取决于很多因素，通常来讲，当总体污染水平不变而污染边际成本有很多种类时，即当各个企业面对的污染和损害情况一样，但在污染削减方面的难易程度各不相同时，基于市场机制的政策工具将比其他工具更为有效。当污染削减成本差别很大时，具有比较优势（能以较低成本削减污染排放）的企业应该承担绝大部分的污染减排工作，此时市场是合理分配污染削减任务的最优工具。但当环境损害具有外部性时，市场自身无法达到这一最优水平，政策的干预也会起到一定作用。

（一）不同质的减污成本

尽管精确的成本节约取决于诸多因素，如企业数量和污染削减的函数形式，但仍然可以使用一个简化的例子来解释其中的原理。假设管理者的排污量削减目标固定不变，边际污染削减成本会随着污染排放的减少而呈线性增加。

如表 3-2 所示，如果 h=1 且企业的减污量相等，那么两种政策的成本是一样的，因为边际成本均等化将不带来任何成本节约。减污成本差别不大时，节约的成本也很少。即使企业的减污成本相差 50%（h=1.5），与要求减污量相同的盲目规定相比，由 MBI（市场化工具）带来的潜在成本节约也仅为 4%。但是，当减污成本的差别继续扩大时（如扩大一个或两个等级域值），节约的成本就会很明显。虽然这些结论是在一些特殊假定的前提下得出的（如两家企业具有线性的边际减污成本，减污目标固定等），但还是很好地解释了 MBI 静态效率带来的成本节约与减污成本函数中异质性之间的密切关系。

MBI 静态效率的特性是 MBI 在使用时遇到的最强烈争议，因此减污成本的差异在什么时间以及怎样的原因下得以体现就显得非常重要。一些根本原因与减污投资的时间性有关。减污技术的价格可能会随着时间的推移和应用的推广而下降。如果减污技术是由该行业某一企业研发出来的，则与竞争对手共享这一技术的动机就会变得复杂，将依赖于所使用的政策工具。此外，行业内减污设备的使用能力也会影响减污成本——当很多企业都做类似的投资，那么成本会人为或暂时性地提高。

表 3-2　两种工具在不同减污成本异质水平下的成本节约效果

异质性指数 h	减污成本		成本节约效果/%
	非市场化工具（相同的减少量）	市场化工具（最佳的减少量）	
1	2	2	0
1.5	2.5	2.4	4
2	3	2.67	～11
3	4	3	25
4	5	3.2	36
9	10	3.6	64
99	100	3.96	～96

如果减污投资与其他投资形成互补，或将该减污技术融合到其他投资中，那么减污投资就可以在时间上与企业的其他投资相协调，从而降低减污成本。此外，还有另一个与时间安排相关的问题，即减污投资的成本很大程度上取决于企业在管理、工程和生产资料方面是否有很大的空间。机会成本（如停止工作）在减污成本中占有相当的比重，而当企业有选择何时遵守规制的自由和自主权的话，这些成本就可以完全避免，不过如此又将出现部分污染者极力推迟减污行为的现象。

（二）不同质的污染成本

当污染物的危害成本不同质时，某一污染物的危害成本会因时间、地点及排污的其他条件不同而不同。为方便起见，我们假定减污的成本是同质的。污染成本存在异质性主要有两个原因：其一，污染物或排放的性质不同；其二，环境生态系统性质的重要变化使污染的危害程度受到外界的干扰。

污染成本的异质性有别于减污成本的异质性，因为它的最优收费点本身是随着排污成本的变化而变化的，原因在于污染或减污不是一个单独的市场，而是一些在地理上分离的市场。很常见的一个例子就是由于停车场的可接近度不同而引起收费价格的很大差异。

对影响全球变暖的污染物，即全球性混合污染物，可以采用相同税收。通常情况下，绝大多数污染物的影响既有地方性的，也有地区性的，故此理想的税收应该是分门别类的。差别税和规制的应用都应该视情况区别对待，不能一概而论。比起差别税，实行不同的规制（或分区规划）反而更容易被人们接受，因为差别税不仅要求减污的程度不同，而且对没减掉的污染还要收税。按排污量对污染者进行征税，以及按照时间、地区及其他因素来确定税率，都需要进行精确的检测。但在许多情况下，实时排污量是不能监测或无法征税的；由此，一般认为按投入和产出进行征税比较合理，因为它们是造成污染的主要原因，但这样一来就难以按照排污的时间和空间情形区别收税了。

分地区的政策工具适用于许多地方性污染问题（排污、噪声），因为这些问题主要取决于受影响的人数。当污染成本与人口密度相关时，在其他条件都一样的情况下，受影响人数会使估计的排污的外部成本增加，它适用于任何行业及交通工具的污染。分地区的政策工具能明显地降低外部性，其管理成本比按地区征税或进行许可证交易要低得多。对那些彼此间或有第三者造成外部性影响的经济活动实行分区制，可用来替代其他政策或作为其他政策的补充来减轻外部影响。

如果排污许可证不能交易，那么原则上通过地理位置来区分许可证是最简单适用的。但是，为了取得专业化或其他交易的一些益处，我们应该允许许可证进行交易。当污染物完全混杂在一起时，交易许可证是一个很好的办法。表 3-3 为减污成本和污染成本都具有异质性时的政策选择。

表 3-3　减污成本和污染成本都具有异质性时的政策选择

	同质的污染成本	异质的污染成本
同质的减污成本	（两个政策选一）	个人许可证、分区证和其他限制
异质的减污成本	收费、税收或可交易许可证	不同的投入价格；在热点地区实行许可证交易

政策工具的选择应该具有灵活性，具有相关知识的政府部门也应该拥有经常调整政策工具的权力。这种想法与传统的颁发执照的做法相违背。但是，还是存在许多先例来制定根据一些前提条件的变化而变化的规则，例如只允许在一天中的某个时段有噪声，根据不同道路规定时速，或对不同化学物质确定不同的排污量。在渔业中，一个通用的政策解决办法就是在确定可转让的捕捞权时，不是以吨为单位，而是以占可捕捞总量的百分比为单位。因此，政府对其进行调整时就不会影响捕鱼者之间的竞争地位。

价格工具也是可改变的。因为税收必须通过一个复杂的立法和政治程序，且人们普遍认为税收的过快和经常变动是不太妥当的。而收费就无须这种程序，也更灵活，在许多国家，地方政府随意改变关税及排污费的权力受到严格限制。

当污染成本和减污成本都是不同质时，政策制定者必须以自己对两个不同质因素的相对强度以及每个因素的可观察度的判断作为依据。有时可以同时强调两个因素，例如，在一些环境污染最严重的地区，投入价格是否存在地区性差异，或者一个许可证体系是否可以用地方性限制作补充。如果市区里的污染成本高，那么那里的规制应该更严厉些，也不允许城乡污染者之间买卖污染许可证，除非使用特殊的“交易率”。如果市区里各工厂间的减污成本不同，那么通过交易许可证仍可以节约很大的减污成本。如果有污染性的投入品需要很高的运费，那么它们在城市里的价格也同样会高一些。

二、环境管理中的公平问题

在上一节，我们讨论了各类政策工具适用情况及其使用效率等问题。当这些工具被有效利用时，它们是控制污染及保持经济和自然和谐的有效工具，能恰当地阻止浪费自然资源和破坏环境，但我们在关心环境价值的同时，也会关心价值的分配问题。现今的政策一般而言其净收益都是正的，即就整个社会来讲在环境政策的实施效果上其所得要大于所失。但是，对社会中的所有成员却并不是完全如此，社会中的某些成员可能分摊了与其收益不相符合的成本。

对环境公正的关注，可以从两个方面进行，即道德的角度和讲求实际的角度。道德上关注的是风险分担、收益分布、成本分摊是否能够按照社会公平的原则做到平等一致。大众对公平政策的期望能够激励有效政策的制定与实施。讲求实际则强调责任分担与环境法规实施的可能性及其主要内容的联系。政策和计划如果被人们察觉到是不公平的，即使它们能够提高日后环境评价的效率与持久性，仍然难以被通过。故此需要认识引起政策不公平的根源，通过重构计划来消除这些影响因素，提高其持续进行且积极实施的可能性。

同其他学科一样，经济学在社会公平的原则上也没有能够充分发挥其作用。经济学对某些事情也仅仅是批评而已（如对外部的不经济性）。虽然如此，仍可以借助目前兴起的一些传统手段来指导我们的调查工作，这些手段一般包含在两种熟知的理念之中，即水平公平（horizontal equity）与纵向公平（solidarity）。

水平公平要求收入相同的人得到平等相同的对待。就污染控制而言，令人满意的水平公平准则能够使得收入水平相同的人所得的净收益都相等。水平公平准则也可以用来评估政策在地理上和种族上的公平性，即来自不同的地方、属于不同的种族的人们，如果他们彼此之间收入相似但所得净收益相距甚远，就说明了政策违反了水平公平准则，即政策本身是不公平的。

纵向公平以收入水平为基础，针对不同的收入阶层其对待方式也不同，我们如要用纵向公平来评估某项特定政策是否能够令人满意，则首先必须计算净收益在不同收入阶层间的分配额，有三种计算方法：累进分布、累退分布、比例分布。

若不同的收入阶层所得净收益与他们的收入水平相称，那么净收益的分布就是均衡的。若收入水平高的阶层所得分布比例远大于收入水平低的阶层，必须采用累退分布，采用累退分布是要使得收入水平低的阶层比收入高的阶层所得净收益要多，从而提高他们的收入水平。按照传统惯例，累退政策违反了纵向公平准则，传统上要求社会对低收入阶层在其健康和住房方面给予关注，而且现行的收入分配制度也专门用来帮助改善他们的经济状况。累退政策和那些违反水平公平准则的政策，依据现实公平标准，都是不公平的。

对污染控制政策的公平性进行检查时要充分了解并掌握两方面信息。第一，成本与负担最初时是怎样分布的；第二，污染控制成本借助市场行为是如何被转移的。如果了解了最初污染控制成本对行业的影响，那么从一开始我们就能够对行业间的高度变化性有所察觉，察觉行业中的企业是否在将成本负担转嫁给消费者或员工，这些成本负担的转嫁是通过产品的市场需求进行的，还是通过生产过程的劳动密集程度和市场结构的变化来实现的，继而在政策制定时予以考虑，力求保证政策的公平性。

专栏 3-4　美国水污染控制

美国水污染控制政策的设计提供了一组生动的对照。用来控制水污染的政策不仅包括工业废水排放标准，也包括对废水处理厂的联邦补助。这些补贴来自税收，故其对水污染控制的影响完全不同于主要通过提高产品价格来控制污染的方式，即采用的财政政策方式会对水污染的控制产生影响。有三项彼此独立的研究[多夫曼（1977）、吉尔内西等（1979）、莱克等（1979）]都尝试对点源的水污染控制政策的成本分布进行深入的研究，后来他们三方都得出了相似的结论。大体上讲，他们发现该成本分布属于累退分布，因为工业废水排放标准对企业而言，是强加的成本负担，属于累退分布，而对市政废水处理厂的补贴，却属于累进分布。究其原因，前者是由较高的消费者价格所导致的，后者则因为其主要财政来源——税收是累进的。

为了扩展他们的结论，1981 年吉尔内西和帕斯金对水污染成本的影响和大气污染成本的影响进行了比较，发现水污染控制成本属于较低的累退分布，一部分原因是市政废水处理厂补贴的方式，另外一部分原因是水污染控制缺乏类似高度累退分布的汽车政策。

市政废水处理厂补贴累进的结论也不完全对。在对美国国家环保局所列的第七类地区（艾奥瓦州、密苏里州、堪萨斯州和内布拉斯加州）的补贴影响进行了调查后，1977 年科尔林斯发现，这些补贴会使中产阶级的收入流向富人，补贴累进的结论尤其应该值得批评的是，分析时的假设：所研究的地区特性的唯一。

科尔林斯的研究假设，废水处理厂的工业用户接受补贴后，就不再通过提高产品价格将控制成本转嫁给消费者，而且该补贴一般也由其所有者保留。一般而言，投资者会试图提高他们的收益分配比例，所以该假设还认为此群体应该获得主要的收益。如果该假设变为补贴消费者而不是给所有者，那么市政废水处理厂的补贴就属于高度累进分布。

由于以往研究认为补贴的大部分都给了工业用户，而不是也假设投资者保留了补贴，这就成了科尔林斯研究的与众不同和特别重要的部分。1981 年奥斯特洛使用与科尔林斯相同的方法，对波士顿市区废水处理厂的补贴分布状况进行了评估，发现其属于高度累进分布。此发现之所以不同于以往的研究，是由于在波士顿只有 7.85%的补贴给了工业，这使得工业补贴对控制成本的影响与以往假定的相差太远。

尽管研究水污染控制的收益分布的相关著作很少。但是 1981 年威斯顿·哈林顿依据 1972 年所实施的《水污染控制法》中的当前最实际控制技术部分，对水上娱乐收益的分布状况进行了研究。他使用 RFF 水网模型来评估水质控制政策的成效，并使用某经济模型来评估因水质改善而使娱乐需求发生改变的程度。哈林顿发现收益分布并不是非常平等的，尤其值得一提的是，他发现在以下情形是非常不平等的：白人与其他人种之间，中产阶级家庭与穷人家庭之间，城市居民与乡村居民之间，美国东北部居民与其他地区的居民之间。

思考题

1. 绘制最优污染削减量图，并表述其含义。

2. 试分析哪些因素会影响污染控制最优水平的实现。

3. 试分析哪些政策工具可用于生态系统的有效保护，并选择其中一项政策工具举例进行说明。

参考文献

[1] 保罗·R. 伯特尼，罗伯特·N. 斯蒂文森. 环境保护的公共政策[M]. 穆贤清，方志伟，译. 上海：三联书店，2004.

[2] 陈大夫. 环境与资源经济学[M]. 北京：经济科学出版社，2001.

[3] 刘文辉. 环境经济与可持续发展概论[M]. 北京：中国大地出版社，2007.

[4] 鲁传一. 资源与环境经济学[M]. 北京：清华大学出版社，2004.

[5] 尼克·汉利，杰森·绍格瑞，本·怀特. 环境经济学教程[M]. 曹平和，李虹，张博，译. 北京：中国税务出版社，2005.

[6] 聂国卿. 我国转型时期环境治理的经济分析[M]. 北京：中国经济出版社，2006.

[7] 汤姆·泰坦伯格. 环境与自然资源经济学[M]. 严旭阳，等译. 北京：经济科学出版社，2003.

[8] 汤姆·惕藤伯格. 环境经济学与政策[M]. 朱启贵，译. 上海：上海财经大学出版社，2003.

[9] 托马斯·思纳德. 环境与自然资源管理的政策工具[M]. 张蔚文，黄祖辉，译. 上海：上海人民出版社，2005.

[10] 汪安佑，雷涯邻，沙景华. 资源环境经济学[M]. 北京：地质出版社，2005.

[11] 威廉·J. 鲍莫尔，华莱士·E. 澳兹. 环境经济理论与政策设计[M]. 严旭阳，译. 北京：经济科学出版社，2003.

[12] 张承中. 环境管理的原理与方法[M]. 北京：中国环境科学出版社，1997.

[13] B. 盖伊·彼得斯，弗兰斯·K. M. 冯尼斯潘. 公共管理工具[M]. 顾建光，译. 北京：中国人民大学出版社，2007.

[14] Dorfman. Measuring benefits of government investments[M]. Washington，D.C.：Brookings Institution，1965.

[15] Hotelling H. The economics of exhaustible resources[J]. Journal of Political Economy，1931，39（2）：137-175.

第四章　环境规制手段

20世纪60年代以来，环境规制随着生态环境保护问题的热议而得到不断发展。环境规制作为社会规制的一项重要内容，在保持环境保护和经济发展相协调的目标中发挥了举足轻重的作用。环境规制是目前公认的纠正制度失灵较为恰当的手段，环境的公共物品性、环境污染的外部性以及企业竞争的无序性说明实施环境规制是环境保护的必然选择和有效手段。本章从基础理论入手，着重介绍环境规制的手段，具体包括环境规划及区划，环境禁令、许可与限额，环境标准及准入以及环境责任等方面内容。环境规制中采取的各项具体制度对生态环境保护中出现的方方面面问题都有较为明晰且有效的规制，为生态环境保护划定严格的安全红线。

第一节　环境规制手段概述

一、环境规制的概念

“规制”一词来源于英文“regulation”或“regulatory constraint”，又称政府规制（government regulation），是西方发达国家自20世纪30年代以来反复出现于政府法令和学者著作中的词语。自日本学者植草益的《微观经济规制法》一书传入我国后，“规制”一词被我国学者广泛使用。“规制”之义并不等同于管理、调控和调整，规制是“有规定的管理，或有法规条例的制约”，它包含有“规整”“制约”和“使有条理”的含义。规制泛指政府对经济的干预和控制，它强调政府通过实施法律和规章来约束和规范经济主体的行为，是公共管理部门依照法规对市场主体的产品或服务定价、市场进入与退出、投资决策、危害社会环境与安全等行为进行的监督与管理活动。

规制是公共政策的一种形式，即通过设立政府职能部门来管理（而不是直接由政府所有）经济活动。规制也是社会管理的方式，依据规制性质的不同，规制可分为经济规制与社会规制。

在经济规制中，政府授予特许经营权或许可证，允许个人、企业去从事商业活动，控制价格，批准投资决策，执行保险和安全规则，重点针对具有自然垄断、信息不对称等特征的行业。社会规制是近年来才在各国逐渐施行的，主要针对经济活动中发生的外部性有关的政策，以确保居民生命健康安全、防止公害和保护环境为目的。在社会规制中，政府主要通过设立相应标准、发放许可证、收取各种费用等方式进行规制，试图保护消费者远离危险产品，保护环境免遭产业行为的危害及小集团免受歧视性商业实践的危害。

从规制的内容看，规制包括对垄断行为的规制、对外部性行为的规制和对内部性问题的规制。其中外部性表现为两大类——正外部性和负外部性。对负外部性行为的规制，即环境（与资源）规制。对这类行为的规制就是要将整个社会为其承担的成本转化为其自己承担的私人成本。环境规制作为社会规制的一项重要内容，指由于环境污染具有外部不经济性，社会成本和厂商成本之间存在差异，政府通过制定相应政策与措施对厂商等的经济活动进行调节，以达到保持环境和经济发展相协调的目标，即通过促使环境成本部分或全部内在化而不是由社会来承担的方式来解决环境污染的外部性问题。环境规制是政府对被规制者施加的一项重要管制内容，其作用对象主要是直接造成环境污染或环境损害的行为者，包括企业、社会组织、个人等，其中的主要对象是企业。从企业即规制的客体的角度看，环境规制中既有社会规制又有经济规制；而从政府即规制主体行为的效果分析，环境规制是通过干扰企业决策从而影响市场均衡的规制。

二、环境规制的特征

（一）环境规制主体的独立性

规制机构的独立性有两层含义：一是指规制机构的执行职能与政府其他机构的政策制定职能的分离，使规制机构的决定不受其他政府机构的影响；二是规制机构与作为其规制对象的企业之间的分离，实现政企分开，以保证规制的独立性。环境规制是特定的规制机构（政府机关）对市场主体的活动进行直接管理的行为，规制机构的规制权力源于立法机构的授权，环境规制机构必须是独立于立法、司法部门的，拥有从事环境规制的专业技术能力和专业法律、管理和技术人员的机构，在我国通常是各级生态环境行政主管部门。规制机构是由具有专业技能的人在不受不恰当的干预下贯彻政策，独立管理，并按照特定的规则运行的机构。环境规制是环境行政主体实施的行为。环境行政主体是指享有国家赋予的环境管理职权，在法定范围内以自己的名义从事环境行政管理活动，并独立承担责任的组织，主要包括具有环境管理职能的行政机关（如人民政府、生态环境行政主管部门）和法律、法规授权的组织（如环境监测站）。

（二）环境规制对象的特定性

环境规制主要是针对企业和居民的经济活动所产生的对环境的不利影响进行的管理和制约，其中企业是主要的规制对象，因为企业被认为是污染和环境问题的罪魁祸首，政府通过环境规制责成企业治理污染，补偿环境损害，清除环境污染对人类健康的风险，从而改善环境质量。

（三）环境规制依据的法制化

规制机构是依法行使规制权的机构，其设置必须依据《宪法》《地方各级人民代表大会和地方各级政府组织法》和其他有关法律；设置的性质、职权、隶属关系、行为规范等都必须由有关法律予以规定。在我国，作为环境规制机构的各级生态环境部门是根据《宪法》《地方各级人民代表大会和地方各级政府组织法》《环境保护法》等相关法律的规定设立的，其权力行使的依据也是各级立法机关或政府机构制定的相关法律法规、部门规章，或地方性法规规章，其规制权应当严格按照法定权限、法定程序行使，职权法定，越权无效。

（四）环境规制的公开性

环境规制必须是开放、透明和可预测的。环境规制机关进行环境规制所依据的法律法规必须是公开的，不得依据内部制定的非公开的文件；环境规制的程序必须是事先依法定程序制定并向社会公开的；环境规制的过程应当充分考虑被规制对象的权益，并便于促进公众参与。增加环境规制的透明度和公众参与，易使规制权力得到公众的认同，从而更容易达到规制的目标。

（五）环境规制目标的双重性

环境规制的目标是消除或减少环境污染，协调环境与经济发展的关系，即环境规制的目标具有双重性。一方面，环境规制要将环境污染水平控制在环境的自我净化能力之内，以实现保护环境的目标，从而最终实现环境的永续利用；另一方面，环境规制也可以提高资源的配置使用效率，达到资源利用的最大化。

三、环境规制的演变

环境规制是在解决环境问题的过程中不断得到发展完善的。20 世纪 70 年代以来，世界各国政府在航空、电信、铁路运输、能源等产业大规模放松经济规制的同时，把加强环境规制作为一个主要的规制领域。环境规制之所以在 20 世纪 60 年代出现，并在 70 年代得到进一步发展，是因为公众的关注推动了政府将环境领域作为政府规制政策的焦点和重点。首先，科学技术的发展使人们越来越多地了解到有毒、有害物品对环境的危害，人们对环境污染的关注不断提高。其次，人们对待环境的看法发生了改变，随着经济增长所带来的人们收入的提高，公众在物质生活极大丰富的同时，对包括环境在内的生活质量提出了更高的要求，对环境污染状况不满，要求政府干预以改变现状，因此各国政府采用各种环境规制工具来解决日益严重的环境污染问题。从发展历程看，广义上环境规制经历了两个阶段，一是采用传统的规制方法的阶段，二是采用激励性的规制方法的阶段。传统的环境规制方法一般采用直接限制被规制对象的某些行为的方法，包括价格规制、数量规制、进入规制、限制性规制方法等，这也是本章所指的环境规制手段，即直接规制手段。在环境保护工作中广泛采用的环境影响评价制度、“三同时”制度、污染限期治理制度、污染物排放标准等都属于传统的规制方法，其重要特征是被规制对象的行为选择较少有自主性。激励性规制方法出现于西方国家 20 世纪 70 年代发起的规制改革运动，这场运动以放松规制为主要内容，同时，也引进了激励性的规制方法，给予企业在受规制的行为方面更多的自主权。这些激励性的规制措施包括环境税（费）、财政政策、押金退款制度、排污权交易等。

四、环境规制的分类

从广义上来看，环境规制按照其对企业排污行为的不同约束主要分为命令控制型手段和基于市场的激励型手段。

命令控制型手段（CAC），又称为直接规制手段，也是狭义上的环境规制手段，主要指由管理主体根据法律、法规的要求，制定并施行统一的规则和标准，直接规定被管制者的行为或规定其产生外部性的多少，是直接影响企业环境绩效的制度措施。直接规制措施往往是命令性的，它规定法律主体应当做什么或不应当做什么。直接规制是目前环境法的主要实施手段。直接规制手段主要有环境准入、环境标准、技术标准、环境影响评价、发放许可证、公布禁令、进行配额管制等。基于市场的激励型手段，也称间接规制，间接规制手段一般不直接规定被规制者能干什么或者不能干什么，而是通过一定的政策工具间接地引导被规制者达到政府设定的目标。间接规制手段一般被认为在一定程度上借助了市场力量。在实际生活中，这两类环境规制手段的应用往往是结合在一起的或同时平行应用的。本章主要讨论的是传统的、狭义的环境规制手段，即直接规制手段。

第二节　环境规划及区划

从生态学原理看，环境问题的产生是源于人类急功近利的非理智行为，这种非理智行为不符合人与自然环境协调的要求，最终会危害环境。合理的预先计划和安排，能够使那些非理智的行为协调有序，符合人与环境、资源之间的协调关系，便可从根本上预防和杜绝环境问题的产生。这种预先的计划和安排就是一种规划。

一、环境规划

（一）环境规划的概念

规划是人们通过思考事先安排其行为的过程，也是一个以最优方式达到目标而制定未来行为的决策过程，它包括两层含义：一是预测和设计未来，即通过对规划对象现状的认识，根据事物的发展规律，勾画未来发展的目标和状态；二是行为决策，即设计为达到或实现预定目标所计划采取的方法、步骤、措施等。

环境规划是人类为使环境与经济社会协调发展而对自身活动和环境所做的在时间、空间上的合理安排，它是国民经济和社会发展规划或城市总体规划的组成部分，是应用各种科学技术信息，在了解环境质量现状和预测经济发展对环境影响的基础上，为达到预期的环境目标，进行综合分析而做出的带有指令性的最佳方案。环境规划是实现环境目标管理的依据，是环境保护战略和政策的具体落实。环境规划的编制和实施对促进环境与经济协调发展具有重大意义。

鉴于环境规划在环境管理与促进经济社会协调发展中的不可替代的作用，环境规划越来越受到世界各国的重视。20 世纪 60 年代以来，美国、日本、英国、德国、法国等在环境规划上先后采取了一系列行动，包括成立环境规划委员会，制订并实施全国的、州的、城市和工业区的环境规划，以及在经济发展研究中把环境规划作为重要内容等，并取得了较好的效果。

我国的环境规划始于 20 世纪 60 年代末 70 年代初，是随着环境保护工作的发展而发展的。1973 年第一次全国环境保护工作会议上就提出了“合理规划，合理布局”的思路，1992 年联合国环境与发展会议后，更是把环境规划的指导思想上升到可持续发展的高度，1993 年国家环境保护局要求各城市编制城市环境综合规划，并组织编制了《环境规划指南》。此后，各级政府更加重视环境规划，并大力推进环境规划的实施，要求规划需落实到项目，大大提高了规划的可操作性，使环境规划成为环境管理制度的基石，成为环境工作的主线。经过近 50 年来的工作实践和发展，我国环境规划先后经过了一个从单纯的点源治理、局部控制到目前的综合控制的过程，已逐步形成了一套从宏观到微观、从理论到实践、从规划编制到实施的环境规划体系、程序和方法。

（二）环境规划的分类

按照不同的标准，环境规划可进行不同的分类。

（1）鉴于环境的行政管理是解决环境问题的主要途径，因此，综合考虑管理层次和地域范围就成为环境规划区域划分的主要依据，因此环境规划可分为国家环境保护规划、区域环境规划和部门环境规划，具体包括全国环境规划、大区（如经济区）环境规划、省域环境规划、流域环境规划、城市环境规划、区县环境规划、乡镇环境规划、小区（控制单元）环境规划和企业环境规划等。

（2）按照环境要素及其性质，环境规划可分为污染防治综合（污染控制）规划、生态（环境）保护规划和资源保护（恢复）规划。污染防治规划则可以按照水、大气、固体废物、噪声及其他污染要素划分不同内容的规划。

（3）按规划的时间长短，环境规划大体可分为长期环境规划（又称远景环境规划，一般为 10 年以上）、中期环境规划（一般为 5～10 年）、短期环境规划（一般为 5 年以下）。长期环境规划是纲要性计划，是一种战略规划，其主要内容是确定环境保护战略目标、主要环境问题的重要指标、重大政策措施，如《中国环境保护行动计划（1991—2000）》；中期环境规划是基本计划，主要指五年计划，其主要内容是确定环境保护目标、主要指标、环境功能区划、主要的环境保护设施建设和技改项目及环保投资的估算和筹集渠道等，如《“十三五”生态环境保护规划》；短期环境规划主要指年度环境保护计划，是中期环境规划的实施计划，内容比中期环境规划更为具体、可操作，但不一定面面俱到，当然也应该有所侧重。通常讨论的内容以短期环境规划为主。

另外，按照规划的约束力，可分为指导性规划、指令性规划；按照规划制定的批准机构，可分为国家规划、部门规划和地方规划；按照规划的内容，可分为总体规划（整体规划）、多项规划（综合性规划）和专项规划等。

（三）环境规划的意义

随着人类对环境问题认识的不断深入，环境规划的作用与地位日益重要。将环境规划切实纳入国民经济和社会发展规划，是实现经济、社会和环境资源协调发展的必然要求，也是落实科学发展观的内在需要。环境规划因其以促进经济与环境协调发展为目标，在环境保护中发挥着重要作用，对促进我国生态环境的保护和改善具有深远的意义。其作用主要表现为以下几方面：

1. 环境规划是促进环境与经济、社会可持续发展的重要手段

环境问题的解决必须贯彻“预防为主”的原则，防患于未然，否则损失巨大、后果严重。联合国环境规划会议在总结世界各国经验教训的基础上，提出可持续发展战略。该战略思想的基本点是：环境问题必须与经济社会问题一起考虑，并在经济社会发展中求得解决，求得经济社会与环境协调发展。而环境规划就是协调发展的重要手段，正是由于环境规划能够在一个较长时期和较大范围内提出战略性的决策，才使其成为较高层次的保护手段。环境规划的重要作用就在于协调环境保护与经济、社会发展的关系，预防环境问题的发生，促进环境与经济、社会的可持续发展。环境规划与传统规划相比具有鲜明的特征：其一，环境规划扩大了发展的范围，即在经济、社会发展指标之外，增加了环境指标；其二，环境规划健全了发展的基础，把局部利益与整体利益、当前利益与长远利益结合起来，把经济发展与环境资源保护结合起来；其三，环境规划正确评价了环境保护支付的费用。

2. 环境规划为环境保护活动纳入国民经济和社会发展计划提供了保障

我国经济体制由计划经济转向社会主义市场经济之后，制定规划、实施宏观调控仍然是政府的重要职能，中长期计划在国民经济中仍起着十分重要的作用。环境保护是我国经济、社会生活的重要组成部分，它与经济、社会活动有着密切联系，必须将环境保护活动纳入国民经济和社会发展计划之中，进行综合平衡，才能使其得以顺利进行。环境规划就是环境保护的行动计划，为了便于纳入国民经济和社会发展计划，对环境保护的目标、指标、项目、资金等方面都需经过科学论证和精心规划。

3．环境规划是指导各项环境保护活动、实现环境管理目标的基本依据

环境规划为一个区域在一定时期内的环境保护提供了总体设计和实施方案，环境规划具体实现了国家的环境保护政策和战略，其所做的宏观战略、具体措施、政策规定，给各级生态环境保护部门提出了明确的方向和工作任务，为实行环境目标管理提供了科学依据，是各级政府和生态环境保护部门开展生态环境保护工作的依据，因而它在环境管理活动中占有较为重要的地位。环境规划制定的功能区划、质量目标、控制指标和各种措施以及工程项目，为人们提供了环境保护工作的方向和要求，指导着环境建设和环境管理活动的开展，对有效实现环境科学管理起着决定性的作用。

4．环境规划是改善环境质量、防止生态破坏的重要措施

环境规划不仅要在一个区域范围内进行全面规划、合理布局以及采取有效措施预防产生新的生态破坏，同时又有计划、有步骤、有重点地解决一些历史遗留的环境问题，还要改善区域环境质量和恢复自然生态的良性循环。

环境规划是人类为使环境与经济和社会协调发展而对自身活动和环境所做的空间和时间上的合理安排。其目的是指导人们进行各项环境保护活动，按既定的目标和措施合理分配排污削减量，约束排污者的行为。在环境规划的污染控制规划中，根据环境的纳污容量以及“谁污染、谁负担”的原则，公平地规定各排污者的允许排污量和应削减量，为合理地、指令性地约束排污者的排污行为、消除污染提供了科学依据。

5．环境规划可以以最小的投资获取最佳的环境效益

环境是人类生存的基本要素、生活的重要指标，又是经济发展的物质源泉。在有限的资源和资金条件下，特别是对发展中的中国来讲，如何用最小的资金，实现经济和环境的协调发展，显得十分重要。环境规划正是运用科学的方法，在保障经济发展的同时，以最小的投资获取最佳环境效益的有效措施。

二、主体功能区划

主体功能区是指基于不同区域的资源环境承载力、现有开发密度和发展潜力等，将特定区域确定为特定主体功能定位类型的一种空间单元。我国“十三五”规划纲要明确提出:“强化主体功能区作为国土空间开发保护基础制度的作用，加快完善主体功能区政策体系，推动各地区依据主体功能定位发展。”

主体功能区规划的根本目的是使不同类型区域的经济开发同资源承载力和环境容量相匹配，避免资源耗竭与环境污染，按照主体功能定位调整完善区域政策和绩效评价，规范空间开发秩序，形成合理的空间开发结构。这是在区域发展中贯彻落实科学发展观的重大战略举措，是促进区域协调发展的一个新思路、新举措，对于缩小区域差距，实现可持续发展，具有重要意义。主体功能区的划分，一是体现了以人为本谋发展的理念，打破了长期以来把做大一个地区经济总量作为出发点和唯一目标来缩小地区差距的观念；二是体现了尊重自然规律谋发展的理念，打破了所有区域都要加大经济开发力度的思维定式；三是体现了突破行政区谋发展的理念，改变了完全按行政区制定区域政策和绩效评价的思想方法；四是体现了长远战略思维，改变了过于追求短期发展成效的观念。

主体功能区的建设对于因地制宜地推动环境保护有着重要意义。通过推进主体功能区的形成，打破行政区划，制定实施有针对性的政策措施和绩效考评体系，加强和改善区域调控，有利于坚持以人为本，缩小地区间公共服务的差距，促进区域协调发展；有利于引导经济布局、人口分布与资源环境承载力相适应，促进人口、经济、资源环境的空间均衡；有利于从源头上扭转生态环境恶化趋势，适应和减缓气候变化，实现资源节约和环境保护。根据不同主体功能区的环境承载力，提出分类管理的环境保护政策：优化开发区域要实行更严格的污染物排放和环保标准，大幅减少污染排放；重点开发区域要保持环境承载力，做到增产减污；限制开发区域要坚持保护优先，确保生态功能的恢复和保育；禁止开发区域要依法严格保护。

（一）主体功能区划分的层级和单元

划分主体功能区主要应考虑自然生态状况、水土资源承载力、区位特征、环境容量、现有开发密度、经济结构特征、人口集聚状况、参与国际分工的程度等多种因素。

1. 构建国家和省两级主体功能区划分体系

从理论上讲，任何一级拥有一定国土空间范围、一定经济管理权限和政策实施手段的政府或主体，都应该贯彻和实施主体功能区划的战略理念。我国目前是五级政府行政管理体制，每一级政府都应在自身管辖的国土空间范围内引入和体现主体功能区划均衡发展的思想。但主体功能区划从政策实施有效性和可操作性方面看，应主要以中央和省两级政府为主，构建国家级和省级两级主体功能区划体系。

2．以地级单位（设区市、地区、自治州）、县级单位（市、县、区）作为主体功能区划分的基本单元

主体功能区划的基本空间单元和边界如何确定将直接决定区划的成效。空间单元过大，如以省为基本单元，区域的主体功能难以准确确定，因为一个大的空间单元内部可能存在多种主体功能区，很难用一类主体功能来概括。空间单元过小，如以乡镇为基本单元，区域的主体功能相对容易确定，但是空间单元的数量较多，数据收集和整理的工作量和难度都很大。因此，选择地级、县级单位作为主体功能区划的基本单元比较合理和可行。

（二）主体功能区划分的标准和指标体系

1．中央政府制定划分国家一级主体功能区的全国统一标准

中央政府根据目前国土空间开发的现状问题、未来的发展趋势以及各区域在全国的战略分工定位，提出确定国家级主体功能区的全国统一标准。这个标准的确定不仅包括资源环境承载力、现有开发密度和强度、未来发展潜力等方面，而且更重要的是考虑不同区域在全国国土空间开发格局中的地位和重要性。

2．省级政府制定划分省一级主体功能区的标准

各省依照中央政府确定国家级主体功能区的标准，结合各省自身的实际情况，提出确立本省省级主体功能区的标准。中央政府制定的国家统一标准和省级政府制定的省级标准在指导思想和原则上应该是一致的，但是在标准的内容、阈值高低方面不一定完全一致。省级政府的标准可以和中央政府的标准不一致，各省之间的标准也可以不一致。

3．主体功能区划分指标体系要做到重点突出、目标明确、简明实用

确立主体功能区划的标准需要构建一套简明实用的指标体系作为支撑。指标的选择既要注重科学准确性，更要注重可获得性和可应用性，力求避免指标数量过多、层次过繁，因为过多的指标必然带来相互间交叉和准确性下降。我国的主体功能区划指标体系应选择资源环境承载力、现有开发密度和强度、发展潜力等方面的代表性指标，重点突出资源和环境方面的关键指标，如人均耕地资源量、人均水资源量、单位国土面积GDP、单位国土面积人口数量等指标，体现资源环境对经济和社会发展的约束作用。

（三）主体功能区的环境政策要点

1．推动主体功能区布局基本形成

有度有序利用自然，调整优化空间结构，推动形成以“两横三纵”为主体的城市化战略格局、以“七区二十三带”为主体的农业战略格局、以“两屏三带”为主体的生态安全战略格局，以及可持续的海洋空间开发格局。合理控制国土空间开发强度，增加生态空间。推动优化开发区域产业结构向高端高效发展，优化空间开发结构，逐年减少建设用地增量，提高土地利用效率。推动重点开发区域集聚产业和人口，培育若干带动区域协同发展的增长极。划定农业空间和生态空间保护红线，拓展重点生态功能区覆盖范围，加大禁止开发区域保护力度。

2．健全主体功能区配套政策体系

根据不同主体功能区定位要求，健全差别化的财政、产业、投资、人口流动、土地、资源开发、环境保护等政策，实行分类考核的绩效评价办法。重点生态功能区实行产业准入负面清单。加大对农产品主产区和重点生态功能区的转移支付力度，建立健全区域流域横向生态补偿机制。设立统一规范的国家生态文明试验区。建立国家公园体制，整合设立一批国家公园。

3．建立空间治理体系

以市县级行政区为单元，建立由空间规划、用途管制、差异化绩效考核等构成的空间治理体系。建立国家空间规划体系，以主体功能区规划为基础统筹各类空间性规划，推进“多规合一”。完善国土空间开发许可制度。建立资源环境承载力监测预警机制，对接近或达到警戒线的地区实行限制性措施。实施土地、矿产等国土资源调查评价和监测工程。提升测绘地理信息服务保障能力，开展地理国情常态化监测，推进全球地理信息资源开发。

三、生态功能区划

生态功能是生态系统的内在属性。生态功能区划是在深入认识了气候、土壤、植被、水文等的空间分异规律的基础上，依据生态系统内在属性特征，对其在空间呈现的同一性和差异性做出的科学划分。生态功能区划是指根据区域生态环境要素、生态环境敏感性与生态服务功能空间分异规律，将区域划分成不同生态功能区的过程。其目的是为制定区域生态环境保护与建设规划、维护区域生态安全，以及合理利用资源、合理布局工农业生产、保育区域生态环境提供科学依据。2000 年国务院印发了《全国生态环境保护纲要》，其中第 24 条规定“各地要抓紧编制生态功能区划，指导自然资源开发和产业合理布局，推动经济社会与生态环境保护协调、健康发展”。2001 年国家环境保护总局会同有关部门组织完成了西部地区生态环境现状调查，以甘肃省为试点开展了生态功能区划。2002 年国务院西部地区领导小组办公室、国家环境保护总局组织中国科学院生态环境研究中心编制了《生态功能区划暂行规程》，用以指导和规范各省开展生态功能区划。2003 年 8 月，我国开始编制中东部地区生态功能区划。2004 年，我国 31 个省、自治区、直辖市和新疆生产建设兵团全部完成了生态功能区划编制工作。2008 年，《全国生态功能区划》颁布。2011 年，国家环境保护“十二五”规划明确提出“推进资源开发生态环境监管。落实生态功能区划，规范资源开发利用活动”。2013 年，国务院组织有关部门编制了《全国生态保护与建设规划（2013—2020 年）》。2015 年，环境保护部和中国科学院在 2008 年印发的《全国生态功能区划》基础上，联合开展了修编工作，形成《全国生态功能区划（修编版）》。

（一）生态功能区划的目的和意义

通过生态功能区划明确区域生态环境特征、生态系统服务功能重要性与生态环境敏感性空间分异规律，确定区域生态功能分区，为制定生态环境保护与建设规划、维护区域生态安全、促进社会经济可持续发展提供科学依据，为环境管理和决策部门提供管理信息和管理手段。生态功能区划是我国继自然区划、农业区划之后，在生态环境保护与生态建设方面的重大基础性工作。生态功能区划是生态保护决策科学化（从经验到科学）、管理定量化（从定性到定量）、资源开发合理化、运作过程信息化的重大基础性工作；在参与政府管理、指导生态保护和规范生态建设中发挥着重要的作用。具体体现在：一是在区划的基础上，编制区划使用指南，确定各主要生态功能区的经济发展方向，产业结构调整规划，具体提出限制性产业、鼓励性产业、禁止性产业发展目录；二是依据区划编制生态保护规划，明确生态保护的重点地区、任务和措施；三是为《全国生态环境保护纲要》的贯彻落实提供依据，明确重要生态功能保护区空间分布，明确资源开发环境影响评价的方向，更好地引导生态良好区实现区域经济、社会和环境的协调发展。

（二）生态功能区划的原则

根据生态功能区划的目的、区域生态服务功能与生态环境问题形成机制与区域分异规律，生态功能区划的原则包括：

（1）持续发展原则：生态功能区划的目的是促进资源的合理利用与开发，避免盲目的资源开发和生态环境破坏，增强区域社会经济发展的生态环境支撑能力，促进区域的可持续发展。

（2）发生学原则：根据区域生态环境问题、生态环境敏感性、生态服务功能与生态系统结构、过程、格局的关系，确定区划中的主导因子及区划依据。

（3）区域相关原则：在空间尺度上，任一类生态服务功能都与该区域，甚至更大范围的自然环境与社会经济因素相关，在评价与区划中，要从全省、流域、全国甚至全球尺度考虑。

（4）相似性原则：由于自然因素的差别和人类活动影响，区域内生态系统结构、过程和服务功能存在某些相似性和差异性。生态功能区划是根据区划指标的一致性与差异性进行分区的。

（5）区域共轭性原则：区域所划分的对象必须具有独特性，空间上完整的自然区域。即任何一个生态功能区必须是完整的个体，不存在彼此分离的部分。

（三）生态功能区划的任务

生态功能区划包括以下五个方面的任务：

（1）生态功能现状评价：在区域生态环境调查的基础上，针对本区域的生态环境特点，分析区域生态系统类型空间分异规律，评价主要生态环境问题的现状与趋势、成因及历史变迁。

（2）生态环境敏感性评价：根据主要生态环境问题的形成机制，分析可能发生的主要生态环境问题类型与可能性大小，及其生态环境敏感性的区域分异规律，明确主要生态环境问题，如土壤侵蚀、沙漠化、盐渍化、石漠化、生境退化、酸雨等可能发生的地区范围与可能程度，以及生态环境脆弱区。

（3）生态服务功能重要性评价：评价不同生态系统类型的生态服务功能，如生物多样性保护、水源涵养和水文调蓄、土壤保持、沙漠化控制、营养物质保持等，分析生态服务功能的区域分异规律，及其对社会经济发展的作用，明确生态系统服务功能的重要区域。

（4）生态功能区划：根据区域生态环境敏感性、生态服务功能重要性以及生态环境特征的相似性和差异性提出各省生态功能区划。生态功能区划分为三个等级系统，首先从宏观上以自然气候、地理特点划分自然生态区；其次根据生态系统类型与生态系统服务功能类型划分生态亚区；最后根据生态服务功能重要性、生态环境敏感性与生态环境问题划分生态功能区。

（5）生态功能分区概述：主要内容包括自然地理条件、气候特征和典型的生态系统类型；存在的或潜在的主要生态环境问题，引起生态环境问题的驱动力和原因；生态功能区的生态环境敏感性及可能发生的主要生态环境问题；生态功能区的生态服务功能类型和重要性；生态功能区的生态环境保护目标，生态环境建设与发展方向。

（四）生态功能区划的内容

2008 年我国制定发布的《全国生态功能区划》，对我国生态空间特征进行了全面分析，对生态敏感性、生态系统服务功能及其重要性进行了评价，确定了不同区域的生态功能，提出了全国生态功能区划方案。全国被划分为 216 个生态功能区，其中具有生态调节功能的生态功能区为 148 个，占国土面积的 69%；提供产品的生态功能区为 46 个，占国土面积的 21%；人居保障功能区为 22 个，占国土面积的 10%。根据《全国生态功能区划》，全国重要的生态功能区包括水源涵养重要区、土壤保持重要区、防风固沙重要区、生物多样性保护重要区、洪水调蓄重要区。

2015 年，《全国生态功能区划》已不能适应新时期生态安全与保护的形势，主要问题：一是近 10 多年来我国部分区域生态系统变化剧烈，生态系统服务功能格局已经改变；二是现行划定的重要生态功能区范围不能满足国家和区域生态安全的要求，保护比例普遍较低；三是受当时多种因素影响，生态功能区划分不完善，一些具有重要生态功能的地区未能纳入重要生态功能区范围。为此，环境保护部和中国科学院决定，以 2014 年完成的全国生态环境十年变化（2000—2010 年）调查与评估为基础，由中国科学院生态环境研究中心负责对《全国生态功能区划》进行修编，完善全国生态功能区划方案，修订重要生态功能区的布局。新修编的《全国生态功能区划》包括 3 大类、9 个类型和 242 个生态功能区，确定了 63 个重要生态功能区，覆盖我国陆地国土面积的 49.4%。新修编的区划进一步强化生态系统服务功能保护的重要性，加强了与《全国主体功能区规划》的衔接，对构建科学合理的生产空间、生活空间和生态空间，保障国家和区域生态安全具有十分重要的意义。

第三节 环境禁令、许可与限额

通过制定和实施环保法律法规，推进符合环保要求的产业技术政策和宏观经济调控政策，可以带动行业技术进步，促进产业结构调整和合理布局，从而达到环保目标。在我国环境法的实施中形成的一些环境法律制度也是有效控制新、老污染源的重要措施，这些环境管理制度包括环境影响评价制度、“三同时”制度、污染集中控制制度、污染排放总量控制制度、排污许可制度等。

一、污染防治法律制度

自 1979 年颁布实施第一部《环境保护法（试行）》以来，我国的环境污染防治立法得到了迅速发展，并逐步形成和完善了污染防治的法律体系。目前我国环境污染防治法的体系主要由环境保护法、大气污染防治法、水污染防治法、固体废物污染防治法、海洋环境保护法、环境噪声污染防治法、放射性污染防治以及有毒有害物质安全管理等方面的法律、行政法规、部门规章以及地方性环境法规或规章组成。这些防治污染的法律法规或规章，规定了防治污染和其他公害的制度措施，主要有以下六种。

（一）淘汰落后设备、工艺制度

指国家对严重污染环境的落后生产工艺、生产设备，限期禁止生产、销售、进口和使用，也不得转让给他人使用。公布限期禁止名录，生产者、销售者、进口者或使用者必须在规定的限期内停止生产、销售、进口或使用。这是由单纯的末端治理逐步转变为工业生产全过程控制的重要举措。

（二）排污许可证制度

指凡是需要向环境排放各种污染物的单位或个人，都必须事先向生态环境部门办理申领排污许可证手续，经生态环境主管部门批准并获得排污许可证后方能向环境排放污染物的制度。2015 年 1 月 1 日起实施的《环境保护法》明确规定了“国家依照法律规定实行排污许可管理制度”。

（三）污染物排放总量控制制度

指国家环境管理机关依据所勘定的区域环境容量，决定区域中的污染物质排放总量，根据排放总量削减计划，向区域内的企业分别分配各自的污染物排放总量额度的一项法律制度。排污总量控制是相对于我国过去长期实行的排污浓度控制而采取的一项更为合理的污染控制方式。

（四）防止污染转嫁制度

指防止外国厂商或我国企事业单位，将污染严重的设备、技术工艺或者有毒有害废弃物转移给没有污染防治能力的单位和个人进行生产、加工、经营或者处理造成环境污染危害的法律规定。

（1）主要法律有《环境保护法》、污染防治单行法和《巴塞尔公约》。

（2）构成污染转嫁行为的条件。三个构成要件：转移的内容为法律所禁止的，接受单位没有防治污染的技术、设备、资金因而不能防止其对环境的污染危害，行为者主观上有过错，三者缺一不可。为有效防止污染转嫁，只要实施了污染转嫁行为或者实施了接受污染转移行为，都必须依法承担法律责任，而不论转移行为是否造成实际危害。

（五）清洁生产和循环经济制度

这一制度以《环境保护法》为基本依据，具体内容体现在《清洁生产促进法》《可再生能源法》《循环经济促进法》等多部法律之中。清洁生产指利用无污染或少污染的原材料、能源、工艺、设备和生产方式及科学的内部管理，生产清洁的产品。循环经济是一种将经济体系与环境资源紧密结合的生态经济模式。

（六）现场检查制度

指生态环境部（局）和其他监督管理部门，有权对管辖范围内的排污单位进行现场检查，被检查的单位必须如实反映情况，提供必要的资料。

二、产业技术政策

通过制定合理的产业政策，针对不同行业设定环境准入条件，可以从源头上杜绝新污染源的产生。目前我国制定的产业技术政策主要有：黄磷行业准入条件、城市生活垃圾处理及污染防治技术政策、危险废物污染防治技术政策、废电池污染防治技术政策、废弃家用电器与电子产品污染防治技术政策、湖库富营养化防治技术政策、印染行业废水污染防治技术政策、城市污水处理及污染防治技术政策、草浆造纸工业废水污染防治技术政策、医院污水处理技术指南以及制革、毛皮工业污染防治技术政策。

三、环境影响评价

（一）环境影响评价的概念

环境影响评价是指对规划和建设项目实施后可能造成的环境影响进行分析、预测和评估，提出预防或者减轻不良环境影响的对策和措施，进行跟踪监测的方法与制度。环境影响评价制度则是法律对进行这种调查、预测和估计的范围、内容、程序、法律后果等所作的规定，是环境影响评价制度在法律上的表现。对规划和建设项目进行环境影响评价，是为了在从事有害环境活动前就弄清该活动对环境的影响，以便采取有效措施尽可能地防止其不利影响的发生，它是实现预防为主原则的最有效的途径之一。

狭义的环境影响评价，是指在一定区域内进行开发建设活动，事先对拟建项目可能对周围环境造成的影响进行调查、预测和评定，并提出防治对策和措施，为项目决策提供科学依据；广义的环境影响评价包括对规划和建设项目实施后可能造成的环境影响进行评价。

（二）环境影响评价制度的建立和发展

环境影响评价制度是美国首创的，1969 年柯德·威乐教授提出这项制度。同年，美国《国家环境政策法》把它作为联邦政府在环境管理中必须遵循的一项制度，《国家环境政策法》第一百零二条第三款要求“在对人类环境质量具有重大影响的每一项建议或立法建议报告和其他重大的联邦行动中”，都应有一份环境影响报告书（简称 EIS）。这之后各国陆续采取了这项制度，特别是在 1972 年斯德哥尔摩《联合国人类环境会议宣言》将环境影响评价向世界各国进行宣传、推广之后。

我国的环境影响评价制度，是在吸收了美国、加拿大等发达国家开展环评工作的先进经验和方法，结合国内的环境质量评价基础上发展起来的。最早的法律规定见于 1979 年的《环境保护法（试行）》，该法对环境影响评价制度做了原则性的规定。1981 年《基本建设项目环境保护管理办法》规定了环境影响评价的基本内容和程序。1986 年修改颁布了《建设项目环境保护管理办法》。1989年颁布实行的《环境保护法》进一步肯定了这项制度，其第十三条规定："建设污染环境的项目，必须遵守国家有关建设项目环境保护管理的规定"，同条第二款还规定："建设项目的环境影响报告书，必须对建设项目产生的污染和对环境的影响作出评价，规定防治措施，经项目主管部门预审并依照规定的程序报环境保护行政主管部门批准。环境影响报告书经批准后，计划部门方可批准建设项目设计任务书"。1989年《建设项目环境影响评价证书管理办法》对申领环境影响评价证书的条件和程序、职责、考核及罚则做了规定。1996年修改颁布的《水污染防治法》第十三条第四款明确规定："环境影响报告书中，应当有该建设项目所在地单位和居民的意见。"1998年国务院颁布的《建设项目环境保护管理条例》，对评价范围、内容、程序、法律责任等做了修改、补充和更具体的规定，从而确立了完整的环境影响评价制度。1999年国家环保总局颁布了《建设项目环境影响评价资格证书管理办法》。2002年颁布了《环境影响评价法》。2009年，我国又颁布了《规划环境影响评价条例》，确立了我国战略环评制度。2015年实施的《环境保护法》对环境影响评价制度做了进一步完善，在此基础上，2016年《环境影响评价法》再次予以修订。

（三）我国环境影响评价制度适用的对象

根据《环境影响评价法》（2018年修正）的规定，环境影响评价包括规划和建设项目两类。国务院有关部门、设区的市级以上地方人民政府及其有关部门，对其组织编制的土地利用的有关规划，区域、流域、海域的建设、开发利用规划，应当在规划编制过程中组织进行环境影响评价，编写该规划有关环境影响的篇章或者说明；对其组织编制的工业、农业、畜牧业、林业、能源、水利、交通、城市建设、旅游、自然资源开发的有关专项规划，应当在该专项规划草案上报审批前，组织进行环境影响评价，并向审批该专项规划的机关提出环境影响报告书。建设项目的环境影响报告书、报告表，由建设单位按照国务院的规定报有审批权的生态环境主管部门审批。国家根据建设项目对环境的影响程度，对建设项目的环境影响评价实行分级分类管理。环境影响评价文件包括环境影响报告书、环境影响报告表或环境影响登记表。核设施、绝密工程等特殊性质的建设项目以及跨省、自治区、直辖市行政区域的建设项目，由国务院生态环境主管部门负责审批；其余的建设项目的环境影响评价文件的审批权限，由省、自治区、直辖市人民政府规定；建设项目可能造成跨行政区域的不良环境影响，有关生态环境行政主管部门对该项目的环境影响评价结论有争议的，其环境影响评价文件由共同的上一级生态环境主管部门审批。建设项目的环境影响评价文件未依法经审批部门审查或者审查后未予批准的，建设单位不得开工建设。

（四）建设项目环境影响评价文件的种类

国家根据建设项目对环境的影响程度，对建设项目的环境影响评价实行分类管理。根据开发建设规划项目所做环境影响评价深度的不同，可以将环境影响评价分为三种形式，建设单位应当按照下列规定组织编制环境影响报告书、环境影响报告表或者填报环境影响登记表（统称环境影响评价文件）。

（1）可能造成重大环境影响的，应当编制环境影响报告书，对产生的环境影响进行全面评价。环境影响报告书是由开发建设单位依法向生态环境行政主管部门填报的关于开发建设项目的概况及环境影响预断评价的书面文件。环境影响报告书的适用对象是生态环境主管部门认为的对环境有较大影响的开发建设项目。环境影响报告书的内容包括：总论、建设项目概况、建设项目周围地区的环境状况调查、建设项目对环境可能造成的影响分析、预测与评估、环保措施及技术经济论证、环境监察制度、环境影响经济损益简要分析、结论、存在的问题与建议等方面。其中结论应当包括建设项目对环境质量的影响、建设规模、性质、选址是否合理，是否符合环境保护要求，所采取的措施在环境上是否可行、经济上是否合理，是否需要再做进一步的评价等内容。环境影响报告书编写的目的是在项目的可行性研究方面就对项目可能对环境造成的近期或远期影响、拟采取的措施进行评价，论证和选择技术上可行，经济、布局上合理，对环境的有害影响较小的最佳方案，为领导部门决策提供科学依据。

（2）可能造成轻度环境影响的，应当编制环境影响报告表，对产生的环境影响进行分析或者专项评价。环境影响报告表是由建设单位向生态环境行政主管部门填报的关于建设项目概况及其环境影响的表格。环境影响报告表的主要内容包括：项目名称、项目概况、建设性质、地点、占地面积、投资规模、主要产品产量、主要原料用量、有毒原料用量、给排水情况、年能耗情况、生产工艺流程、资源开发利用方式的简要说明；污染源及治理情况分析，主要包括产生污染的工艺设备或装置名称、产生的污染物名称、总量、出口浓度、治理措施、回收利用方案、其他处置方式或处理效果；项目建设过程中和建成后对环境影响的分析及需要说明的问题。填写环境影响报告书的目的在于弄清建设项目的基本情况及对环境的影响情况，以便有针对性地采取环境保护措施。

（3）对环境影响很小、不需要进行环境影响评价的，应当填报环境影响登记表。环境影响登记表包括项目概况、项目内容及规模、原辅材料及主要设施规格、数量、水及能源消耗量、废水排放量及排放去向、周围环境概况、生产工艺流程概述、拟采取的防治污染的措施等内容。

建设项目的环境影响评价分类管理名录,由国务院生态环境行政主管部门制定并公布。

四、"三同时"制度

(一)"三同时"制度的概念

"三同时"制度,是指对环境有影响的一切基本建设项目、技术改造项目、区域开发建设项目和外商投资建设项目,其中防治污染和生态破坏的设施,必须与主体工程同时设计、同时施工、同时投产使用的制度。它是我国环境管理的基本制度之一,也是控制新污染源产生、实现预防为主原则的一项重要措施。

(二)"三同时"制度的建立和发展

如果说我国的环境影响评价制度是借鉴了国外特别是美国的经验而引进的话,那么"三同时"制度则是我国独创的一项环境保护政策和环境法制度。"三同时"制度始于20世纪70年代初期。1972年在国务院批转的《国家计委　国家建委关于官厅水库污染情况和解决意见的报告》中,首次提出"工厂建设和三废利用工程要同时设计、同时施工、同时投产"的要求。以后在各项法律法规和政策规定中又不断得到充实和完善。1973年国务院发布的《关于保护和改善环境的若干规定》中,规定一切新建、扩建和改建的企业,防治污染的项目,必须和主体工程同时设计、同时施工、同时投产。1979年的《环境保护法(试行)》从法律上肯定了这一制度。1981年国务院《关于在国民经济调整时期加强环境保护工作的决定》中,扩大了"三同时"的适用范围,规定除了新建、改建、扩建的基本建设项目都要严格执行"三同时"外,对挖潜、革新、改造的项目,各级经委要按照"三同时"的规定,加强管理;小型企业和社队、街道、农工商联合企业的建设,也必须严格执行"三同时"的规定。同年,国家计委、国家建委、国家经委、国务院环境保护领导小组批准颁发的《基本建设项目环境保护管理办法》,对基本建设项目的"三同时"制度做了较为具体的规定。1984年国务院发布的《关于环境保护工作的决定》,把"三同时"的适用范围扩大到可能对环境造成污染和破坏的一切工程建设项目和自然开发项目。1986年的《建设项目环境保护管理办法》明确了有关部门和建设单位的职责及管理程序和审查、审批的时限要求，确立了“以新带老”的原则和“建设项目环境保护设施竣工验收报告”制度等。1989 年颁布的《环境保护法》第二十六条在法律上肯定了“三同时”制度。1996 年的国务院《关于环境保护若干问题的决定》中，重申了必须严格执行“三同时”制度，在建设项目审批和竣工验收过程中，对不符合环保标准和要求的建设项目，环保行政主管部门不得批准环保设施竣工验收报告，其他各有关审批机关一律不得批准建设或投产使用，有关银行不予贷款，凡违反规定的，必须追究有关审批机关和审批人员的责任。1998 年《建设项目环境保护管理条例》进一步完善了“三同时”制度的规定。2014 年修订《环境保护法》时，更是对防治污染设施的建设、质量、拆除或者闲置做出了具体规定，极大地增强了制度的可操作性。

（三）“三同时”制度的适用范围

（1）新建、扩建、改建项目。新建项目是指原来没有任何基础，而从无到有开始建设的项目；扩建项目是指为扩大产品生产能力或提高经济效益，在原有基础上而建设的项目；改建项目是指在原有设施的基础上，为了改变生产工艺、产品种类或者为了提高产品产量、质量，在不扩大原有建设规模的情况下建设的项目。

（2）自然开发项目。

（3）技术改造项目。是指利用更新改造资金进行挖潜、革新、改造的建设项目。

（4）一切可能对环境造成污染和破坏的工程建设项目。这类项目所指范围特别广，几乎不分建设项目的大小、类别，或是新建、扩建、改建，只要可能对环境造成污染和破坏，就要执行“三同时”制度。

（5）确有经济效益的综合利用项目。建设单位必须严格按照“三同时”制度的要求，在建设活动的各个阶段履行相应的环境保护义务。

五、污染物集中控制制度

（一）污染物集中控制制度的发展过程

从污染防治技术的发展过程来看，早在 20 世纪 40 年代，就有了污染物稀释排放的办法。到了 50 年代发展到排污口处理阶段，也就是在排污处建造工厂、车间或装置，进行无害化处理，这种处理，通常称为单项处理。虽可达到净化的目的，但处理技术要求高、费用大，限制了它的发展和应用。

进入20世纪70年代后，世界各国在总结经验教训的过程中，逐步把单项治理发展为综合治理，把单一的污染源控制发展为集中控制，把局部治理扩展到区域性治理，也称为区域环境综合防治。

污染集中控制主要是指在一个地区内，集中力量解决最主要的环境问题，而不再是分散地单一解决每个污染源。概括来说，就是区域环境综合防治的概念，即在一个地区内，综合考虑资源开发利用、生产布局和有害物处理等各种因素，采用系统分析的办法，找出解决本地区环境问题的最优方案，以花费最少的代价，取得最佳的效果。

开展污染集中控制或区域环境综合治理，对于我国环境污染严重的情况是非常必要的。这样，可以集中资金，用于解决最主要的环境问题，并取得最佳的经济、社会和环境效益。

（二）污染集中控制的形式

（1）废水的污染集中控制。有四种形式：以大企业为骨干，利用不同水质的特点，实行企业联合集中治理，如兰州石化总公司；同种类型工厂相联合；对特殊废水集中处理，如电镀废水；工厂只对废水进行预处理，然后排入城市污水处理厂进行处理，如造纸厂。

（2）废气的污染集中控制。合理规划，调整产业结构和城市布局，特别注意能源的利用方式，走城市煤气化道路，并积极实行集中、联片供热；回收企业放空的可燃性气体，如回收焦炉煤气等。

（3）有害固体废物的污染集中控制，开展综合利用。

六、许可证制度

（一）许可证制度的概念

许可，通常是指国家行政机关根据当事人的申请，准许其从事某种活动的一种行政行为。在法律上，许可表现为认可、登记、承认等，并通常以证书的形式表现。“行政许可，是指行政机关根据公民、法人或者其他组织的申请，经依法审查，准予其从事特定活动的行为。”许可证，也称执照、特许证、批准书等，它既是国家对行政管理相对人从事某种活动的一种法律上的认可，又是行政管理相对人得到法律保护的凭证。许可证制度，是指对有关许可证的申请、审核、颁发、中止与废止和监督管理等方面所作规定的总称。环境保护许可证制度，是指从事有害或可能有害环境的活动之前，必须向有关管理机关提出申请，经审查批准，发给许可证后，方可进行该活动的一整套管理措施。它是环境行政许可的法律化，是环境管理机关进行环境保护监督管理的重要手段。

（二）环境保护许可证制度的意义

采取环境保护许可证制度，可以把各种有害或可能有害环境的活动纳入国家统一管理的轨道，并将其严格控制在国家规定的范围内，有利于对开发利用环境的各种活动进行事先审查和控制，便于发证机关对持证人实行有效的监督和管理。具体表现为三个方面：一是加强对排污者监督管理的有效手段；二是保护自然资源的合理利用和维护生态平衡的重要途径；三是实现我国环境管理战略思想三个转变的具体手段。

（三）环境保护许可证的种类

许可证的种类主要有：排污许可证，海洋倾废许可证，林木采伐许可证，渔业捕捞许可证，采矿许可证，取水许可证，特许猎捕证，驯养繁殖许可证，建设用地许可证，进出口许可证，核设施建造、运行许可证，化学危险物品生产、经营许可证，危险废物经营、转移许可证，放射性药品生产、经营、使用许可证等。这些环境保护许可证从作用上看可分为三种类型：一是防止环境污染许可证，如排污许可证，危险废物收集、转移许可证，放射性同位素与射线装置的生产、使用、销售许可证，废物进口许可证等；二是防止环境破坏许可证，如林木采伐许可证，渔业捕捞许可证，野生动物特许捕猎证、狩猎证、驯养繁殖许可证等；三是整体环境保护许可证，如建设用地许可证等。从表现形式看，有的叫作许可证，有的叫作许可证明书、批准证书、注册证书、批件等。

环境保护许可证与其他方面的许可证制度一样，都有申请、审核、决定（颁发或拒发）、监督、处理（中止或吊销等）等一整套程序和手续。许可证发放以后，发证单位必须对持证单位进行严格的监督管理，从而达到使持证单位按许可证的要求排放污染物的目的。这种监督管理包括对排污情况的监测、对排污数据的报送、对持证单位排污情况定期和不定期的检查等。对违反许可证排污的，要依法给予处罚，直到吊销许可证。在环境管理中使用的许可证种类很多，使用最广泛的是排污许可证。

（四）排污许可证制度的概念

排污许可证制度，是指凡需要向环境排放各种污染物的单位或个人，都必须向生态环境主管部门办理排污申报登记手续，经过生态环境主管部门的批准，获得“排污许可证”后方能从事排污行为的一项制度。

排污许可证分两种：一种为许可证，是对于其现在所排污染物量，按照确认后分配给其的指标排污，并发给许可证，允许排放；另一种为临时许可证，这是考虑到排污单位在短期内难以实现分配给其的排污量，现时实际排放量要超出这个分配指标，对这种情况先发给临时许可证，暂时承认这个现时实际排污量，但要对其进行限期治理，以实现许可证允许的排放量指标，过了这个期限，临时许可证作废，应按分配给其的污染物量排放，并发给正式许可证。无论是许可证还是临时许可证，在使用有效期内均有法律效力，受到法律保护，持证者应认真执行。

（五）排污许可证制度的建立和发展

在世界范围内，澳大利亚早在1970年就把排污许可证制度列为废物污染控制的核心。在我国，排污许可证制度尽管作为一项行之有效的环境保护政策已经试行多年，但作为环境法中的一项重要制度才刚刚起步。1987年开始在水污染防治领域进行排污许可证制度的试点工作。1988年3月，国家环保局发布了《水污染物排放许可证管理暂行办法》，并在上海、北京等18个市（县）开展“水污染物排放许可证”试点工作。1991年4月在上海、天津等16个城市进行排放大气污染物许可证制度的试点工作。

在2015年实施的《环境保护法》之前，我国关于排污许可证的法律形式大多是层次较低的行政法规和部门规章，如1988年国家环保局颁发的《水污染物排放许可证管理暂行办法》和1989年由国务院批准、国家环保局发布的《水污染防治法实施细则》，后者第九条规定“企业事业单位向水体排放污染物的，必须向所在地环境保护部门提交排污申报登记表。环境保护部门收到排污申报登记表后，经调查核实，对不超过国家和地方规定的污染物排放标准及国家规定的企业事业单位总量指标的，发给排污许可证”。1996年修订的《水污染防治法》第十四条规定：“直接或者间接向水体排放污染物的企业事业单位，应当按照国务院环境保护部门的规定，向所在地的环境保护部门申报登记拥有的污染物排放设施、处理设施和在正常作业条件下排放污染物的种类、数量和浓度、并提供防治水污染方面的有关技术资料。”第十六条规定了“重点污染物排放量的核定”制度，在这一法律修正案中，仅对污染物的排放规定了申报登记的要求，却没有把排污许可证制度作为一项法律制度明确下来。

直到2014年《环境保护法》重新修订，排污许可证制度在我国环境保护基本法中得到正式确立。新《环境保护法》第四十五条明确规定“国家依照法律规定实行排污许可管理制度”。2016 年 11 月国务院办公厅印发《控制污染物排放许可制实施方案》（国办发〔2016〕81 号），我国全面实施排污许可制度。另外，《排污许可管理办法（试行）》已于 2017 年 11 月 6 日由环境保护部部务会议审议通过，2018 年 1 月 10 日公布并施行，该办法对排污许可制度的落实具有重要的意义。《排污许可管理办法（试行）》在结构和思路上与《排污许可证管理暂行规定》（环水体〔2016〕186 号）保持一致，内容上进一步细化和强化，是对《排污许可证管理暂行规定》（环水体〔2016〕186 号）的延续、深化和完善。同时根据部门规章的立法权限，结合火电、造纸行业排污许可制实施中的突出问题，对排污许可证申请、核发、执行、监管全过程的相关规定进行完善，并进一步提高可操作性。

（六）实施排污许可证制度的具体步骤

依照 2018 年 1 月 10 日公布实施的《排污许可管理办法（试行）》，实施排污许可证制度的具体步骤包括以下几个方面：

1. 申请

排污单位应当在全国排污许可证管理信息平台上填报并提交排污许可证申请，同时向核发生态环境部门提交通过全国排污许可证管理信息平台印制的书面申请材料。

申请材料应当包括：

（1）排污许可证申请表，主要内容包括：排污单位基本信息，主要生产设施、主要产品及产能、主要原辅材料，废气、废水等产排污环节和污染防治设施，申请的排放口位置和数量、排放方式、排放去向，按照排放口和生产设施或者车间申请的排放污染物种类、排放浓度和排放量，执行的排放标准；

（2）自行监测方案；

（3）由排污单位法定代表人或者主要负责人签字或者盖章的承诺书；

（4）排污单位有关排污口规范化的情况说明；

（5）建设项目环境影响评价文件审批文号，或者按照有关国家规定经地方人民政府依法处理、整顿规范并符合要求的相关证明材料；

（6）排污许可证申请前信息公开情况说明表；

（7）污水集中处理设施的经营管理单位还应当提供纳污范围、纳污排污单位名单、管网布置、最终排放去向等材料；

（8）《排污许可管理办法（试行）》实施后的新建、改建、扩建项目排污单位存在通过污染物排放等量或者减量替代削减获得重点污染物排放总量控制指标情况的，且出让重点污染物排放总量控制指标的排污单位已经取得排污许可证的，应当提供出让重点污染物排放总量控制指标的排污单位的排污许可证完成变更的相关材料；

（9）法律法规规章规定的其他材料。

主要生产设施、主要产品产能等登记事项中涉及商业秘密的，排污单位应当进行标注。

2. 核发

核发生态环境部门在收到排污单位提交的申请材料后，对材料的完整性、规范性进行审查，按照不同情形分别作出处理。核发生态环境部门应当对排污单位的申请材料进行审核，对满足条件的排污单位核发排污许可证；不满足相关条件的，不予核发排污许可证。

3. 实施

排污单位应当按照排污许可证规定，安装或者使用符合国家有关环境监测、计量认证规定的监测设备，按照规定维护监测设施，开展自行监测，保存原始监测记录。实施排污许可重点管理的排污单位，应当按照排污许可证规定安装自动监测设备，并与生态环境主管部门的监控设备联网。对未采用污染防治可行技术的，应当加强自行监测，评估污染防治技术达标可行性。排污单位应当按照排污许可证中关于台账记录的要求，根据生产特点和污染物排放特点，对排污口或者无组织排放源进行记录。

4. 监管

依证严格监管执法，监管执法部门应制订排污许可执法计划，明确执法重点和频次；执法中应对照排污许可证许可事项，按照污染物实际排放量的计算原则，通过核查台账记录、在线监测数据及其他监控手段或执法监测等，检查企业落实排污许可证相关要求的情况。同时，排污单位发生异常情况时如果及时报告，且主动采取措施消除或者减轻违法行为危害后果的，应依法从轻处罚。

5. 法律责任

环保部门、排污单位和第三方机构在实施排污许可制度的过程中，违反相关规定应当依法承担相应的法律责任。

第四节　环境标准和准入

一、环境标准

（一）环境标准的概念和性质

环境标准就是为了保护人群健康、防治环境污染、促使生态良性循环，同时又合理利用资源、促进经济发展，依据《环境保护法》和有关政策，对环境中有害成分含量及其排放源规定的限量阈值和技术规范。环境标准是政策、法规的具体体现，它是有关控制污染、保护环境的各种标准的总称。环境标准是国家环境保护法律、法规的重要组成部分，是开展环境管理工作最基本、最直接、最具体的法律依据，是衡量环境管理工作最简单、最标准的量化标准。

对下列需要统一的技术规范和技术要求，应制定相应的环境标准：

（1）为保护自然环境、人体健康和社会物质财富，限制环境中的有害物质和因素，制定环境质量类标准。

（2）为实现环境质量类标准，结合技术或经济条件和环境特点，限制排入环境中的污染物或对环境造成危害的其他因素，制定污染物排放类标准。

（3）为监测环境质量和污染物排放，规范采样、分析测试、数据处理等技术，制定国家环境监测规范类标准。

（4）对环境保护工作中，需要统一的技术术语、符号、代号（代码）、图形、指南、导则及信息编码等，制定国家环境基础类标准。

（5）为规范各类生态环境保护管理工作的技术要求，制定国家生态环境保护技术规范、导则、指南、规程等国家环境管理规范类标准。

《中华人民共和国标准化法》第十条规定："对保障人身健康和生命财产安全、国家安全、生态环境安全以及满足经济社会管理基本需要的技术要求，应当制定强制性国家标准。"根据《标准化法实施条例》第十八条的规定，环境保护标准中的环境质量类标准和污染物排放类标准属于"强制性标准"。因此，我国的环境标准，既是标准体系的一个分支，又属于环境保护法体系的重要组成部分，具有法的性质。

我国的环境标准具有法的性质表现为以下几个方面：①具有规范性。环境标准不是以法律条文，而是通过具体数字、指标、技术规范来表示行为规则的界限，以规范人们的行为。②具有强制性、约束力。环境保护的污染物排放类标准和环境质量类标准属于“强制性标准”。③环境标准同环境保护规章一样，要经授权由有关国家机关制定和发布。

（二）环境标准体系

环境标准体系是指根据环境标准的性质、内容和功能，以及它们之间的内在联系，将其进行分级、分类，构成一个有机联系的统一整体。我国生态环境标准体系包括二级五类（图 4-1）。

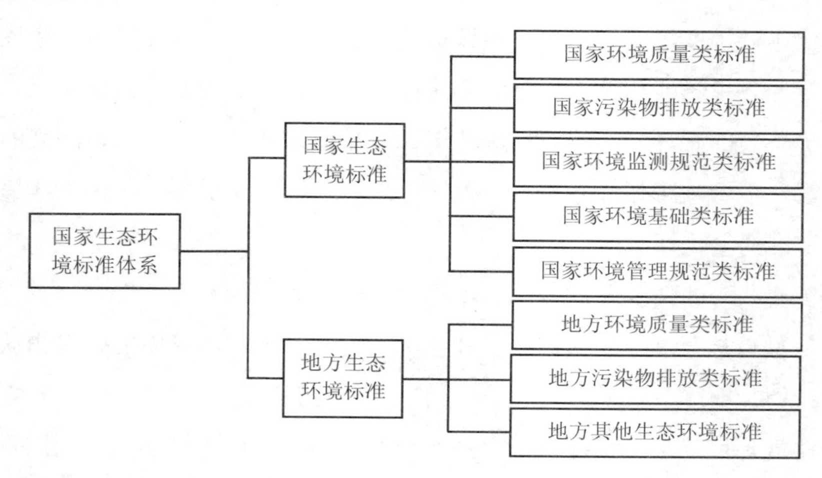

图 4-1　国家生态环境标准体系

1. 环境标准的分级

环境标准根据制定、批准、发布机关和适用范围的不同分为两级，包括国家生态环境标准和地方生态环境标准。

国家生态环境标准包括国家环境质量类标准、国家污染物排放类标准、国家环境监测规范类标准、国家环境基础类标准和国家环境管理规范类标准。地方生态环境标准包括地方环境质量类标准、地方污染物排放类标准和地方其他生态环境标准。

国家生态环境标准是指由国务院有关部门依法制定和颁布的，在全国范围内执行，或者在特定区域、特定行业内适用的环境标准。

地方生态环境标准是指由省、自治区、直辖市人民政府制定颁布的在其行政区域内适用的环境标准。地方生态环境标准只有省、自治区、直辖市人民政府有权制定，其他地方人民政府均无权制定。省、自治区、直辖市人民政府对国家生态环境质量标准中未做规定的项目，可以制定地方生态环境标准；对国家污染物排放类标准中未做规定的项目，可以制定地方污染物排放类标准；对国家污染物排放类标准已做规定的项目，可以制定严于国家污染物排放类标准的地方污染物排放类标准。地方生态环境标准在颁布该标准的省、自治区、直辖市辖区范围内执行。

国家标准和地方标准的关系：国家标准是对共性或重大的事物所做的统一规定，是制定地方环境标准的依据和指南；地方环境标准是对局部的、特殊性的事物所做的规定，是国家环境标准的补充和完善。

2. 环境标准的分类

根据 2019 年《生态环境标准管理办法（征求意见稿）》，生态环境标准分为国家生态环境标准和地方生态环境标准。国家生态环境标准包括国家环境质量类标准、国家污染物排放类标准、国家环境监测规范类标准、国家环境基础类标准和国家环境管理规范类标准，在全国范围或标准指定区域内执行。地方生态环境标准包括地方环境质量类标准、地方污染物排放类标准和地方其他生态环境标准，在颁布该标准的省、自治区、直辖市行政区域范围或标准指定区域内执行。有地方标准的地区，应当依法优先执行地方标准。

根据环境标准的性质、内容和功能，通常把环境标准分为：环境质量类标准、污染物排放类标准、环境监测规范类标准、环境基础类标准和环境管理规范类五类。其中环境监测规范类标准、环境基础类标准和环境管理规范类标准只有国家标准，并尽可能与国际标准接轨。另外还有一些关于标准的环境词汇、术语、标志等的规定。其中环境质量类标准和污染物排放类标准是环境标准体系的核心。

环境质量类标准是以保护人群健康、促进生态系统平衡为目标，而规定环境中有害物质在一定时间和空间范围内的容许浓度或其他污染因素的容许水平。按照环境要素可以分为大气环境质量标准、水环境质量标准、海洋环境质量标准、声与震动环境质量标准、核与辐射安全基本要求、土壤风险安全管控标准等各方面的标准。环境质量类标准是国家环境政策目标的具体体现，是生态环境行政主管部门和有关部门对环境进行科学管理的重要手段。环境质量类标准，是指国家对各类环境中的有害物质或因素，在一定条件下的容许浓度所做的规定。它明确规定了各类环境在一定条件下应达到的目标值，并约束有关部门在限期内应达到的环境质量要求，是各地对环境进行分级、分类管理和评价环境质量的基础，如《土壤环境质量标准》。地方生态环境质量类标准，是对国家生态环境质量类标准中未做规定的项目，按照规定的程序，结合地方环境特点制定的环境质量类标准。需报生态环境部备案。

污染物排放类标准是为了实现环境质量类标准的目标，结合社会、经济、技术等条件对排入环境的各种有害物质排放数量所规定的允许排放水平。例如 CO_2 排放标准、SO_2 排放标准、COD 排放标准、重金属排放标准等。污染物排放类标准是实现环境质量类标准的主要保证，严格执行污染物排放类标准是直接控制污染源，有效保护环境的重要手段。国家污染物排放类标准，是指为了实现国家生态环境标准的要求，以全国常见的污染物为主要控制对象所制定的排放标准。它直接规定污染源排放污染物的浓度和数量，适用于全国范围。地方污染物排放类标准，是指当地方执行国家污染物排放类标准不适于当地环境特点和要求时所制定的地方污染物排放类标准。一种情况是对国家污染物排放类标准中未做规定的项目所制定的地方污染物排放类标准；另一种情况是对国家污染物排放类标准中已做规定的项目所制定的严于国家污染物排放类标准的地方污染物排放类标准。凡是向已有地方污染物排放类标准的区域排放污染物的，应当执行地方污染物排放类标准，地方标准中未做出规定的，仍然执行国家标准。要切实实行污染控制必须依靠地方污染物排放类标准。

环境监测规范类标准是指为建立健全环境监测制度，监测环境质量和污染物排放情况，开展达标评定，规范布点采样、分析测试、监测仪器、量值传递、质量控制、数据处理等监测技术要求而制定的标准。

环境基础类标准是指在环境保护工作范围内，对有指导意义的符号、指南等所做的规定，在环境标准体系中处于指导地位，是制定其他环境标准的基础。环境基础类标准只有国家制定的标准，没有地方标准。

环境管理规范类标准是指为规范各类生态环境保护管理工作的技术要求，制定国家生态环境保护技术规范、导则、指南、规程而制定的标准。

五类标准的关系：环境质量类标准规定环境质量目标，是制定污染物排放类标准的主要依据；污染物排放类标准是实现环境质量类标准的主要手段；环境基础类标准是制定环境质量类标准、污染物排放类标准、环境监测规范类标准的基础；环境监测规范类标准是实现环境质量类标准、污染物排放类标准的重要手段。

（三）环境标准的作用

（1）环境标准是制定环境保护规划和计划的重要依据，是一定时期内环境保护目标的具体体现。为了实现人群健康，维持生态平衡，就需要使环境质量及污染物排放量维持在一定的标准。有了环境标准之后，各级政府及企业可以根据这些标准制定污染控制规划。

（2）环境标准是制定和实施环境保护法律、法规的基本保证，是强化环境监督管理的核心。环境标准用具体的数值来体现环境质量和污染物排放应控制的界限。如果没有各种环境标准，法律、法规的有关规定就难以有效实施，强化环境监督管理也无实际保证。环境标准还是环保立法和环境执法时的具体尺度。

（3）环境标准是国家环境政策的具体体现。国家通过制定环境标准，给出一系列环境指标，使国家的环境政策通过技术指标体现出来，把环境保护工作纳入国民经济计划管理轨道。

（4）环境标准是现代环境管理的技术基础，是提高环境质量的重要手段。环境管理包括环境政策与环境立法、环境规划与环境目标、环境监测以及环境监察等环节，环境标准还是环境法规执行、环境方案选择、环境评价的基础。环境标准提供了衡量环境质量状况的尺度。

（5）环境标准是环保部门行使环境监察权的依据。不论是环保部门对污染源头的控制，还是对污染物浓度控制或总量控制；不论是末端控制还是全程控制；不论是分散控制还是集中控制，都离不开环境标准。环境标准是环境监督管理的核心。

（6）环境标准是推动环境科学技术进步的动力。实施环境标准必然要淘汰落后的技术和设备，这样，就使环境标准在某种程度上成为判断污染防治技术、生产工艺与设备是否先进可行的依据，从而促进环境保护科学技术的进步。

（四）环境标准的实施与监督

1．环境质量类标准的实施

（1）县级以上地方人民政府生态环境行政主管部门在实施环境质量类标准时，应结合所辖区域环境要素的使用目的和保护目的划分环境功能区，对各类环境功能区按照环境质量类标准的要求进行相应标准级别的管理。

（2）县级以上地方人民政府生态环境行政主管部门在实施环境质量类标准时，应按国家规定，选定环境质量类标准的监测点位或断面。经批准确定的监测点位、断面不得任意变更。

（3）各级环境监测站和有关环境监测机构应按照环境质量类标准和与之相关的其他环境标准规定的采样方法、频率和分析方法进行环境质量监测。

（4）承担环境影响评价工作的单位应按照环境质量类标准进行环境质量评价。

（5）跨省河流、湖泊以及由大气传输引起的环境质量类标准执行方面的争议，由有关省、自治区、直辖市人民政府生态环境行政主管部门协调解决，协调无效时，报生态环境部协调解决。

2. 污染物排放类标准的实施

（1）县级以上人民政府生态环境行政主管部门在审批建设项目环境影响报告书（表）时，应根据下列因素或情形确定该建设项目应执行的污染物排放类标准：①建设项目所属的行业类别、所处环境功能区、排放污染物种类、污染物排放去向和建设项目环境影响报告书（表）批准的时间。②建设项目向已有地方污染物排放类标准的区域排放污染物时，应执行地方污染物排放类标准，对于地方污染物排放类标准中没有规定的指标，执行国家污染物排放类标准中的相应指标。③实行总量控制区域内的建设项目，在确定排污单位应执行的污染物排放类标准的同时，还应确定排污单位应执行的污染物排放总量控制指标。④建设从国外引进的项目，其排放的污染物在国家和地方污染物排放类标准中无相应污染物排放指标时，该建设项目引进单位应提交项目输出国或发达国家现行的该污染物排放类标准及有关技术资料，由市（地）人民政府生态环境行政主管部门结合当地环境条件和经济技术状况，提出该项目应执行的排污指标，经省、自治区、直辖市人民政府生态环境行政主管部门批准后实行，并报生态环境部备案。

（2）建设项目的设计、施工、验收及投产后，均应执行经生态环境行政主管部门在批准的建设项目环境影响报告书（表）中所确定的污染物排放类标准。

（3）企事业单位和个体工商业者排放污染物，应按所属的行业类型、所处环境功能区、排放污染物种类、污染物排放去向执行相应的国家和地方污染物排放类标准，生态环境行政主管部门应加强监督检查。

3. 国家环境监测规范类标准的实施

（1）被环境质量类标准和污染物排放类标准等强制性标准引用的方法标准具有强制性，必须执行。

（2）在进行环境监测时，应按照环境质量类标准和污染物排放类标准的规定，确定采样位置和采样频率，并按照国家环境监测规范类标准的规定进行测试与计算。

（3）对于地方环境质量类标准和污染物排放类标准中规定的项目，如果没有相应的国家环境监测规范类标准时，可由省、自治区、直辖市人民政府生态环境行政主管部门组织制定地方统一分析方法，与地方环境质量类标准或污染物排放类标准配套执行。相应的国家环境监测规范类标准发布后，地方统一分析方法停止执行。

（4）因采用不同的国家环境监测规范类标准所得监测数据发生争议时，由上级生态环境行政主管部门裁定，或者指定采用一种国家环境监测规范类标准进行复测。

4. 在下列活动中应执行国家环境基础类标准

（1）环境保护专业用语和名词术语，执行环境名词术语标准。

（2）排污口和污染物处理、处置场所设置图形标志，执行国家环境保护图形标志标准。

（3）环境保护档案、信息进行分类和编码，采用环境档案、信息分类与编码标准。

（4）制定各类环境标准，执行环境标准编写技术原则及技术规范。

（5）划分各类环境功能区，执行环境功能区划分技术规范。

（6）进行生态和环境质量影响评价，执行有关环境影响评价技术导则及规范。

（7）进行自然保护区建设和管理，执行自然保护区管理的技术规范和标准。

（8）对环境保护专用仪器设备进行认定，采用有关仪器设备的国家环境基础类标准。

（9）其他需要执行国家环境基础类标准的环境保护活动。

5. 环境管理规范类标准的实施

环境管理规范类标准为推荐性标准，通过相关政策、规划、计划等文件的部署或相关法规、标准的引用，在相关领域环境管理中实施。

（五）几种常用的环境标准的法律意义

环境标准的法律地位，环境标准是环境法规中的重要组成部分，是上升为国家法律的技术规则，是具有技术控制和法律控制双重职能的环境保护手段，是评价环境质量、进行环境监督、环境监测和其他环境保护技术工作的法定依据。

（1）环境质量类标准是确认环境是否已被污染的依据。

（2）污染物排放类标准是确认某排污行为是否合法的根据。超标排污者为违法行为，需承担一系列法律责任，包括民事、行政责任，构成犯罪的要承担刑事责任。达标排污为合法排污行为，合法排污只有在造成损害的情况下，才承担民事责任。

（3）环境基础类标准是环境纠纷中确认各方所出示的证据是否是合法证据的依据。

二、环境准入

市场准入制度是国家对市场主体资格的确立、审核和确认的法律制度，包括市场主体资格的实体条件和取得主体资格的程序条件。其表现是国家通过立法，规定市场主体资格的条件及取得程序，并通过审批和登记程序执行。它是商品经济发展到一定历史阶段，随着市场对人类生活的影响范围和程度日益拓展和深化，为了保护社会公共利益的需要而逐步建立和完善的。

环境准入则是对市场主体的进入设定的“绿色壁垒”或“环境壁垒”，把不能达到或不符合一定环保要求的主体排除在外。环境准入制度是控制污染转移的一种有效手段，是从保护生态环境角度约束人类生产与消费行为的一种制度。目前在我国实行的“区域限批”措施实际上就是一种环境准入的类型。

（一）清洁生产标准

为贯彻实施《环境保护法》和《清洁生产促进法》，保护环境，提高企业清洁生产水平，国家环保总局从2001年开始组织开展行业清洁生产标准的制定工作，列入首批计划的有30个行业或产品的清洁生产标准。2003年4月18日以国家环境保护行业标准的形式，正式颁布了《清洁生产标准　石油炼制业》（HJ/T 125—2003）、《清洁生产标准　炼焦行业》（HJ/T 126—2003）、《清洁生产标准　制革行业（猪轻革）》（HJ/T 127—2003）三个行业清洁生产标准，并于同年6月1日起开始实施。

国家环保总局于2006年7月3日批准并发布了8个行业清洁生产标准。这8个标准是：《清洁生产标准　啤酒制造业》（HJ/T 183—2006）、《清洁生产标准　食用植物油工业（豆油和豆粕）》（HJ/T 184—2006）、《清洁生产标准　纺织业（棉印染）》（HJ/T 185—2006）、《清洁生产标准　甘蔗制糖业》（HJ/T 186—2006）、《清洁生产标准　电解铝业》（HJ/T 187—2006）、《清洁生产标准　氮肥制造业》（HJ/T 188—2006）、《清洁生产标准　钢铁行业》（HJ/T 189—2006）、《清洁生产标准　基本化学原料制造业（环氧乙烷/乙二醇）》（HJ/T 190—2006）。以上标准为指导性标准，自2006年10月1日起实施。自2003年以来，我国制定了清洁生产标准共40余项，涵盖钢铁、造纸、化工、酿造、制革等30多个行业，其中主要的行业清洁生产标准是葡萄酒制造业、电镀行业（HJ/T 314—2006 修改方案）、印制电路板制造业（HJ 450—2008）、合成革工业（HJ 449—2008）、制革工业（牛轻革）（HJ 448—2008）等。

清洁生产标准的编制和发布，是落实《清洁生产促进法》赋予生态环境部门的有关职责，从环保角度出发，引导和推动企业清洁生产的需要；是环保工作加快推进历史性转变、提高环境准入门槛、推动实现环境优化经济增长的重要手段；是完善国家环境标准体系，加强污染全过程控制的需要。

经过近几年的宣传、推广，原国家环保总局的清洁生产标准已经在全国环保系统、工业行业和企业中具备广泛的影响，成为清洁生产领域的基础性标准。各级生态环境部门已逐步将清洁生产标准作为环境管理工作的依据，作为重点企业清洁生产审核、环境影响评价、环境友好企业评估、生态工业园区示范建设等工作的重要依据。

（二）污染物控制技术标准

污染物控制技术标准是污染物排放标准的一种辅助规定，是根据排放标准的要求，结合生产工艺的特点，对必须采取的污染控制措施加以明确规定。例如，对某种生产设备明文规定必须配套等效率的净化装置，或安装一定高度的排气筒，或明确限制某生产过程使用的燃料和原料，以及所必需的卫生防护距离等。制定这种辅助标准的目的在于更加便于对污染物的检查，这在实际工作中比较常见。目前有关标准有：《废塑料回收与再生利用污染控制技术规范》《村镇生活污染控制技术规范》等。

（三）节能标准

节能标准是为实现节能目的而制定的标准。具体包括节能基础、管理、方法以及以节能为直接目的的用能产品、材料性能标准，不包括一般的用能产品、用能材料性能标准。在节能领域，国家共组织制定了 140 余项国家标准，包括 21 项强制性能效标准、12 项工业通用设备节能监测标准、6 项经济运行标准，以及 20 余项企业能源管理、合理用能、能量平衡、能源审计标准等。此外，机械工业先后制定了 116 项行业标准，电力、石油、轻工、交通运输和工程建设等行业也分别制定了一批行业标准。我国节能标准涉及的领域包括工业、农业、交通、建筑等。具体包括：

（1）终端用能产品能效标准，其中包括工业通用设备方面的能效标准、家用耗能器具方面的能效标准、照明器具方面的能效标准、商用设备方面的能效标准、电子信息通信方面的能效标准、交通运输工具方面的能效标准、农用设备方面的能效标准。

（2）工业节能标准，包括节能设计方面的标准、能量平衡方面的标准、能耗测试与计算方面的标准、能源消耗定额方面的标准、用能设备节能监测方面的标准、用能设备经济运行方面的标准、能源审计方面的标准、高效节能产品及装置方面的标准、评价企业合理用能方面的标准。

（3）农业节能标准，目前已制定了被动式太阳房热工技术条件和测试方法、微型水力发电设备基本技术要求、微型水力发电设备试验方法、微型水力发电设备质量检验规程、微型水力发电设备安装技术规范、微型水力发电机技术条件、风力发电机组电能质量测量和评估方法、生物质燃料发热量测试方法、聚光型太阳灶、全玻璃真空太阳集热管、秸秆气化供气系统技术条件及验收规范以及小型风力发电系统安装规范等标准。

（4）交通运输节能标准，目前已制定了水运工程设计节能技术规定、水运工程设计节能规范、铁路工程节能设计规范等标准。目前正在制（修）订一批公路、水路运输节能标准，如海洋船舶燃料消耗量计算方法（国家标准）、船舶油耗供应行业术语、船舶供受燃油管理规程、船舶动力装置能源平衡测算方法、港口企业能量平衡导则、港口电动式起重机能源利用效率评估指标及测算方法、港口带式输送机能源利用效率评估指标及测算方法、港口工程可行性研究报告节能篇（章）编制导则、港口评估节能评估报告编制导则、汽车驾驶节能操作规范、集装箱汽车燃料消耗限值、厢式汽车燃料消耗限值、客运站建设项目节能评价办法、货运站（场）建设项目节能评价办法等。

（5）建筑节能标准。建筑划分为民用建筑和工业建筑。民用建筑又分为居住建筑和公共建筑。公共建筑则包含办公建筑（包括写字楼、政府部门办公室等）、商业建筑（如商场、金融建筑等）、旅游建筑（如旅馆、饭店、娱乐场所等）、科教文卫建筑（包括文化、教育、科研、医疗、卫生、体育建筑等）、通信建筑（如邮电、通信、广播用房）以及交通运输用房（如机场、车站建筑等）。目前我国已制定的建筑节能标准主要有公共建筑节能设计标准、绿色建筑评价标准、民用建筑节能设计标准、外墙外保温工程技术规程、民用建筑太阳能热水系统应用技术规范、民用建筑热工设计规范、建筑照明设计标准、建筑采光设计标准、采暖居住建筑节能检验标准、地板辐射供暖技术规程、民用建筑电气设计规范等内容。

第五节　环境责任

一、环境法律责任的概念

环境法律责任，是指环境法主体因违反其法律义务而应当依法承担的，具有强制性否定性法律后果。依照环境法的规定，环境法律责任可分为行政责任、民事责任和刑事责任三种。

法律制裁，是指国家对承担法律责任的单位或者个人依法实施的惩罚措施。与法律责任相对应，法律制裁也分为行政制裁、民事制裁和刑事制裁三种。

法律责任与法律制裁，既有联系又有区别。实施了破坏或者污染环境的违法行为，就应当承担法律责任；而追究违法者的法律责任，一般都导致对其实施法律制裁。但是，对承担某种法律责任者，可根据违法行为的不同情节和危害程度给予不同的制裁，从重、加重或者从轻、减轻甚至免予法律制裁。因此，不应将法律责任与法律制裁加以混淆。

二、环境法律责任制度的特点

（一）法律责任主体

法律责任的主体是指依法享有权利和承担义务的法律关系的参加者，在其实施加害或违法行为时，应承担一定法律责任。

环境法律责任的主体具有广泛性的特点。凡是对环境和资源进行开发利用者，或对环境保护负有监督、管理职责者，都可能成为法律责任的主体，包括国家机关、企事业单位、其他社会组织、公职人员和公民。

（二）法律责任客体

法律责任客体是指环境法律关系中权利义务所指向的对象，即在实施违法活动时所指向的对象。环境法律关系的客体，一般包括行为和物两种。

行为，包括作为和不作为。环境违法行为，同一般违法行为相比有一个重要特点，即一般违法行为多为一次性的，屡犯是少数情况，因而惩罚也是一次性的。环境违法行为则往往具有持续性和反复性的特点，惩罚有的也实行连续性的惩罚，国外有“以天计罚”的规定，每一天的行为构成一个独立的违法行为，或每一件不符合规定的设备、产品构成一个独立违法行为。

物，是指法律关系中权利义务的对象，可能是违法行为指向的各种物。这里包括一切人们可以控制、支配和具有环境功能的自然物和劳动创造的物质财富。

（三）法律责任主观方面

法律责任的主观方面是指法律责任的主体在实施违法行为时的主观心理状态。一般分为故意或过失（《民法》中称为过错)。《刑法》中注重对加害人主观恶性的惩罚，又把故意分为直接故意和间接故意，《民法》中则注重对受害人损失的补救，一般不再分直接故意和间接故意。

环境法在追究某人的行政责任和刑事责任时，行为人主观上具有故意或过失被视为必备要件。而当追究其民事责任时，则不要求具备故意或过失要件，只要实施了危害环境的行为并造成危害后果时，即可追究其民事责任。

（四）法律责任客观方面

法律责任的客观方面是指行为的违法性和社会危害性。任何承担法律责任的行为，通常都是法律禁止的、具有违法性和社会危害性的行为。违法性和社会危害性之间往往有必然性的联系，因而又常常把社会危害性作为判断违法性的标准。

在环境法中，情况则比较复杂并有一定的特殊性。多数情况下，造成社会危害的环境行为，往往也是环境违法行为。但在某些情况下，由于危害环境的行为，多是在工业生产、资源开发活动中产生的，这些行为有其社会的价值性、必要性、合理性，对环境造成一定影响和危害又具有不可避免性。在特定情况下，具有社会危害性的行为，可能不是违法行为，如达标排污行为造成的环境污染等。这种行为因不违反环境行政法的规定而不承担行政责任，但可能承担民事责任及相应的治理责任。

三、环境保护目标责任制度

（一）环境保护目标责任制度的内容

环境保护目标责任制是第三次全国环保会议在总结部分省市实行这一制度经验的基础上，确定在全国推行的一项定量化管理制度。它是指一种具体落实地方各级人民政府和有污染的单位对环境质量负责的行政管理制度。《国务院关于环境保护若干问题的决定》中指出“实行环境质量行政领导负责制”和“地方各级人民政府及其主要领导人要依法履行环境保护的职责”。

环境保护目标责任制包括下面几个方面：

（1）明确提出保护环境是各级政府的职责，各级人民政府都要对其管辖的环境质量负责。

（2）每届政府在其任期内都要采取措施使环境质量达到某一预定的目标。

（3）环境目标是根据环境质量状况及经济技术条件，在经过充分研究的基础上确定的。目标责任制通常是由上一级政府对下一级政府签订环境目标责任书体现的，下一级政府在任期内完成了目标任务，上一级政府给予鼓励，没有完成任务的则给予处罚。

（4）各级政府为了实现环境目标通常要进行目标分解，把目标所定的各项内容分解到各个部门，甚至下达到有关企业逐一落实。鉴于环境目标要实行定量化管理，因此，实行环境保护目标责任制又可带动环监、科研、污染治理等各项工作的深入开展，而实行这项任务的意义就在于切实把环境保护纳入各级政府的工作日程。

（二）环境保护目标责任制的类型

在第三次全国环保会议之前，甘肃、山东、河北、辽宁、吉林、山西先后提出了各种环保目标责任制，如环境目标和工作指标以及奖惩制度。第三次环保会议之后，北京、天津、贵州、陕西、广东、云南、广西、四川等省份都陆续实行了环保目标责任制，分级、层层签订了环保目标责任书。从全国的实践来看，环境保护目标责任制大体分为下面几种类型：

（1）确定政府在任期内的任期目标和环境管理指标，通过逐层签订责任书，对指标进行层层分解，逐级下达到企业。

（2）各个系统、部门都签订责任书，负责分管市长与分管的厅、局、委、办领导签订责任书，厅、局、委、办领导与公司企业负责人签订责任书。

（3）政府直接与企业签订责任书或实行环境保护指标承包。

（4）把环境效益与城市经济效益总挂钩签订责任书，企业工资总额随环境效益变化而变化，市政府全体工作人员的奖金与全市的环境质量状况与指标完成情况挂钩。

四、城市综合整治定量考核制度

（一）城市综合整治定量考核制度的概念

城市环境综合整治定量考核是以城市环境综合整治规划为依据，在城市政府的统一领导下，通过科学的、定量的城市环境综合整治考核指标体系，把城市各行业组织起来，开展以环境、经济、社会效益统一为目标的环境建设、城市建设、经济建设，使城市环境综合整治定量化。城市环境综合整治定量考核制度，是指通过实行定量考核，对城市政府在推行城市环境综合整治中的活动予以管理和调整的一项环境监督管理制度。城市环境综合整治自1984年起在我国得到广泛推行。

城市环境综合整治是指在城市政府的统一领导下，以城市生态学理论为指导，以发挥城市综合功能和整体最佳效益为前提，为保护和改善城市总体环境，对制约和影响城市生态系统发展的综合因素，采取综合性的对策进行整治、调控。该项措施在全国推行后，对改善城市环境发挥了促进作用。为了巩固成效，普及推广，把城市环境综合整治纳入法制管理轨道，在我国环境管理中建立了“城市环境综合整治定量考核制度”。

（二）城市环境综合整治指标体系

城市环境综合整治定量考核制是把城市环境综合整治的基本内容划分为四个大项（环境质量指标、污染控制指标、环境建设指标、环境管理指标）和若干子项（共22项），诸如城市环境质量指标中的大气总悬浮颗粒物（TSP）年、日均值等。再把这些项目规定某一指标限值，并赋予一定的权重和记分办法，按得分结果实行分级考核制。根据各项指标的得分结果计算出综合得分，将城市分为10个等级，如总分为90～100分的为一级，80～90分的为二级，70～80分的为三级，等等。这样，一个城市属于哪一级，可以综合看出一个城市的环境质量。

城市环境综合整治包括城市建设、环境建设、污染防治等方面的内容，实行城市环境综合整治定量考核促进了各有关部门都来关心和改善城市环境，从而推动了环境保护事业的发展。

（三）实行城市环境综合整治定量考核制度的意义

城市环境综合整治定量考核制度使城市环境保护工作逐步由定性管理转向定量管理，有利于污染物排放总量控制制度和排污许可证制度的实施；明确了城市政府在城市环境综合整治中的职责，使城市环境保护工作目标明晰化，对各级领导既是动力也是压力。通过考核评比，能大致衡量城市环境综合整治的状况和水平，找出差距和问题，促进这项工作的深入开展；可以增加透明度，接受社会和群众的监督，发动广大群众共同关心和参与环境保护工作。

五、环境污染与破坏事故报告制度

（一）环境污染与破坏事故报告制度的概念

环境污染与破坏事故，是指由于违反环境保护法律法规的经济、社会活动与行为，以及意外因素的影响或者不可抗拒的自然灾害等原因，致使环境受到污染，国家重点保护的野生动植物、自然保护区受到破坏，人体健康受到危害，社会经济与人民财产受到损失，造成不良社会影响的突发性事件。环境污染与破坏事故一般都具有突发性、蔓延性和危害性极大等特点。

环境污染与破坏事故报告制度，是指因发生事故或其他突发性事件，造成或者可能造成污染与破坏事故的单位除了必须立即采取措施进行处理外，还必须通报可能受到污染危害的单位和居民，并且向当地环境保护行政主管部门和有关部门报告，接受调查处理，以及当地环境保护行政主管部门向上一级主管部门和同级人民政府报告的法律制度。

（二）环境污染与破坏事故的分类

（1）环境污染与破坏事故根据类型可分为水污染事故、大气污染事故、噪声与振动危害事故、固体废物污染事故、农药与有毒化学品污染事故、放射性污染事故及国家重点保护的野生动植物与自然保护区破坏事故等。

（2）环境污染与破坏事故根据危害程度可分为以下四种：

☞ 一般环境污染与破坏事故。除特别重大突发环境事件、重大突发环境事件、较大突发环境事件以外的突发环境事件。

☞ 较大环境污染与破坏事故。凡符合下列情形之一者，为较大环境污染与破坏事故：①因环境污染直接导致3人以下死亡或10人以上50人以下中毒的；②因环境污染需疏散、转移群众5 000人以上1万人以下的；③因环境污染造成直接经济损失500万元以上2 000万元以下的；④因环境污染造成国家重点保护的动植物物种受到破坏的；⑤因环境污染造成乡镇集中式饮用水水源地取水中断的；⑥3类放射源丢失、被盗或失控，造成环境影响的；⑦跨地市界突发环境事件。

☞ 重大环境污染与破坏事故。凡符合下列情形之一者，为重大环境污染与破坏事故：①因环境污染直接导致3人以上10人以下死亡或50人以上100人以下中毒的；②因环境污染需疏散、转移群众1万人以上5万人以下的；③因环境污染造成直接经济损失 2 000 万元以上 1 亿元以下的；④因环境污染造成区域生态功能部分丧失或国家重点保护野生动植物种群大批死亡的；⑤因环境污染造成县级城市集中式饮用水水源地取水中断的；⑥重金属污染或危险化学品生产、贮运、使用过程中发生爆炸、泄漏等事件，或因倾倒、堆放、丢弃、遗撒危险废物等造成的突发环境事件发生在国家重点流域、国家级自然保护区、风景名胜区或居民聚集区、医院、学校等敏感区域的；⑦1 类、2 类放射源丢失、被盗、失控造成环境影响，或核设施和铀矿冶炼设施发生的达到进入场区应急状态标准的，或进口货物严重辐射超标的事件。

☞ 特大环境污染与破坏事故。凡符合下列情形之一者，为特大环境污染与破坏事故：①因环境污染直接导致 10 人以上死亡或 100 人以上中毒的。②因环境污染需疏散、转移群众 5 万人以上的。③因环境污染造成直接经济损失 1 亿元以上的。④因环境污染造成区域生态功能丧失或国家重点保护物种灭绝的。⑤因环境污染造成地市级以上城市集中式饮用水水源地取水中断的。⑥1 类、2 类放射源失控造成大范围严重辐射污染后果的；核设施发生需要进入场外应急的严重核事故，或事故辐射后果可能影响邻省和境外的，或按照“国际核事件分级（INES）标准”属于 3 级以上的核事件；台湾核设施中发生的按照“国际核事件分级（INES）标准”属于 4 级以上的核事故；周边国家核设施中发生的按照“国际核事件分级（INES）标准”属于 4 级以上的核事故。⑦跨国界突发环境事件。

（三）环境污染与破坏事故报告制度的意义

环境污染与破坏事故报告制度是防止环境污染或破坏发生以及污染或破坏后果扩大的有效措施。具体表现在：

（1）有助于可能遭受事故危害的居民及有关主管部门及时了解事故真相并采取有效措施，避免或减少危害和经济损失；

（2）环境污染或破坏事故所造成的危害较复杂，有些危害后果有一定的潜伏期，该制度的实施将有利于正确判断灾情，及时了解案情，为公正处理环境污染与破坏纠纷准备翔实的材料。

（四）环境污染与破坏事故报告制度的建立和发展

1982 年颁布的《海洋环境保护法》第十八条首次规定了这一制度。1987 年，原国家环保局发布的《报告环境污染与破坏事故的暂行办法》作了具体的规定。1989 年《环境保护法》确认了这一制度，其第三十一条规定："因发生事故或者其他突然性事件，造成或者可能造成污染事故的单位，必须立即采取措施处理，及时通报可能受到污染危害的单位和居民，并向当地环境保护行政主管部门和有关部门报告，接受调查处理。可能发生重大污染事故的企业事业单位，应当采取措施，加强防范。"

（五）环境污染与破坏事故报告制度的具体法律规定

1. 环境污染与破坏事故的报告

突发环境事件发生地设区的市级或者县级人民政府生态环境主管部门在发现或者得知突发环境事件信息后，应当立即进行核实，对突发环境事件的性质和类别做出初步认定。

对初步认定为一般（Ⅳ级）或者较大（Ⅲ级）突发环境事件的，事件发生地设区的市级或者县级人民政府生态环境主管部门应当在四小时内向本级人民政府和上一级人民政府生态环境主管部门报告。

对初步认定为重大（Ⅱ级）或者特别重大（Ⅰ级）突发环境事件的，事件发生地设区的市级或者县级人民政府生态环境主管部门应当在两小时内向本级人民政府和省级人民政府生态环境主管部门报告，同时上报生态环境部。省级人民政府生态环境主管部门接到报告后，应当进行核实并在一小时内报告生态环境部。

突发环境事件处置过程中事件级别发生变化的，应当按照变化后的级别报告信息。

2. 环境污染与破坏事故的处理

生态环境行政主管部门在收到事故报告，经调查弄清其性质和危害之后，可对违法者依法给予行政处罚。在环境受到严重污染与破坏，威胁居民生命安全时，县级以上生态环境部门必须立即向人民政府报告，由人民政府采取有效措施，解除或者减轻危害。

思考题

1. 试述环境影响评价制度的主要内容。
2. 简述排污许可证的实施步骤。
3. 简述我国环境标准的体系。
4. 简述几种常见的环境标准的法律意义。

参考文献

[1] 步金慧. 工业企业环境污染管理及优化研究[J]. 环境科学与管理，2018（8）：9-12.

[2] 傅伯杰，刘国华，孟庆华. 中国西部生态区划及其区域发展对策[J]. 干旱区地理，2000，23（4）：289-297.

[3] 黄科茂. 浅谈环境影响评价工作中存在的问题及优化建议[J]. 科技展望，2017（25）：303.

[4] 劼茂华，王瑾，刘冬梅. 环境规制、技术创新与企业经营绩效[J]. 南开管理评论，2014（6）：106-113.

[5] 李胜兰，初善冰，申晨. 地方政府竞争、环境规制与区域生态效率[J]. 世界经济，2014（4）.

[6] 李旭辉，王文军. 生态功能区划与可持续发展研究[J]. 安徽农业科学，2008，36（2）：738-747.

[7] 刘艳芹. 循环经济促进法背景下的企业环境保护责任研究[J]. 现代商业，2017（10）：122-123.

[8] 刘郁，陈钊. 中国的环境规制：政策及成效[J]. 经济社会体制比较，2016（1）：164-173.

[9] 马辉. 环保新形势下环境影响评价工作存在的挑战及建议[J]. 环境与发展，2018，30（9）：14-15.

[10] 马慧娟，谢维华. “生态文明建设排头兵”背景下企业生态环境社会责任法制化研究[J]. 云南大学学报，2016，29（5）：83-88.

[11] 沈能. 环境规制对区域技术创新影响的门槛效应[J]. 中国人口·资源与环境，2012，22（6）：12-16.

[12] 胜志远，吕亮，吴天锐. 浅谈环境规划在生态城市建设中的应用[J]. 建筑工程技术与设计，2017（22）.

[13] 唐国平，李龙会，吴德军. 环境管制、行业属性与企业环保投资[J]. 会计研究，2013（6）

[14] 童健，刘伟，薛景. 环境规制、要素投入结构与工业行业转型升级[J]. 经济研究，2016（7）：43-56.

[15] 王金南，蒋洪强. 环境规划学[M]. 北京：中国环境出版社，2015.

[16] 王金南，刘年磊，蒋洪强. 新《环境保护法》下的环境规划制度创新[J]. 环境保护，2014，42（13）：10-13.

[17] 王金南，许开鹏，迟妍妍，等. 中国环境功能评价与区划方案[J]. 生态学报，2014，34（1）：130-135.

[18] 吴舜泽，徐毅，王倩. 环境规划：回顾与展望[M]. 北京：中国环境科学出版社，2009.

[19] 徐彦坤，祁毓. 环境规制对企业生产率影响再评估及机制检验[J]. 财贸经济，2017（6）.

[20] 扬胜，张国宁，潘涛，等. 环境保护标准原理方法及应用[M]. 北京：中国环境出版社，2015：216-217.

[21] 杨洁，毕军，张海燕，等. 中国环境污染事故发生与经济发展的动态关系[J]. 中国环境科学，2010，30（4）：571-576.

[22] 振成，张修玉，胡习邦，等. 全国环境功能区划的基本思路初探[J]. 改革与战略，2011，27（217）：48-65.

[23] 周海华，王双龙. 正式与非正式的环境规制对企业绿色创新的影响机制研究[J]. 软科学，2016，30（8）：47- 50.

[24] 朱艳芳，孟闪闪. 标准物质在环境监测工作中的应用与实践[J]. 环境与发展，2017，29（5）：166-168.

第五章　环境经济手段

在上一章中所介绍的各类环境法规标准也可以称为命令控制型的环境政策。应当说命令控制型的环境政策目标明确，如果实施成功，能够较快地实现预期的目标和达到设计的环境效果。而且命令控制型政策是其他环境政策确立和执行的基础和前提。但这类政策的执行往往需要庞大的执法队伍和高额的执行成本，从而给国家财政和生态环境部门带来沉重的负担。因此，为了降低执行成本，同时又获得较为理想的环境效果，无论是正在从计划经济体制向市场经济体系转轨的国家，还是已经建立了较为完善成熟的市场经济体制的国家，在环境管理工作中，都不同程度地运用了以市场为基础的经济手段，以实现环境良治。

第一节　环境经济手段概述

一、环境经济手段的发展历史

从发达国家的实践历程可以看出，建立和实施一套全方位、多领域的环境经济手段政策，能够实现以较低的成本达到有效控制污染的目的。早在20世纪70年代初，发达国家就积极应用环境经济手段来实现经济与环境的均衡发展，并取得了成功。1972年经济合作与发展组织（OECD）首次提出了“污染者付费原则”，在此后的40多年中，西方发达国家对市场机制和财税政策进行了基于环境考虑的一系列改革，从而进一步丰富和完善了环境经济手段。

1984年OECD召开的环境与经济学大会，对强化经济手段的作用给予了充分的重视。这些都为以后的有关政策和报告提出广泛运用经济手段的建议奠定了基础。到20世纪80年代后期，在环境政策领域，经济手段受到了官方的重视。联合国环境与发展委员会在

《我们共同的未来》的报告中对可持续发展的阐述，强化了环境经济学在实际政策中的作用。随后，一些国际宣言和政策声明均强调经济手段的潜在作用，包括《兰卡韦联邦政府首脑环境宣言》（1989 年）、《经济高峰会议宣言》（1990 年）、亚太环境与发展大会（1990 年）、第二届环境管理世界工业大会（1991 年），最终 1992 年联合国环境与发展大会确认了经济手段的重要性，会议的主要成果都认同了污染者（使用者）支付原则、环境成本内在化及经济手段的应用。尤其在《里约宣言》的原则 16 中指出："根据污染者原则上应承担污染费用的观点，国家当局应该努力促使内部负担环境费用。"在《21 世纪议程》第 8 章中指出，"需要做出适当的努力，开发并使得（经济手段）得到更有效和广泛的应用……"以及"……各国政府应考虑逐步积累经济手段和市场机制的经验……以建立经济手段、直接管制手段和自愿手段的有效组合"。OECD 对经济手段的原理和应用作了多项研究，大力倡导在环境政策领域广泛应用经济手段。1989 年《环境保护的经济手段》是对其成员国 5 年来运用经济手段的实际情况进行调研的结果；1991 年 OECD 理事会签署了一项关于经济手段的建议书，提出"更多且更一致地采用经济手段"等多项建议；1993 年其环境委员会形成《环境政策中的经济手段》的报告，评价在三年中各成员国根据建议书所采取的行动。此外，OECD 还编写出《环境经济手段应用指南》《发展中国家环境管理的经济手段》等多项研究成果，一直致力于研究和号召在环境保护领域中使用经济手段。目前，市场经济国家都广泛运用经济手段，据 OECD 调查，在其成员国中使用了近 150 种经济手段管理环境。

在环境税收方面，北欧国家走在最前面。丹麦是欧盟第一个真正进行生态税收改革的国家，自 1993 年以来，环境税制形成了以能源税为核心，包括水、垃圾、废水、二氧化碳和尼龙袋等 16 种带有环境目的的税收；荷兰的环境税种类更多，是世界上最早开征垃圾税的国家，在荷兰，环境税收还专门用于筹集环保资金，其收入占该国税收收入的比例达到 14%；美国也已形成了一套相对完善的环境税制体系，联邦和州两级政府都开征了不同类别的环境税，税种涉及能源、日常消费品和消费行为各个方面。在补贴方面，美国联邦《水污染控制法》授权环保局局长在水污染控制的研究与发展、污染控制规划、培训等活动以及废水处理工程建设上提供补助金，其金额可占工程建设成本费的 75%；意大利《水法典》规定国家为地方当局提供固定补助金或低息贷款，以帮助建设下水道系统和安装污水净化设备，此外工业部门也可以享受低息贷款，贷款额可占其承付的工业污水净化厂的基建、扩建和发展费用的 70%。在排污许可交易方面，美国是最早实践的国家，从 20 世纪 70 年代开始，美国国家环保局（EPA）尝试将排污权交易用于大气污染源和水污染源管理，逐步建立起以补偿、储存和容量节余等为核心内容的排污许可交易政策体系，并取得了巨大的成功；此后，德国、澳大利亚、英国等国也相继仿效，进行了排污许可交易。

在我国，随着社会主义市场经济体制的建立与完善，经济手段也日益被重视。《中国21世纪议程》和《中国环境与发展十大对策》都提出要在中国推进经济手段在管理环境、自然资源以及促进可持续发展方面的应用。特别是在《中国21世纪议程》第4章可持续发展经济政策中将“有效利用经济手段和市场机制”作为4个方案领域之一，明确了具体的行动依据和目标，并着重强调“本方案领域将用来支持为实现《中国21世纪议程》中所含的大多数目标和制定的各项相应行动”。目前，我国实施了征收环境保护税、矿产资源补偿费、排污交易试点等，这些经济手段的实施取得了一定效果。随着社会主义市场经济体制的建立和可持续发展战略的实施，运用经济手段保护环境成为环境管理的发展趋势，也成为当前环境经济学和环境管理部门研究和实践的新领域。

二、环境经济手段的基本概念

环境管理中的经济手段是为达到经济发展和环境保护相协调的目标，利用经济利益关系，对环境经济活动进行调节的政策措施。狭义的环境管理经济手段是指运用税收、价格、成本和利润等经济刺激形式对城市环境经济活动进行调节的政策措施。广义的环境管理经济手段则可理解为所有有利于城市环境保护的政策和法规中，利用环境经济手段进行调节的措施，也可称为环境经济政策。

OECD将环境经济手段定义为从影响成本效益入手，引导经济当事人进行选择，以便最终有利于环境的一种手段。这种手段明显的表现是要么在污染者和群体之间出现财政支付转移，如各种税收和收费、财政补贴、服务使用费和产品税，要么产生一个新的实际市场，如许可证交易。美国的布兰德把环境管理的经济手段定义为“为改善环境而向污染者自发的和非强迫的行为提供金钱刺激的方法”。我国学者沈满洪认为环境经济手段是政府环境管理当局从影响成本-收益入手，引导经济当事人进行选择，以便最终有利于环境的一种政策手段。

关于环境经济手段有各种不同的定义，但概括起来可以表述为：国家根据生态规律和经济规律，运用税收、收费、交易市场、保证金等经济杠杆，从影响成本和效益入手（使价格反映全部社会成本），调节社会生产、分配、流通、消费等各个环节，引导经济当事人进行行为选择，限制破坏环境的活动，促进合理利用环境资源，实现改善环境质量和经济与环境协调发展。经济手段的核心或实质在于贯彻物质利益原则，从物质利益上处理国家、企业、个人之间的各种经济关系，调动各方面保护环境的积极性。运用环境经济手段，从一定意义上说，就是在国家宏观指导下，通过各种经济手段不断调整各方面的经济利益关系，限制经济当事人损害环境的经济活动，奖励保护环境的经济活动，把企业、个人的局部利益同全社会的整体利益有机地结合起来。

第二节　环境经济手段的特征与分类

一、环境经济手段的特征

环境经济手段能够对微观主体的行为产生刺激，使微观主体的决策考虑费用-效益的对比。其特征可以归纳为以下几点：

（一）环境经济手段是与成本-收益比较相联系的

一方面，它表现在政府对生态环境管理的政策手段要做成本-收益比较，要选择在生态环境效益相同时的政策手段成本最小的一种手段，也就是说要选择在政策手段成本一定情况下的生态环境效益最大化；另一方面，它表现在让有关经济主体能够根据政府确立的经济手段进行权衡比较，选择能够使自己利益最大的方案。这就是说，环境经济手段使有关经济主体拥有可选择性。

（二）环境经济手段的运用有利于环境质量的改善

经济手段的作用在于它影响经济主体的决策和行为，这种影响表现在使得人们所做的决定能够导致比没有这些手段时更理想的环境状态。这说明，环境经济手段不是一般的经济手段或财政手段，一般的经济手段或财政手段只强调经济利益的最大化，相对较少考虑环境效果，而环境经济手段的目的在于运用“经济”的手段获得良好的环境效果。

（三）环境经济手段不一定与收费计划相联系

某些财政手段（如管制中的收费）不属于经济手段，相反，某些非财政手段（如交易计划）则是经济手段。

（四）环境经济手段对经济主体具有刺激性而不是强制性

经济手段对经济主体的刺激性，可以直接改变经济主体的行为。环境经济手段本身就是与直接管制手段相对应的能够使当事人以他们自认为更有利的方式对待特定的刺激做出反应。也就是说，经济主体基于经济利益的考虑，至少可以在两个不同的方案之间进行选择。

（五）环境经济手段更具灵活性且应用领域更广泛

经济手段一般包括收费、税收、补贴、押金-退款制度、创建市场（排污交易权）、执行刺激等多种形式，在末端治理、清洁生产等领域都能应用。

（六）环境经济手段具有较高的效率性

使用经济手段可以使达到污染控制目标的费用最小，能够鼓励革新，对污染控制产生持久的刺激。

总之，环境经济手段能够使经济主体以他们认为最有利的方式对某种刺激做出反应，它是向污染者自发的和非强制的行为提供经济刺激的手段。

二、环境经济手段的分类

作为经济思想的延伸，环境经济手段根据理论基础的区别可以分为“庇古手段”和“科斯手段”。“科斯手段”是一种新制度经济学观点，它认为环境问题说到底是市场产权界定不清的问题，从而要明晰产权，包括所有权、使用权和开发权，因此应当建立环境产权市场，例如可交易的许可证制度与排放配额等。而“庇古手段”则是一种基于福利经济学的观点，它认为通过征收税费的办法就可以把环境代价转化为企业的内部成本，迫使企业治理污染。在实践中，可以将这两种类型的管理手段进一步细分。卡兰（Scott J. Callan）和托马斯教授（Janet M. Thomas）在其合著的《环境经济学与环境管理：理论、政策与应用》一书中，则将环境经济手段划分为环境税费、补贴、保证金/还款和排污许可交易四种类型，见表 5-1。OECD 在《环境经济手段应用指南》中曾经将环境经济手段区分为三类：环境收费或税收，许可证制度，押金-退款制度。此后，OECD 在《环境管理中的经济手段》一书中将经济手段进一步细分为收费/税、补贴、押金-退款制度、市场创建和执行鼓励金五种具体类型，这一分类方法在我国得到了广泛的认可。

表 5-1　环境经济手段划分

经济手段	表述
环境税费	根据污染物的排放量，向污染者收取费用，通常通过排污收费、产品税/费等方式实现
补贴	通过直接支付或税收减免的形式向减少污染或未来的污染削减计划进行财政资助
保证金/还款	预先为潜在污染损害支付一定费用，然后返还给有利于环境保护的行为
排污许可交易	通过信用或许可，建立排污权市场，实现交易

资料来源：卡兰和托马斯，环境经济学与环境管理：理论、政策与应用（第 3 版）。资料略有改动。

本章接下来将对环境税费、补贴、押金-退款和排污许可交易等目前应用最为广泛的四种环境经济政策手段进行分析。

第三节　环境税费政策

环境税费源于英国经济学家庇古所提出的政府可将税收用于调节环境污染行为的思想，故又称庇古税。在概念界定上，国内大部分学者把环境税费界定为以保护环境为目的而采取的各种税收措施，包括环境税和环境费。其中，环境费又包括排污收费、使用者收费、产品收费、税收差别、税款减免等，而环境税根据 OECD 的划分则分为排污税、用户税、产品税、税收差别、税款减免等。应当说环境费和环境税在分类上基本一致，而且在其各自的分类中也存在“费”“税”字眼的混用现象。从实践来看，环境费与环境税也常被相提并论，如排污费与排污税、产品费与产品税，这不仅因为费和税在实际操作中较难区分，而且二者存在一些共同特点：首先，环境税和环境费均建立在污染者付费原则基础上，它通过污染者承担治理污染源和消除环境污染的费用，将污染者污染行为所产生的外部不经济性内部化，约束污染者的污染行为；其次，二者都以环境资源使用者的货币支出为表现形式，且具有资金筹集功能。而二者之间的差别则主要表现为：首先，征收主体不同，环境费一般由经济部门和事业单位收取，环境税则由税务机关征收并进入国库；其次，在实践中，环境费多用于污染控制领域，费种相对较少，环境税多用于生态环境管理领域，税种相对较多，与生态环境保护相关的诸多税收基本都属于环境税的范畴。在环境税费的诸多种类中，以下仅以产品税和排污收费为例进行分析描述。

一、产品税

产品税是一种间接税，即通过对那些引起污染问题的产出或投入直接征税，从而间接地影响相关利益者的行为。在现实中有些产品或原材料在被应用到生产过程中时，它们或它们的包装物被抛弃，会对资源环境造成污染或损害，对人类健康产生威胁，对于这样一类产品和原材料征收的税就称为产品税。对于产品税的实施效应可以通过以下模型分析加以阐述。

（一）模型分析

假定在完全竞争市场上，某种产品的生产过程中产生了环境负外部性。这种情况的出现是因为生产者的决策仅仅是建立在边际私人成本（*MPC*）上，而忽略了环境损害所产生的边际外部成本（*MEC*，即边际社会成本 *MSC* 与边际私人成本 *MPC* 之间的垂直距离，*MEC*=*MSC*−*MPC*），因此导致过多的资源分配给该产品的生产。如图 5-1 所示，在厂商的产品产量水平 Q_c 处，消费该产品的边际社会收益（*MSB*）等于生产该产品的边际私人成本（*MPC*）。需要指出的是 Q_c 要高于由 *MSB* 等于 *MSC* 所确定的效率产出水平 Q_e。

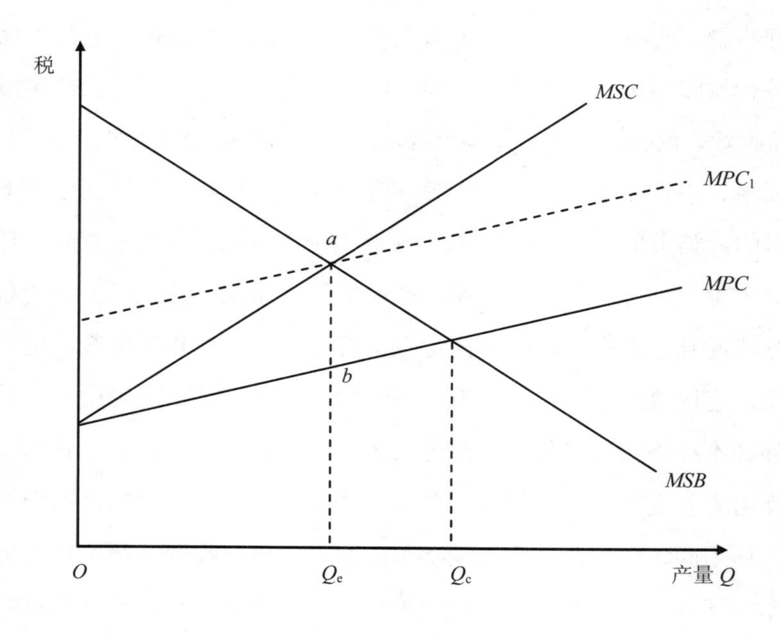

图 5-1　产品收税效果

产品税的政策意义在于引导生产者将 *MEC* 纳入其生产决策之中，从而将外部性内部化。通过对产生污染的产品征收相应的税获得效率产出水平 Q_e，此时征收的税等于效率产出水平 Q_e 处的 *MEC*；从而有效地将 *MPC* 曲线上移 *ab* 的距离至 MPC_1，达到一个有效率的产出水平均衡。

（二）政策实践

目前，产品税在众多国家得到了广泛的应用。美国、法国、挪威、澳大利亚等国家实行了对旧轮胎按只课税的制度，以促进使用翻新轮胎，节约原料。为了鼓励生产轻型容器，促进容器的重复使用，早在 1974 年挪威就开始对饮料容器征税，所有不能回收的饮料容器必须负担 30%的税收，饮料容器重复使用的次数越多，负担的税收也就越少。瑞典从 1984 年开始征收该税，对化肥每千克氮征收 0.6 克朗，每千克磷征收 12 克朗，使售价平均上升 35%，税金主要用于环境研究、农业咨询和治理土壤盐碱化等。此外，奥地利、比利时、芬兰等国家也相继开征了化肥税。意大利对生产不可降解的塑料包装袋征收 100 里拉的环境税，大概相当于塑料包装袋生产成本的 5 倍，从而大大控制了塑料袋的消费量，减轻了其对环境的损害。美国制定较高的税金标准使对大气臭氧层有破坏作用的氟氯烃变得很昂贵，因此氟氯烃在美国目前很少有人使用。

专栏 5-1 意大利的塑料袋税

意大利实行《塑料袋课税法》，该法规定商店每售一个价值 50 里拉的塑料袋要缴 100 里拉的税，售价与税的比例为 1∶2。自 1998 年实施这项税收政策以来，意大利塑料袋的消费立即下降了 20%～30%；而在 1983—1988 年，塑料袋的使用量增加了 37%。此外，意大利还规定对于“可被生物降解”的塑料袋免征此税。从这项塑料袋税的实施效果来看，产品税使得消费者注意节约使用塑料袋，并刺激了生产者研究和开发可被生物降解的塑料袋制品，显示出了此项税收政策明显的刺激效果。

“塑料袋税”成功的因素，关键在于意大利政府将税额定价为塑料袋本身价格的两倍。通过对产品税效应的模型分析可知，产品税充分发挥作用的前提是充分掌握私人成本和社会成本信息，从而确立合理的税额。但在现实中由于确立产品所造成的边际外部成本相当困难，政府管理部门很难有效地确定合适的产品税额，从而无法充分发挥产品税应有的作用。意大利的“塑料袋税”案例中，税额的确立采用的是高价方式，即将税额定为塑料袋市场售价的两倍。这提示我们，既然税额的确定往往受到相关信息的限定，那么，税额制定者可以根据有限的信息从高制定所征收的税款，考虑到随着经济的发展和人民生活质量的提高，人们对于良好生态环境的重视程度越来越高，较高的税额应当是可以接受的。

资料来源：OECD，环境管理中的经济手段。

（三）应用评价

产品税通过提高污染性材料或产品成本的方式，激励生产者和消费者使用环保产品或原材料来代替非环保产品和材料，以达到减少污染的目的。产品税通过提高污染性产品生命周期中的每一个环节的环保成本来控制污染，因此，产品税可以应用到产品生命周期的任何一个阶段，即便是投入阶段产生污染也可以征收这种税。

从对图 5-1 的理论分析可知，产品税能够将生产者的产品产量降低至效率产出水平，但在实际运用中这一手段却难以应用。究其原因在于：首先决策者难以确定效率产出水平 Q_e 所对应的 MEC，进而无法明确产品税费的标准；其次上述模型假定减少产量以削减污染——这是一种不现实的限制措施。为了解决上述问题，决策者往往将污染收费以排污收费的形式加以实施，而这一手段被世界各国广泛采用。

二、排污收费

排污收费是指国家以筹集治理污染资金为目的，按照污染物的种类、数量和浓度，依据法定的征收标准，对向环境排放污染物或者超过法定排放标准排放污染物的排污者征收费用的制度。排污收费的实施，使得污染者再也不能无视污染给社会所带来的影响。排污收费迫使污染者面对环境损害，并为环境损害付费，进而将环境损害作为生产成本的一部分。面对这一附加的成本，污染者或通过支付排污费的形式维持在目前的污染排放水平上，或通过投资污染减排技术，减少污染物排放从而减少付费。根据市场激励机制，污染者会选择成本最低的方案。

（一）模型分析与评价

1. 单个污染者排污收费模型分析与评价

假设政府把排污削减标准设在一个“可接受水平”（A_c），污染者面对这一削减标准有两种策略：一是污染者对现有排污削减水平（A_0）与可接受水平（A_c）之间的差额部分支付固定的单位污染费 t，则支付总费用$=t$（A_c-A_0）；二是污染者选择支付排污削减成本。需要说明的是，企业可以采用上述的一种策略，或两种策略都采用。图 5-2 给出了单个污染者策略选择模型。

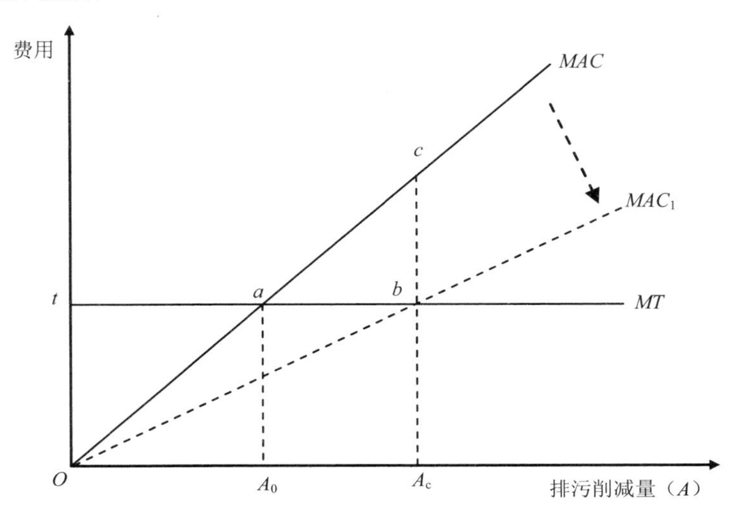

图 5-2　单个污染者排污费模型

因模型采用的是固定的单位污染费 t，边际税收（MT）曲线是一条平行于横坐标的直线，距离横坐标的距离为 t，排污削减的边际成本用边际排污削减成本（MAC）曲线表示。在每一单位的排污削减水平 A 上，追求成本最小化的生产者通过比较 MT 和 MAC，选择成本较小的一个。通过模型可知，污染者将排污量削减到 A_0，因在削减到 A_0 前，MAC 小于 MT；假设没有固定成本，MAC 以下区域的面积 OaA_0 就是排污削减的总成本，很明显这一成本（面积 OaA_0）要小于 A_0 左边的排污费（面积 $OtaA_0$）。同理，在 A_0 至 A_c 之间支付的排污费为 A_0abA_c，要小于采用排污削减技术所付出的成本（面积 A_0acA_c），故污染者会选择缴纳排污费。总之，污染者执行排污削减政策所付出的总成本为区域 $OabA_c$ 的面积。

从上面分析可以得出，排污收费激发了污染者的原始经济动机。在任何点上，静态激励促使污染者根据现有技术在各种可能的选择中作出决定，以确保自身利益最大化。污染者在缴纳排污费和排污削减之间寻求成本最低的策略，其结果是运用最少的资源将外部性内部化。动态激励则促使污染者改进排污削减技术，更高效的削减技术有助于帮助污染者以更低的成本实现污染削减。较低的排污削减成本甚至可以使污染者不用再支付排污费。从图 5-2 可知，技术进步将使 MAC 向下偏转至 MAC_1，在此种情况下，如果污染者仍面临同样的排污削减政策，排污标准依然是 A_c，污染者就会一直将污染物削减至 A_c，削减的总成本为 ObA_c，且此时并不需要支付排污费。相较于技术进步前的 $OabA_c$，节约了 Oab 的成本。

2．多个污染者排污收费模型分析与评价

对于排污收费对多个污染者的效应，本节通过两个污染者模型加以分析。假设有两个污染者：污染者 1 和污染者 2，两个污染者的成本函数如下：

污染者 1 的边际排污削减成本（MAC_1）$=2.5A_1$

污染者 1 的排污削减总成本（TAC_1）$= 1.25（A_1)^2$

污染者 2 的边际排污削减成本（MAC_2）$= 0.625A_2$

污染者 2 的排污削减总成本（TAC_2）$= 0.312\,5（A_2)^2$

公式中，A_1 为污染者 1 的污染物削减量，A_2 为污染者 2 的污染物削减量。政府对两个污染者所征收的单位污染费均为 t，则排污费总额$=t（A_c-A_0)$；假设 $t=5$，$A_c=10$，则每个污染者支付的排污费$=5（10-A_0)$，见图 5-3。面对 5 个单位的排污费，比较污染者 1 的边际税收成本（MT）与边际排污削减成本（MAC_1），如果 $MAC_1<MT$，则选择排污削减；若 $MAC_1>MT$，则污染者 1 会选择缴纳排污费。因此污染者 1 选择排污削减直至 $MAC_1=MT$，即 $A_1=2$，而剩余的 8 个单位的减排量，污染者 1 会选择交纳排污费。对于污染者 2 也适用同样的分析过程。基于上述模型分析，可得到：

污染者 1　　排污削减直至 $MAC_1= MT$，即 $2.5A_1= 5$，$A_1 = 2$；

排污削减总成本 $TAC_1 = 1.25（2)^2= 5$

支付的排污费总额 $= 5（10-2）= 40$

污染者 2　　排污削减直至 $MAC_2= MT$，即 $0.625A_2= 5$，$A_2 = 8$；

排污削减总成本 $TAC_2 = 0.312\,5（8)^2= 20$

支付的排污费总额 $= 5（10-8）= 10$

两个污染者总计　　排污削减总水平 $= 10 = A_c$

排污削减总成本 $= 5+ 20 = 25$

支付的排污费总额 $= 40 +10 = 50$

由模型可得到，大部分排污削减量是由低成本排污削减者完成，即污染者 2。而高成本的污染者 1 尽管排污削减量少，但相应地支付了更高的排污费。由此可见，排污收费激发了污染者追求成本最小化的原始动机。其结果是低成本排污削减者削减了大部分的污染物，而高成本排污削减者为其产生的更多污染物所带来的环境损害支付了更多的排污费。因此，对于整个社会受益而言，谁削减排污量并不重要，重要的在于排污削减的成本。在本模型分析中，污染者 2 承担了大部分的污染物削减责任，促使他这样做的动力并非社会目标的激励，而是自身利益的驱使。此外，排污费的收取，可以帮助政府支付执行和监督成本。

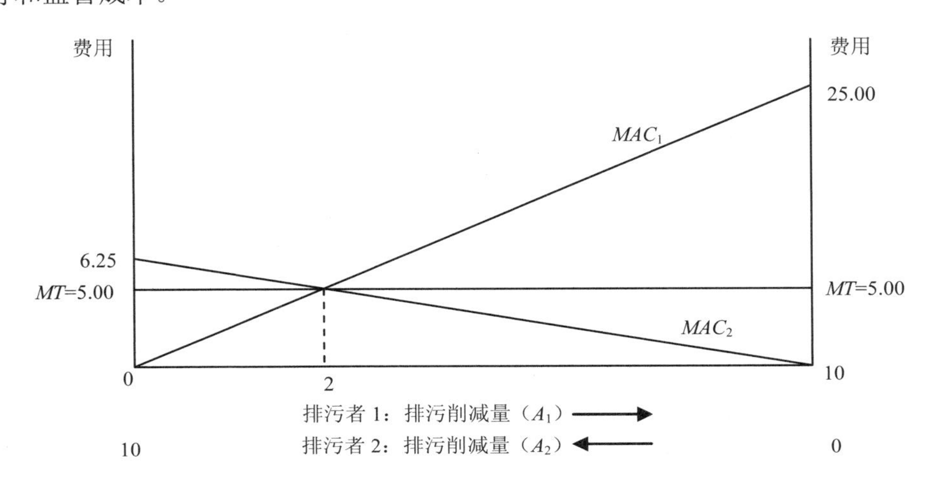

图 5-3　两个污染者排污费模型

（二）政策实践

尽管排污收费存在一些问题，但因其自身的优势仍是值得提倡和强调的。从全世界范围来看，排污收费是最为常用的环境经济手段，并取得了很好的效果。表 5-2 列出了部分国家征收排污费的情况。

表 5-2　部分国家征收排污费情况

征收目标	国家	起始年份	征收对象	收费范围
水污染	德国	1904	公司、居民	全国
	日本	1940	公司、居民	大阪市
	法国	1969	公司、居民	全国
	荷兰	1972	公司、居民	全国
	英国	1974	公司、居民	全国
	意大利	1976	公司	全国
	美国	1978	公司、居民	威斯康星州
大气污染	波兰	1967	企业	全国
	挪威	1971	石油消费者	全国
	荷兰	1972	化石燃料	全国

征收目标	国家	起始年份	征收对象	收费范围
大气污染	德国	1973	企业	全国
	日本	1973	企业	全国
	法国	1985	企业、汽车	全国
固体废物	日本	1973	公司	全国
	比利时	1981	废弃物处理公司	全国
	美国	1983	废弃物经营者	多于 20 个州
	荷兰	1987	农场	全国
	丹麦	1987	公司、居民	全国
噪声污染	英国	1975	航空公司	全国
	日本	1975	航空公司	全国
	德国	1976	航空公司	全国
	荷兰	1979	企业、航空公司	
	瑞士	1980	航空公司	全国
	美国	不详	航空公司	全国

资料来源：国家环境保护局，排污收费制度。

从表 5-2 可以看出，排污收费政策在世界众多国家得到了广泛的应用，排污费征收的目标涵盖了大气污染物、水污染物、固体废物以及噪声污染等多个目标；征收对象也十分广泛，既包括公司企业，又包括居民消费者；征收的范围也覆盖了全国。排污费的征收一方面为这些国家募集了资金用于环境治理和修复；另一方面也激励了污染物的削减，促进企业改进工艺、引进先进设备、降低污染物的排放量。应当说排污费的征收在众多国家的实施是取得了显著效果的。

专栏 5-2 荷兰利用排污费控制水污染

荷兰在运用排污费政策控制水污染方面取得了显著的成绩，是值得借鉴的案例。20 世纪 60 年代，荷兰河流水域中的有机污染物浓度非常高，大量生物死亡，许多河流已变成“死河”；荷兰的工业企业和居民家庭的污水排放总量高达 4 000 万人口当量（表示为 PE，即在一个荷兰家庭中，平均每人每年向下水道及河流中排放的有机污染物）；同时，工业企业的重金属污染物排放量也到了很高的水平。20 世纪 70 年代初，荷兰政府颁布了《地表水污染防治法》，禁止没有排污执照的企业或个人向地表水层排放污染物；同时，对排污企业和个人征收排污费。政府根据社会各部门的污染物排放数量收取相应的排污费；其中，对于城市居民家庭、农村居民家庭和小型企业，政府直接假定他们的排污量分别为 3PE、6PE、3PE；同时，借助相关模型估算中等企业的排污量；而对于大型企业则直接监测其的

PE 值。另外，如果中小企业能够证明他们实际的排污量小于官方规定的水平，政府会相应地削减其排污费的缴纳。排污费政策的实施取得了显著的效果，到 1990 年，荷兰河流及下水道中重金属污染物和有机污染物的排放量均削减 50%。其中工业企业对于排污费的反应最为强烈，1969—1990 年，其每年有机污染物的排放量从 3 300 万 PE 下降到 880 万 PE。

资料来源：Barry C. Field，Martha K. Field.Environmental Economics： An Introduction.

（三）应用评价

与管制手段（标准加罚款）相比，在达到相同环境控制目标的前提下，排污费手段具有显著的经济效率优势。首先，其降低了监督实行环境标准的费用。监督实行环境标准，意味着需要运用行政或法律手段直接控制当事人的行为；而征收排污费，则只需运用经济手段改变当事人面临的外部环境。在监督执行环境标准时，政府必须首先确认企业的排污超过了标准，然后才能采取相关的措施加以管制；而在征收排污费时，政府所需要做的就是确定哪些产品的生产或消费会带来环境污染，某个企业的生产规模有多大以及该企业是否安装了环境治理的设备，而不一定强制某一个企业将其污染物排放量具体控制在什么水平。因而，与确立企业污染物排放量是否超标相比，政府征收排污费所需要的交易成本相对较低。从另外一个方面理解，由于征收排污费时政府所需要确立的仅仅是企业的经济活动是否导致污染，从总体上而不是逐个企业地控制环境污染的程度（污染者的生产规模由其自己决定），因而与监督执行环境标准时逐个企业的确认其污染程度相比，排污收费所需要的交易成本是比较低的。其次排污收费有助于污染控制技术的革新。实施统一的环境标准时，政府需要首先确认企业的污染物排放超过了标准，然后才能采取相应的措施，只要企业没有超标，企业就无须缴纳罚款，因而企业也就没有动力不断寻求污染治理设备的研发更新。而征收排污费时，只要政府实施根据企业排污量或生产规模征收的办法，那么即使企业排污没有超过相关的标准，企业也需支付排污费，因而为了降低费用的支出，出于经济利益的考虑，企业会不断寻求成本较低的环境污染治理设备以减少排污费的缴纳，从而促进了污染控制技术的革新。此外，排污费的征收有利于筹措环境治理资金。排污收费的收入可以作为环保的一个资金来源，为环境管理部门和环境公共治理设施提供一部分资金，也可以返还给污染企业作为治理污染的专项基金，从而体现了污染者付费的原则。

排污收费在理论上是理想的，但在实际操作中仍有不小的困难和值得注意的地方。

首先，如何设置标准使得排污费的设定能够促使污染者的排污削减水平达到预期目标，这一过程往往需要花费大量的时间。其次，成本转嫁也是排污收费制度需要认真考虑的问题，面临高额排污费时，污染者往往会通过提高产品价格而将排污费部分转嫁给消费者承担。此外，排污费的顺利实施，需要政府强大的监管作为保障。这是因为污染者为降低成本有时会采用私自偷排污染物的做法，从而减少排污费的缴纳，这就需要政府建立强大的监管网络，最大限度地减少偷排行为的发生。

第四节　补贴政策

补贴是出于预防和治理的需要，对环境管理中的薄弱环节进行资助，其目的在于鼓励污染削减、促进资源与环境保护工作。以补贴对象来进行分类，可以分为三大类，见表 5-3。

表 5-3　补贴分类

分类		补贴对象及领域
补贴	对正外部性的补贴	环境具有较强的公共物品属性，环境保护与生态建设是一种正外部性行为，对于这些带有公共物品属性或具有部分公共物品属性的产品，可以通过政府的补贴来扩大其产品供给或达到保护环境的需要；这类补贴主要分为两种：一种是对环保企业的补贴，另一种是对生态治理或建设的补贴
	对受害者补贴	给予生态环境破坏中的受害者以补偿，符合一般的经济原则和伦理原则，受害者按性质可分为两类：一种是环境破坏过程中的受害者，另一种是环境治理或生态建设中的受害者
	对产生负外部性的补贴	补贴理应针对产生正外部性的活动和受害者，对产生负外部性的活动不应进行补贴。但鉴于污染治理设施建设和有利于环保的技术设备的高资金要求及国家“预防为主”的环境保护原则，我国设置了环境保护补贴资金

资料来源：根据沈满洪（2000）和陈孜佳（2005）资料整理而成。

一、模型分析

由于对受害者补贴和对产生负外部性进行补贴的效应可以参照收费政策的模型加以分析，因此，本节仅对正外部性的补贴进行分析。

环境保护具有明显的公共物品属性，带有强烈的正外部性，因此根据经济学原理，私人企业往往不愿意提供或供给不足。政府往往采用补贴的形式以扩大其供给量，实现市场的均衡。图 5-4 和图 5-5 分别给出了完全竞争和不完全竞争条件下对产生正外部性的生产者进行补贴的模型。二者之间的区别在于，在完全竞争条件之下，生产者的边际收益曲线（*MPB*）与需求曲线是重合的，且为水平；在不完全竞争条件下，生产者的边际收益曲线是向右下方倾斜的，且落在需求曲线的左下方。其中（a）图用以表示市场供求均衡的变化，横坐标代表需求量 Q，纵坐标表示产品价格 P，S 为供给曲线，D 为需求曲线；（b）图表示生产者定产决策的变化，横坐标代表生产者生产产品的产量 q，纵坐标表示生产者的边际收益（*MB*）、边际成本（*MC*）或产品价格（*P*），*MPC* 和 *MSC* 分别为生产者和整个社会的边际成本曲线，*MSB* 为社会边际收益曲线，*MPB* 为生产者的边际收益曲线。

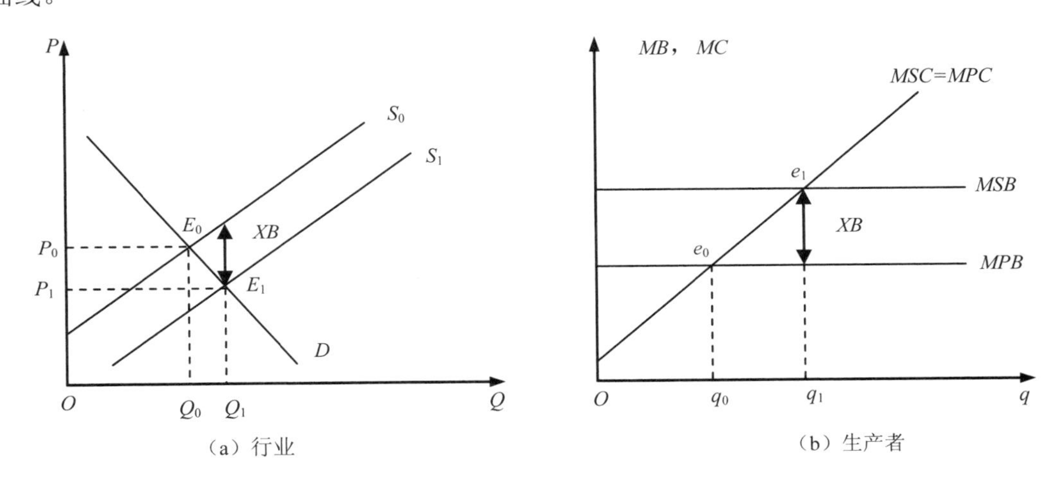

图 5-4　完全竞争条件下的补贴手段模型

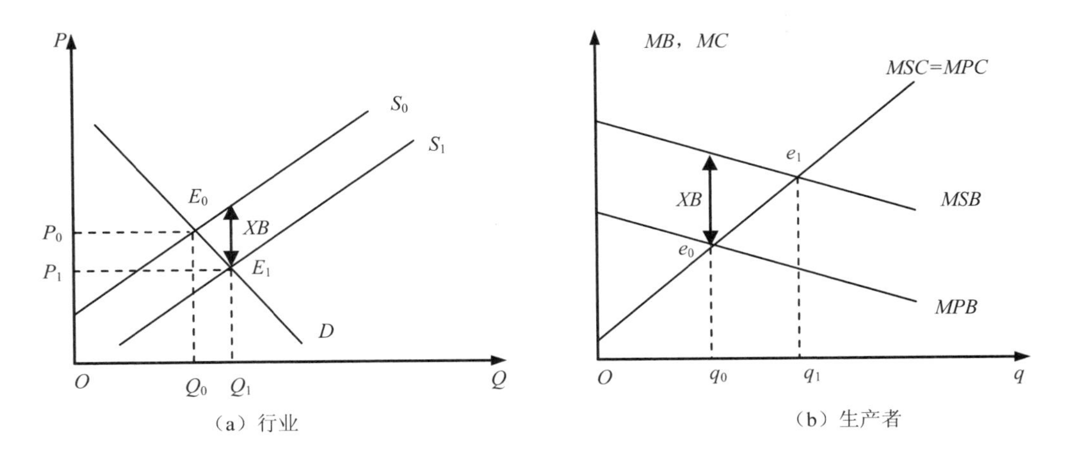

图 5-5　不完全竞争条件下的补贴手段模型

在图 5-4（b）和图 5-5（b）中，由于存在正外部性，追求利益最大化的生产者会按照 $MPB=MPC$ 的原则，将产量定在 q_0 处，而此时社会所需要的产量应是按照 $MSB=MSC$ 原则所确立的 q_1。当政府给生产者以 XB 的补贴后，此时生产者的私人收益就会上移，生产者就会把产量由原来的 q_0 提高到 q_1，这其中（q_1-q_0）就是由政府补贴所带来的增量。

生产者产量的提高使得整个行业（市场）的供给增加，在图 5-4（a）和图 5-5（a）中就表现为供给曲线由 S_0 移向 S_1，均衡价格随之由 P_0 下降到 P_1，均衡数量由 Q_0 扩大到 Q_1。这表明，政府向产生正外部性的生产者提供补贴，刺激了生产者扩大产品供给量，从而使得更多的资源从其他用途转移过来，用以增加此种产品的生产提供。

二、政策实践

环境补贴政策由来已久，世界许多国家有类似的做法。在企业的污染防治设备、技术研究及开发项目上，世界各国大都采用补贴、贴息贷款或优惠贷款等方法。据统计，日本仅 1975 年中央和地方政府给企业提供的修建污染防治设施的财政补贴就高达 14 850 亿日元，此外还为企业技术开发项目提供优惠贷款。美国《清洁水法》规定："凡修建经环保局局长批准的污水处理工程，可从联邦政府得到相当于总投资额的 75%的联邦补助金。"1994 年法国实施了第一个"旧车报废计划"：如果车主购买新车以替代使用时间超过 10 年的旧车，并将旧车报废，就可以获得 5 000 法郎的补贴，这在当时相当于一辆汽车平均成本的 6%，而且汽车经销商和制造商还会给予一定的折扣，该计划于 1995 年 6 月停止；从 1995 年 10 月至 1996 年 9 月法国实施了第二个"旧车报废计划"，每辆报废车的车主可以获得 7 000 法郎的补贴，同时最低汽车使用年限也降为 8 年。在这个计划实施的期间，政府共回收处理了 156 万辆废旧汽车，有效地促进了汽车的报废和安全处置。同样，挪威也于 1996 年实施了旧车报废计划：如果旧车车主将使用年限超过 10 年的车辆交由正规处置单位报废，则其可以获得 5 000 挪威克朗的奖金。相对于车辆的"自然"年报废率，该计划的实施能够额外产生 15 万辆的报废汽车。英国为鼓励公众使用可再生能源，出台鼓励政策补贴采用风能或太阳能等清洁发电方式的家庭或公司。以一台 9 m 高家用风力涡轮发电机为例，其每发 1 kW·h 电便可以获得 9 便士的补贴；若采用太阳能电池板发电同样可以获得补贴。而这些补贴的资金主要来源于英国使用常规电能用户的电费，据测算补贴的费用每年大约为 8.7 亿英镑。

补贴手段在我国也得到了相当程度的应用，应用的范围涵盖了污染治理、资源再利用、技术推广、物资回收等众多领域。例如，上海市规定对节能标准在 65%的既有建筑、公共建筑、可再生资源再利用，给予适当的资金补贴。湖南省的常德市为推进农业生产清洁化、农村废弃物利用资源化，实现农业的可持续发展，建立了一套循环农业的补贴办法。首先，对畜禽粪便无害化处理补贴办法：建一个沼气池补贴 800 元，建一个封闭式化粪池补贴 400 元；其次对农村生活污水处理、农户改厕、农业资源保护、退耕还林、改水、农机购置等均建立了一系列补偿机制，取得了显著的成效。台湾地区采用补贴手段促进废旧家电正规回收处理工作，取得了很好的效果。台湾地区为此专门成立了“资源回收管理基金管理委员会”，在充分考虑应回收废弃物的目标回收处理量、回收贮存清除处理成本、回收奖励金数额、资源再生利用程度、再生材料的市场价值及稽核认证成本、资源回收管理基金财务状况等相关因素的基础上，详细制定了废旧家电回收处理补贴的对象、补贴费率、补贴发放方式，从而有效地促进了废旧家电的回收再利用。

专栏 5-3　台湾地区废旧家电补贴制度

台湾地区的废旧家电回收处理补贴主要是支付给取得受补贴资格的回收处理工厂。补贴主要分为两类：一是提供给处理工厂的资源化处理补贴费；二是处理工厂提供给回收商的废弃物回收清除补贴费。表 5-4 列出了 2005 年台湾废旧家电回收处理费率及补贴费率。

表 5-4　2005 年台湾地区废旧家电回收处理费率及补贴费率　　单位：（新台币）元/台

项目		收费	补贴费		
			合计	回收补贴费	处理补贴费
电视机	25 寸以上	371	379.5	127.5	252．0
	25 寸以下	247	379.5	127.5	252.0
电冰箱	250 L 以上	606	635.5	302.5	333
	250 L 以下	404	635.5	302.5	333
洗衣机		317	346.5	175	171.5
空调		248	410.5	302.5	108

从表中可以看出，从事废旧家电的企业其处置成本要低于“资源回收管理基金管理委员会”给予其的补贴金额，因此，相关企业从事回收处理废旧家电是有利可图的，充分发挥了补贴的经济激励作用。因此台湾地区的废旧家电回收处理自 1998 年实施以来取得了很好的效果：电视机的正规回收处理率从 20.3%（1998 年）上升至 40%（2004 年），电冰箱由 27.1%（1998 年）上升至 52.3%（2004 年），洗衣机由 26.4%（1998 年）上升至 46.2%

（2004 年），空调由 1.2%（1998 年）上升至 18.5%（2004 年）。由此看来，充分了解补贴对象相关成本，合理确定补贴额度，是发挥补贴作用的重要前提。

资料来源：中国台湾地区电子废物回收再利用的法律要求及实施情况。

三、应用评价

目前补贴常采用的形式为拨款、低息贷款和税收贴息等。补贴的优势在于首先对产生正外部性的单位和活动的扶持作用，特别是像环保产业这种发展动力不是很足的行业，补贴有利于增强环保企业的竞争能力，扩大产业的示范性影响。同时对于环境保护这种费用高昂、收益周期长的事业，国家政策倾斜以及资金扶持是必须也是必要的。其次政府通过补贴的形式对受害者进行补偿，在一定程度上帮助、安抚了受害者，有助于推动环保事业发展。

但补贴也存在一些缺陷和不足。首先，补贴手段并不能保证生产者减少排污量，可能会导致污染总量的增加。其次，补贴额度的确立，使生产者的 $MPB=MSB$ 是相当困难的，这往往需要花费大量的时间和进行多次的验证。再次对于受害者的补贴可能会导致受害者削弱甚至放弃采用防止污染措施的动力，而且，受害者可能还会产生过量的“受害者接受行为”，进一步导致其他经济的无效率。这是完全与保护受害者、保护环境的目的相背离的。

第五节　押金-退款制度

押金-退款制度是在具有潜在污染可能性的产品的价格之上预先征收一个附加费（押金），当这些产品或产品残留物返还到收集系统中从而使污染得以避免时，该附加费将被退还，借此来刺激此类产品的使用者不随意将脱离使用的污染产品或残留物流散到环境中去，从而达到环境保护的目的。押金-退款制度一般具有两个目的：一是处置具有潜在危害的产品废弃物，不适当地处置产品废弃物会产生更高的社会成本，而押金-退款制度能将其产生的负外部性内部化；二是部分废弃物可以循环利用，节约原材料，降低成本。从经济学的角度看，押金-退款制度是有效率的，这点可以从以下的模型分析中得出。

一、模型分析

以废旧家电回收处理为例，图 5-6 列出了押金-退款制度的效应模型。横坐标从左至右为未得到正规回收处理废旧家电占总废旧家电的百分率，从右至左则为得到正规回收处理的废旧家电占总数的百分率，二者之和为 100%，即若 25%的废旧家电未得到正规回收处理，就有 75%的废旧家电得到了正规处理。

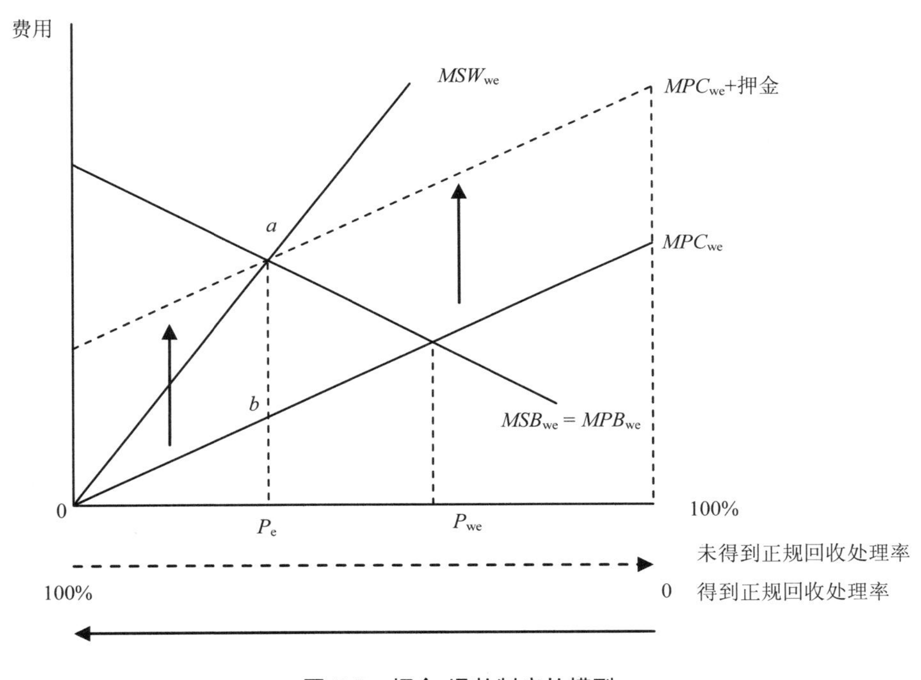

图 5-6 押金-退款制度的模型

图中，MPC_{we} 代表处置废旧家电所消耗的费用，这包括收集、非法处理废旧家电以及对于其中有用物资不当处置的成本。MSW_{we} 等于 MPC_{we} 加上 MEC_{we}（MEC_{we} 为环境损害产生的边际外部成本，即 MSW_{we} 与 MPC_{we} 之间的垂直距离）。MPB_{we} 表示对废旧家电不当处置的需求，这主要是源于不当处置能够节省相应的成本，例如将废旧家电正规手机已寄送至正规的治理中心往往需要付出较多的时间和费用。假设不考虑外部收益，则有 MPB_{we} 等于 MSB_{we}。当未对废旧家电进行环境监管时，均衡点 P_{we} 是 MPC_{we} 与 MSB_{we} 的交点；而此时真正效率均衡点则为 P_e（MSW_{we} 与 MSB_{we} 的交点）。从图中可以得到，P_e 小于 P_{we}，这表明当存在负外部性时，废旧家电处置的参与者并未考虑其行为的全部影响，从而致使过多的废旧家电得不到正规的回收处理。

为了纠正这种负外部性，假定废旧家电的押金定为 P_e 时的 MEC_{we}，也就是图中 ab 两点之间的距离。结果押金成功地将 MPC_{we} 向上垂直提升了 ab 的距离，从而使得废旧家电处置的参与者达到了新的均衡 P_e。因此，废旧家电未得到正规回收处理率减少了 P_{we}–P_e 的距离。从模型分析来看，押金发挥的作用和排污收费是一样的，但押金-退款制度能够事先阻止污染行为或不当处置行为的发生，这是因为押金-退款制度给了潜在污染者已明确的经济信号，只有采取正当的处置措施，他们才能收回押金，否则他们将付出额外的成本。而对于管理部门来说，可以通过灵活调整押金和退款的额度来增强这一制度的激励作用。

二、政策实践

押金-退款制度在经济发达国家得到了广泛的应用。美国、德国、瑞典、挪威、荷兰、奥地利、比利时、加拿大、澳大利亚等国家都实施了押金-退款制度。在德国，2003 年 1 月起开始强制实行饮料容器押金制度。顾客在购买不可回收利用包装容器的矿泉水、啤酒、可乐和汽水时，均要支付相应的押金，1.5 L 以上的押金为 0.5 欧元，1.5 L 以下的押金为 0.25 欧元。顾客在退还空容器时，可获得相应押金返还；自 2005 年 5 月 28 日起，德国进一步对矿泉水、啤酒和碳酸饮料的非生态有益的一次性饮料包装征收押金；自 2006 年 5 月 1 日起，德国将押金制度扩展适用到一切对生态不友好的一次性饮料包装，而生态友好的一次性饮料包装，如纸盒和聚乙烯包装袋等则免予征收。在美国，有 11 个州对铅酸电池实施了强制性的押金-退款制度。消费者用旧电池换取新电池可以得到一定折扣；这一制度取得了很大的成效，1988 年以来，铅酸电池中铅的总体回收率超过了 88%。此外，希腊、挪威、瑞典等国家将押金-退款政策应用于废旧汽车回收报废，使得其返还率达到 80%～90%；澳大利亚、加拿大、葡萄牙、瑞典、美国等国家则在啤酒罐、软饮料罐等饮料容器回收中应用押金-退款政策，使得容器的返还率达到 50%～80%。

对于押金-退款制度比较著名的应用案例是美国鼓励对饮料包装的正确处置，即著名的《瓶装法》。在美国有 10 个州通过立法，要求为啤酒和饮料包装设立押金-退款制度，其中押金从每个包装 2.5 美分到 15 美分不等。

专栏 5-4 美国《瓶装法》

美国《瓶装法》的押金-退款制度实施的主要过程阶段：

（1）零售商为每一个饮料包装向包装生产商或批发商提供押金。如果是软饮料，零售商将押金交给包装生产商；若是啤酒，则将押金交给批发商。

（2）消费者缴纳相同的押金给零售商，该押金是产品购买价格的组成部分。

（3）消费者将用过的包装返还给零售商，零售商将最初缴纳的押金退还给消费者。

（4）零售商返还空包装时，向生产商或批发商索要押金。另外，包装生产商和批发商向零售商支付每个包装的处理费，以弥补零售商收集和返还过程中所发生的费用。

从上述四个阶段看，包装容器的正规回收处置可以自动实施。这是因为，一旦押金-退款制度建立以后，市场就能发挥其作用，消费者和零售商在内在的经济激励的刺激下会主动返还容器，以便取回押金。

这项制度的实施取得了明显的效果。调查发现，实施该项政策后乱丢容器的现象比实施前下降了69%～84%，乱扔垃圾的总现象则降低了30%~65%，容器押金-退款政策有效地减少了乱扔垃圾的行为。此外，相关州表示此项政策手段的实施，还为州政府实施有用物资回收处置提供了一部分的资金支持，创造了不少的就业机会。由于这项政策本身的激励作用，得到了广大民众的普遍支持，进而有助于政府开展其他物资的回收活动。

资料来源：Bottle Bill Resource Guide；Scott J. Callan，Janet M. Thomas. Environment Economics and Management：Theory，Policy and Application，4th ed（影印本）。

我国也有个别地方在探索或尝试押金-退款制度，但只是局部性的，例如上海市实施的对一次性塑料餐盒（白色污染）的管理制度，该制度要求在上海市场销售塑料餐盒的企业，应按其销售量向主管机构交纳定额的餐盒回收费，否则将不能取得准销标志而不被市场准入，收集的餐盒回收费，一部分用于支付回收餐盒的企业，以使其用于形成一个餐盒回收市场，使社会回收者参与回收以获利；另一部分则偿还给利用回收餐盒作生产原料的生产企业，以鼓励其回收行为。这一管理体系实质是生产者替代消费者承担了押金-退款责任，当然这里的返还还不是完整的，有一部分实际上是用于支付回收交易成本。另外，台湾地区在应用抵押-退款政策方面取得了较大成功，建立了一套回收利用聚对苯二甲酸乙二酯塑料瓶的押金-退款制度。

三、应用评价

押金-退款制度不仅应用于饮料容器的回收，还广泛应用于废旧电池（丹麦、美国）、废旧汽车（挪威、瑞典）等回收方面，同样取得了成功。通过上述分析，可以进一步验证押金-退款制度可以激励有利于环境保护的行为发生的分析。同样，从目前国内外已有的押金-退款制度实践来看，其实施是有一定的使用范围的，政策实施对象通常是固体废物，这便于消费者退回获得押金；而且其具有潜在污染性或可回收利用；再就是使用后的产品废弃物不具有或只具有较少的经济价值，适当的押金就能起到激励返还的作用；还有值得注意的是，产品的使用是分散的，其废弃物一旦丢弃后不易收集。尽管这样看来，押金-退款制度的实施范围相对较小，但是它针对的是社会边际成本较高或者循环利用收益较高的垃圾（电池、废旧家电、废旧汽车等），因此，实施押金-退款制度的社会收益会相对较高。

押金-退款制度的价值在于，可以激励有利于环境保护的行为发生，同时由于这项手段一旦建立起来后，并不需要太多的监管便可自行运转，因此对于管理部门而言无须花费过多的监管成本。押金-退款制度的另一个优势在于可以鼓励市场参与者更有效地利用原材料。对生产者征收原材料押金，可以促进生产者在生产过程中更为有效地使用资源，同时退款又可激励生产者对废弃物进行合理的处置或回收再利用。此外，其还具有刺激安全废弃物市场出现的作用，而且在押金收取额度、征收对象等方面具有政策调整的灵活性。因此，从监管的角度来看，押金-退款制度是具有较好效率的。

尽管押金-退款制度是一种比较理想、有效的环境经济手段，但在其实施时仍需注意以下几个方面。首先，押金占产品价格的比率要适当。比率过大，会对相关产品的消费和有效供给产生不利的影响；比率过小，又难以形成足够的刺激作用。另外，比率与消费者的回收偏好有关，如果消费者对回收的偏好很弱，这个比率就需要相应地提高，以鼓励人们更多地回收或再利用。其次，押金-退款制度的实施应与现有的产品销售和分送系统结合起来，从而可以进一步降低收还押金的管理成本。而且，押金-退款制度要求其实施的管理费用不宜过高，否则将影响有关主体执行政策的积极性。最后，押金-退款制度应与法规制度环境和相关方的环境意识相协调，避免制度制定过于超前，否则难以推行。

第六节 排污许可交易制度

排污权交易的想法最早是由戴尔斯（Dalase）1968 年在《污染、财富和价格》一书中提出的，它的基本思想是把排放废物的权利像股票一样出卖给最高的投标者。从 20 世纪 70 年代开始，美国国家环保局尝试将排污权交易用于大气污染源和水污染源管理。随后德国、澳大利亚、英国、日本等国家相继进行了排污权交易的实践。我国的排污权交易制度的酝酿工作可以追溯到 1988 年开始试点的排污许可证制度，此后在大气污染控制等方面取得了一定的效果。

排污许可交易（排污权交易、环境使用权交易）是指由管制当局制定特定区域的排污量上限，按此上限发放污染物排放许可，且该许可可以在市场上交易的环境管理手段。

排污许可交易的主要思想是建立合法的污染物排放权利即排污许可，并允许这种权利可以像商品那样进行买卖，以此来实现对污染物排放的控制。

排污许可交易的一般做法是首先由政府管理部门确定出一定区域环境质量目标，并据此评估该地区的环境容量，进而推算出污染物的最大允许排放量，并将这一最大允许排放量分割成若干规定的排放量（即排污许可），然后将这些排污许可以不同的方式如拍卖、定价出售或无偿分配等进行配发，并通过建立排污许可交易市场使这种许可可以合法地进行买卖。在市场中，排污者会从自身利益出发，自主决定其污染治理程度，从而卖出或买入排污许可。

一、模型分析

对于排污许可交易的微观实施机理和宏观效应可以通过模型加以分析。

（一）微观机理

图 5-7 表征的是排污许可交易的微观机理。其中横坐标代表污染物排放削减量，纵坐标则表示治理污染的成本或价格，图中距离 ac 与距离 bc 之和等于距离 cd。假设整个区域只有甲、乙、丙三家生产者排放某种污染物，交易只能在这三家之间进行；这三家削减污染的边际治理成本分别为 MAC_1、MAC_2 和 MAC_3；而且假设根据环境质量的要求，该区域要求削减的污染量为 $3Q$，政府按照等量的原则就是按照排污许可初始分配给这三

家生产者，即三家生产者所持有的排污许可均比他们目前的污染物排放量减少了 Q。通过图 5-7，可以分析有关排污许可实施的机理和条件。

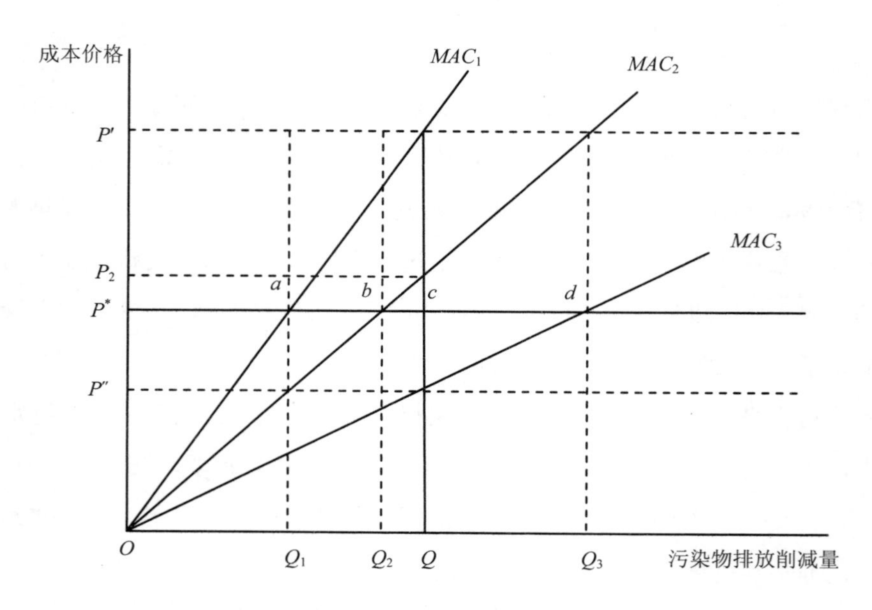

图 5-7　排污许可交易的微观实施机理

情景 1：如果排污许可的市场价格为 P'，由于 P' 高于生产者乙、丙两家生产者在将污染物排放量削减 Q 数量时的边际治理成本（分别为 P_2 和 P''），因此乙、丙两家都愿意多治理、少排污，从而能够出售少量的排污许可。但由于此时 P' 为甲生产者削减 Q 污染量的边际治理成本，则对于甲生产者而言，既然现有的排污许可只要求它削减 Q 的污染物量，而削减这一数量污染的边际治理成本又等于 P'，甲生产者没有必要也没有动力去购买多的排污许可，整个市场只有卖家，没有买家，因此排污许可无法交易。

情景 2：如果排污许可的市场价格为 P''，这一价格低于甲、乙两家生产者削减 Q 污染物数量的边际治理成本，出于利益最大化的考虑，此时甲、乙两家都愿意购买一定数量的排污许可。而价格 P'' 恰为丙生产者削减 Q 污染物数量的边际治理成本，因此对于丙而言，进一步削减污染物排放量的成本要高于其出售排污许可的价格（P''），追求利益最大化的生产者因此也不会出售排污许可。交易市场只有买家，没有卖家，也无法运转。

情景 3：如果排污许可的市场价格为 P^*，这一价格低于甲、乙两家生产者的边际治理成本，因此甲、乙两家通过购买 ac、bc 距离数量的排污许可从而使自己的污染物排放

削减量由 Q 减少到 Q_1、Q_2，是有利可图的。而对于丙生产者，由于 P^*等于其将污染物排放量削减至 Q_3 的边际治理成本，因此其可以出售 cd 距离数量的排污许可，根据距离 $ac+bc=cd$ 的前提条件，排污许可供求平衡，排污许可交易得以实现。

其他情景，若排污许可的市场价格位于 P''、P^*或 P^*、P'之间的话，此时排污许可买卖双方都存在，市场的排污许可供给量与需求量不一致，市场价格就会调整至 P^*，从而使得供需得以平衡。

通过上述分析，可以较为清晰地了解到排污许可交易实施的微观机理，同时也得到这样一条重要的结论，即只有在所有污染源的边际治理成本都相等的情况下，减少指定排污量的社会总费用才会最小。

（二）宏观效应

排污许可交易制度所产生的宏观效应见图 5-8，其中横坐标为污染物排放量，纵坐标表示成本或价格。S 和 D 表示排污许可的供给和需求曲线，MAC 和 MEC 分别为边际治理成本和边际外部成本。

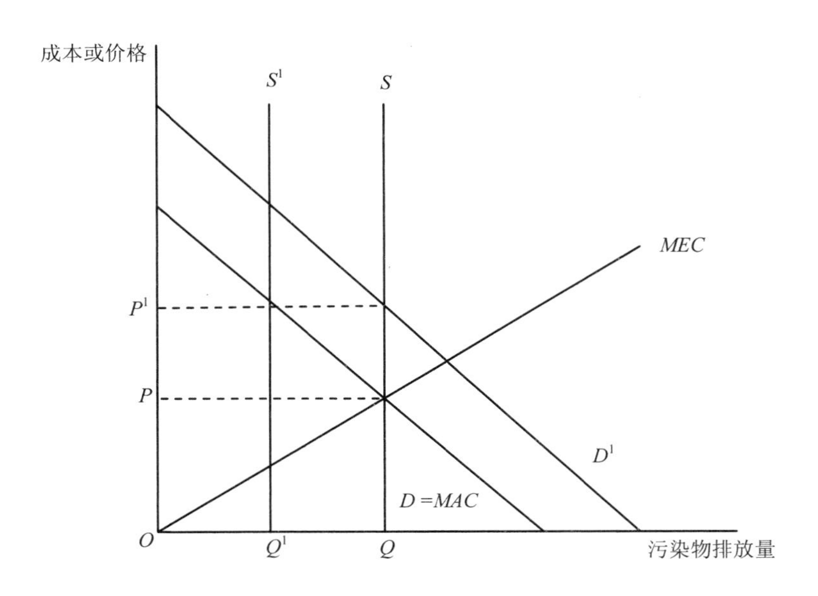

图 5-8　排污许可交易宏观效应

考虑到政府发放排污许可的根本目的在于改善环境，而并非盈利，因此其供给曲线 S 是一条垂直于横坐标的直线，这代表排污许可的发放数量不会因为价格的改变而发生变化。考虑到污染者对于排污许可的需求取决于其滋生的边际治理成本，因此图中将边际治理成本曲线 *MAC* 作为需求曲线 *D*。

市场的调节作用将使排污许可的总供求在市场主体发生变化时重新达到平衡。生产者的破产，使得排污许可市场的需求降低，需求曲线向左移，市场价格下降，其他污染者将多购入排污许可，而少削减污染物的排放，在保证污染物排放总量不变的情况下，尽量减少过度治理，节省了控制环境质量的费用。当新生产者加入，将导致排污许可市场需求的增加，需求曲线由 D 提升至 D^1，总的供给曲线不变，因而导致排污许可的交易价格上升至 P^1。若新的生产者的经济效益高，边际治理成本又较低，则其只需购买少量的排污许可就使其生产规模达到合理水平并盈利，此时该生产者就会以 P^1 的价格购买排污许可，而那些出于自身利益考虑觉得排污许可价格过高的生产者则不会购买。这一过程从而实现了对资源的优化配置。

二、政策实践

1990 年美国推出的酸雨计划及二氧化硫排污权交易政策既是最早的一次大规模的排污权交易行动，又是迄今为止尝试过的最广泛的排污权交易实践。酸雨计划的主要目标之一就是：到 2010 年，美国的 SO_2 年排放量将比 1980 年的排放量减少 1 000 万 t。该计划明确规定，通过在电力行业实施 SO_2 排放总量控制和交易政策来实现这一目标。美国的 SO_2 排污许可交易政策以一年为周期，通过确定参加单位、初始分配许可、许可交易和许可证审核四部分工作来实现污染控制的管理目标。

（一）确定参加单位

确定参加排污交易政策的单位主要有两类：一是《清洁空气法》修正案在酸雨计划中列出的法定参加者，二是选择加入计划批准的自愿参加者。选择加入计划可以使更多的排放源在自愿的基础上被纳入排污权交易体系中。由于选择加入的排污单位的削减成本肯定低于交易体系的平均成本，否则它们不会自愿加入，所以它们的加入有利于降低整个体系内的平均削减成本。

（二）初始分配许可

在美国的排污交易的实施过程中，排污许可证的初始分配有三种形式——无偿分配、拍卖和奖励。考虑到企业的承受能力和排污交易制度的执行，初始排污许可证的发放以无偿分配为主。同时考虑到排污许可证对于排污削减计划的经济效益及发电能力的进一步扩大都起着至关重要的作用，美国的《清洁空气法》修正案在酸雨计划中特别授权美国国家环保局负责对排污总量指标中的小部分进行拍卖，通过拍卖不仅可以保证新建的排放总量不至于增加，还可以提供排污许可证的市场参考价格，反映治理的社会平均成本信息，对于整个削减计划的进一步完善有很大的指导意义。为了实现拍卖，美国国家环保局从每年的初始分配总量中专门保留了部分许可证作为特别储备，大约为分配总量的 2.8%。拍卖许可证的另一个来源为私人及环保组织的持有者提供的排污权。

许可证被赋予了市场价值之后，排污单位就有了减少排污、保存许可证的动力，从而提高了主动治污的积极性。在美国的排污交易体系中，还设立了两个专门的许可证储备，用于奖励企业的某些减排行为。能源保护和可更新能源奖励储备是其中之一，有 30 万份许可证用于奖励企业能源效率提高或使用可更新能源的措施。

（三）许可交易

这是整个计划中的核心环节。通过交易，污染源可将其持有的许可证重新分配，实际上是重新分配了 SO_2 的削减责任，从而使削减成本低的污染源持有较少的许可证，实现 SO_2 总量控制下的总费用最小。交易的主体分为达标者、投资者和环保主义者 3 类，交易的类型分为内部交易和外部交易。前者用于审核达标者的许可证是否符合排污源的排放量，后者为所有交易主体建立并用于许可证的转移。

（四）许可证审核

对于整个排污权交易来讲，排污许可证的审核是重要的基础性环节。为了保证许可证和排放量的对应关系，环保局对参加交易体系的单位每年进行一次排污许可证的审核和调整，检查各排污单位的账户中是否有足够的许可证用于其排放。审核的方法主要是从企业账户中扣除当年应扣的许可证，然后检查其账户是否有余额，若不足，则实行惩罚，若有剩余，则许可证余额转移至企业次年的账户或普通账户。美国国家环保局在审核企业的排污许可证指标时，主要依靠三个数据信息系统，即排污跟踪系统、年度调整系统和许可证跟踪系统。排污跟踪系统由各参加单位的连续监测装置提供支持，保证排放数据的及时、完整和准确性。年度调整系统的主要任务是计算出各账户年终要扣除的许可证数量。许可证跟踪系统是唯一的许可证签发、交易、达标审核的官方记录，该系统的主要作用是为环保局提供有效的、自动监测各单位是否达标的手段，同时许可证跟踪系统为许可证市场提供许可证持有者、许可证交易日期等信息。

实践证明美国排污许可交易在促进减排、节约费用、控制污染方面取得了明显的成功。在酸雨计划以及后续的州际规则［如 CAIR（2014 年废止）、CSAPR］的实行下，1990—2017 年，美国燃煤发电厂所排放的二氧化硫量得到了大幅降低，2017 年的二氧化硫排放量仅为 130 万 t，不及 1990 年排放水平的十分之一。与此同时，该政策有效避免了失业、工厂倒闭等问题，并有效促进了电力行业的清洁生产，所实现的环境效果及社会经济影响颇为可观。此外，据统计，排污许可交易制度使得削减费用每年节省 20 亿美元，而且政府管理费用也得到了很大的节省。

美国 SO_2 交易的成功实践经验可以归结为以下几点：健全的法制明确确立了排污许可交易制度及其运作规程；多样的交易主体和中介机构促进了交易市场完善和活跃；多样化的许可证分配方案既保证了新建企业可以顺利地投产运营，又不使排放总量增加，而且还激励了企业污染防治的主动性；完备的监督管理体制，保障了交易的顺利进行，同时又确保了相关信息和政策的时效性和针对性。而这一切无疑为我国排污许可交易的推行提供了宝贵的经验。

三、应用评价

排污许可交易作为最具市场化特征的环境政策工具，与其他政策手段相比，具有更大的灵活性和经济有效性。

首先，减污的成本较小。排污权交易允许各污染源采取不同的治理污染措施。那些能够有效地去除污染且边际治理成本较低的污染者，能够将其拥有的允许排放量出售给处理费用较高的污染者；而边际治理成本较高的污染者可以选择购买排污权以使自己的排污符合环境管理要求，这将使污染的处理集中在治理成本较低的污染源处，使整个区域的污染治理更经济有效。

其次，排污许可交易能够刺激企业进行技术革新。由于排污权具有一定的价值，而且可以转让，因而污染企业有动机追加治理污染的投资，以便从转让排污权中获益或减少购买排污权的支出。在排污权交易制度下，选择技术的权利留给了生产者，从而使得生产者在企图回避法律责任时无法以技术不可行作辩解。如果因改变技术而节省的费用大于购买许可的费用，生产者就可以因技术革新而提高竞争力；同时如果改变技术使生产者可以在许可的范围内减少污染排放，生产者还可获得出售排污许可的收益。因此，在排污许可交易的条件下，技术的经济效益将更为直观，因此有理由期望新技术的开发和采用将更加迅速。

再次，与排污收费制度相比，排污许可交易对环境质量的控制更为有效。在排污收费制度下，污染者花钱购买污染权，其价格是由管理机构统一制定的，而污染总量则通过对污染价格的控制间接地调控，在企业面临的内外部环境发生变化时，其排污量有可能突破环境容量的许可值，价格调控排污量的能力是有限的。而排污许可交易则直接制定排污总量，排污许可的价格随污染处理技术的变化自行调节，排污许可交易制度能够有效地保证环境质量不受破坏，同时兼顾各经济体的发展需要。

此外，政府可以对环境质量进行有效的调控。在排污许可交易系统中，由于排污权的总量由政府有关机构确定，因此，政府可以采取逐年下调比率的做法使总的排污量不断地减少，从而起到改善环境质量的效果。此外，如果希望降低现有的污染水平，政府可以进入市场购买排污许可，然后握在手里不再卖出，使这部分的排污权所代表的排污量就此消失。

排污许可交易制度利用市场的作用，既减少了政府干预，又促进了总量控制的实现，比运用其他手段更为优越。但是排污许可交易政策并不能解决所有的环境问题，同时在具体实施时也有它的局限性，这主要表现在以下几个方面：

（1）排污许可交易以污染物总量控制为前提，总量控制在理论上应以环境容量为主要依据，这就要求进行大量的科学研究和调查取证工作，需要耗费大量的时间和物力。

（2）排污许可的分配有一个公正性问题，而且是否能有效地进行分配将影响排污许可交易的运行效率。此外，免费发放的排污许可会使环保部门失去重要的财政收入，造成利益的重新分配，其推行有可能受到来自管理部门的阻力。

（3）在市场缺乏交易时，排污许可交易制度的有效性将大为减少。厂商可能对交易市场进行操纵，从而影响交易市场的竞争性，降低市场的效率。

（4）排污许可交易可能会产生较大的交易成本。包括排污交易系统的建立成本、政府的管理、监控以及执行成本，这些成本甚至会超过传统管理体制下的控制成本。因为除了可能与命令控制政策下相当的管理成本以外，排污许可交易制度还会涉及一些额外的成本负担。

应当说，在所有可利用的环境政策手段中，排污许可交易制度是至今为止最具市场导向性的环境管理手段。有关排污许可交易的实践也在美国、欧盟、日本和包括中国在内的发展中国家进行。

第七节 环境经济手段实施条件与中国实践

一、环境经济手段的实施条件与影响因素

（一）实施条件

实施以市场为基础的环境经济政策和环境管理手段，实现这些政策和手段的功能必须具备以下条件：

1．比较完备的市场体系

环境经济政策是环境管理部门通过经济刺激手段，直接或间接调控管理对象的行为。因此，环境经济政策成功与否，取决于市场的完善程度。如果市场功能不健全，管理者就失去了传递意图的中介，或者导致市场信号失真；而管理对象可能对市场信号反应迟钝，甚至不发生反应和不在乎市场是否存在，最终导致环境经济政策的低效率甚至失败。

2．相应的法律保障

市场经济是法制的经济，这一观念今天已经得到普遍认同。同理，参与市场运行的环境经济政策，只有在相应的法律保障之下，才具有合法性和权威性。因此，在制定环境经济政策的时候，必须首先寻求法律体系的支持。如果某项环境经济政策与现行法律相冲突，除非修改有关法律条文，否则政策不可被执行。这在国外已有先例。例如，巴西的宪法只允许对每一项交易征收一种税，因此，在现行宪法体制下，对任何已经征税的生产和消费活动再征收环境税就属于违法行为，不可能被执行。另外，如果拟议的环境经济政策与现行法律不相悖，也必须获得法律认可，赋予政策合法地位。这种法律保障除了确认该政策的合法性之外，还要授权主管部门制定政策的实施细节和管理规定的权利。

3．配套的规章和机构

环境经济政策的有效执行仍然需要必要的规章和机构。例如，环境保护税制度的实施，需要制定具体的实施细则和详细的税收标准，建立负责环境保护税征收、资金使用和管理的环境监理机构。

4．相应的数据和信息

必要的数据信息仍然是环境经济政策制定与实施的重要条件。管理者若要在最优水

平上实施调控，例如，使边际控制成本等于边际损害成本，就必须掌握关于污染控制（或资源保护）成本函数以及环境损害函数等数据信息。

5. 有效的监管保障

虽然，相比于命令控制型政策，环境经济政策更加依赖市场，可以发挥市场的作用，正如同市场也需要监管一样，环境经济政策的执行和效果同样也需要有效的监管作为保障。如果监管缺失，则环境经济政策就会流于形式，难以真正发挥效用。

（二）影响因素

从总体上看，影响环境经济政策实施的因素主要有以下几个方面：

1. 政策可接受性

有些环境经济政策付诸实施后，会影响一些部门、地区或团体的利益。受影响的利益集团会采取相应的反措施，抵制环境经济政策的施行，当反对的力量强大到足以影响政治决策过程时，该项环境经济政策就会被修改乃至被放弃。因此，考虑一项环境经济政策能否施行，有必要评价其政治和社会的可接受程度。

2. 相关政策的制约

环境经济政策的有效实施，离不开其他相关政策的配合与支持。政策之间的不协调甚至相互抵触，可以在很大程度上抑制环境经济政策效果的显现。例如，为扶持和保护某种产业，提供财政补贴和征收高额关税；为鼓励出口而对有关产业或企业提供补贴等，都可能妨碍环境经济政策的实施，不利于环境成本内部化。因此，充分考虑政策间的联系，寻求以促进绿色发展为核心的政策间最大交集，实现环境经济政策与其他政策的有效融合，是确保环境经济政策发挥效用的关键一环。

3. 管理的可行性

管理的可行性既影响环境经济政策的选择，也影响具体政策的执行。政策实施难度大、政策实施成本过高等因素都会影响政策执行部门的执行意愿，进而影响政策实施的效果。例如，荷兰 1988 年实行的环境税，因税种太多，难以管理，因而于 1992 年将五种税改为一种税。

4. 公平性的考虑

对社会公平性的考虑也会制约一些环境经济政策的选择与使用，因为在决策者看来，有些经济手段的实施可能会引起社会不公平问题。例如，如果普遍提高居民水资源价格，而不采用阶梯水价，对于收入和用水量不同的社会阶层，其意义和影响并不相同，这就可能导致不公平问题。

二、环境经济手段在中国的实践发展

《中共中央　国务院关于加快推进生态文明建设的意见》和《生态文明体制改革总体方案》等权威文件都明确提出，完善经济政策。健全价格、财税、金融等政策，激励、引导各类主体积极投身生态文明建设；更多运用经济杠杆进行环境治理和生态保护的市场体系。改革开放以来特别是市场化改革以来，随着我国市场经济飞速发展，政府职能向规划、引导和服务方面转变，在充分发挥行政手段在环境管理中的作用的同时，我国积极探索并完善环境经济手段，使其与法律手段、行政手段在环境管理中同时发挥作用。表 5-5 为环境经济手段在我国的应用状况。

表 5-5　环境经济手段在我国的应用状况

手段类型	实施部门	实施时间	实施对象	实施范围
超标排污费	环保部门	1982 年	企事业单位	全国
财政补贴	环保部门 财政部门	1982 年	治理污染企业	全国
综合利用税收优惠	税收部门	1984 年	综合利用企业	全国
矿产资源税和补偿费	税务部门 矿产部门	1986 年	资源开发部门	全国
排污许可交易证试点	环保部门	1987 年	排污交易企业	上海
生态环境补偿费试点	环保部门	1989 年	资源开发单位	广西、江苏、福建、山西、贵州、新疆、陕西榆林等
“三同时”保证金	环保部门	1989 年	新污染企业	抚顺、绥化和江苏等
污水排污费	环保部门	1991 年	企事业单位	全国
SO_2 收费试点	环保部门	1992 年	工业燃烧锅炉、电厂	二省九市
生活污水处理费	建设部门 环保部门	1994 年	企事业单位、居民	青岛、泰安、合肥、上海、北京、深圳
治理设施运行保证金	环保部门	1995 年	企事业单位	常熟市
城市生活垃圾处理费	建设部门 环保部门	2002 年	城市居民	全国
废物回收押金	物资部门	不详	可再用固体废物	全国
燃煤发电机组脱硫电价补贴	发改、 环保部门	2007 年	符合情形的燃煤机组	全国
绿色信贷	环保、 金融部门	2007 年	企业	全国
生态补偿试点	环保部门	2007 年	自然保护区、重点生态功能区、矿产资源开发、流域水环境	试点区域

手段类型	实施部门	实施时间	实施对象	实施范围
环境责任保险政策试点	环保、保监部门	2008 年	企业	江苏、湖北、湖南、重庆、深圳等地
节能与新能源汽车补贴试点	财政、科技部门	2009 年	符合条件的节能与新能源汽车	北京、上海、重庆等 13 个城市
碳排放权交易试点	发改部门	2011 年	规定交易者	北京、天津、上海、重庆、湖北、广东及深圳
跨省流域生态补偿机制试点	财政、环保部门	2012 年	安徽、浙江相关地区	新安江流域
燃煤发电机组实施脱硝、除尘电价补贴	发改、环保部门	2013 年	符合情形的燃煤机组	全国
环境污染强制责任保险试点	环保、保监部门	2013 年	涉重金属企业、按地方有关规定已被纳入投保范围的企业、其他高环境风险企业	全国
自然资源资产负债表编制试点	统计、发改等部门	2015 年	具有重要生态功能的自然资源	呼伦贝尔市、湖州市、娄底市、赤水市、延安市
燃煤电厂超低排放电价支持政策	发改、环保部门	2016 年	符合情形的燃煤机组	全国
全国碳交易市场启动	发改、环保部门	2017 年	发电行业	全国
绿色金融发展与改革试点	国务院	2017 年	绿色金融体系	浙江省、江西省、广东省、贵州省、新疆维吾尔自治区
环境保护税	环保、税务部门	2018 年	企事业单位	全国

资料来源：王金南等主编的《中国与 OECD 的环境政策》以及各类环境经济政策文件归纳。

由表 5-4 可以看出，环境经济手段经过近 40 年的实践探索创新，以逐渐从最初的仅有排污费、补贴等少数几种发展成为涵盖税费、补贴、押金、交易、信贷、保险、补偿等多样化的较为完整的环境经济手段工具包，环境经济手段种类日益丰富；就环境经济手段所涉及的领域而言，从最初的聚焦于城市工业“三废”，到目前拓展至城市与乡村，包含环境与生态、覆盖生产、流通、分配、消费全过程，环境经济手段发挥功能的领域日益扩大；环境经济手段也由主要依靠政府的“庇古手段”，发展成为更加强调发挥市场机制在经济手段设计、实施中的作用，环境经济手段的优势得到更显著的体现；同时，环境经济手段由最初的“单打独斗”逐步创新发展成为政策间更加交融，更加凸显法律、行政、经济、技术、宣教等手段的相互配合，形成“制度合力”。当前，我国已经基本建立行之有效的环境经济政策体系，税费、补贴等政策不断完善，绿色金融、生态保护补偿，排污权有偿使用与交易、环境资源价值核算等等政策取得了阶段性突破，环境经济政策日益成为绿色发展转型、环境质量改善、生态管控的重要手段，环境经济政策在提升环境管理效能，发挥调控对象的积极性、能动性，实现生态环境“精准治理”等方面起到了重要作用。

思考题

1. 试述环境经济手段的特征及其分类。
2. 讨论环境税费、补贴、押金-退款、排污许可交易政策的特点。
3. 试从宏观和微观两个层面分析排污许可交易的实施机理和效应。
4. 简述环境经济手段实施的条件有哪些。
5. 论述排污许可交易有哪些功能。
6. 讨论中国环境经济手段的应用与发展。

参考文献

[1] 蔡守秋. 环境资源法学教程[M]. 武汉：武汉大学出版社，2000.

[2] 查尔斯·D. 科尔斯塔德. 环境经济学（第二版）[M]. 彭超，王秀芳，译. 北京：中国人民大学出版社，2016.

[3] 陈迪，谭雪，周楷，等. 基于燃煤电厂脱硫成本的脱硫电价政策分析[J]. 环境保护科学，2019，45（2）：1-5.

[4] 陈孜佳. 浅析环境经济手段中的补贴[J]. 青海环境，2005，15（3）：122-124.

[5] 董战峰，李红祥，葛察忠. 基于绿色发展理念的环境经济政策体系构建[J]. 环境保护，2016（9）：38-42

[6] 杜艳春，程翠云，何理，等. 推动“两山”建设的环境经济政策着力点与建议[J]. 环境科学研究，2018，31（9）：1489-1494.

[7] 段显明. “抵押-返还”环境政策的研究与应用前景述评[J]. 杭州电了科技大学学报（社会科学版），2006，2（3）：112-116.

[8] 国家环境保护局. 排污收费制度[M]. 北京：中国环境科学出版社，1994.

[9] 国家环境经济政策研究与试点项目技术组. 国家环境经济政策进展评估报告：2017[J]. 中国环境管理，2018（2）：14-18.

[10] 韩德培. 环境保护法教程（第五版）[M]. 北京：法律出版社，2007.

[11] 胡彩娟. 美国排污权交易的演进历程、基本经验及对中国的启示[J]. 经济体制改革，2017（3）：164-169.

[12] 稽欣. 建立押金返还制度述评[J]. 探索与争鸣，2007（4）：57-59.

[13] 林永生，吴其倡，袁明扬. 中国环境经济政策的演化特征[J]. 中国经济报告，2018（11）：39-42.

[14] 罗勇. 环境保护的经济手段[M]. 北京：北京大学出版社，2002.

[15] 马骏. 绿色金融体系建设与发展机遇[J]. 金融发展研究，2018（1）：10-14.

[16] 马中，周秋月，王文. 中国绿色金融发展研究报告（2018）[M]. 北京：中国金融出版社，2018.

[17] 马中. 环境与自然资源经济学概论（第二版）[M]. 北京：高等教育出版社，2006.

[18]《人口·资源与环境经济学》编写组. 人口·资源与环境经济学[M]. 北京：高等教育出版社，2018.

[19] 沈满洪. 环境经济手段研究[M]. 北京：中国环境科学出版社，2000.

[20] 沈满洪. 资源与环境经济学（第二版）[M]. 北京：中国环境出版社，2015.

[21] 宋国君，等. 环境政策分析[M]. 北京：化学工业出版社，2008.

[22] 宋国君. 排污权交易[M]. 北京：化学工业出版社，2004.

[23] 宋明磊，宋光磊. 环境经济政策的国际经验及启示、借鉴[J]. 山西财经大学学报，2008（1）：6.

[24] 谭雪，石磊，马中，等. 基于污水处理厂运营成本的污水处理费制度分析——基于全国 227 个污水处理厂样本估算[J]. 中国环境科学，2015，35（12），3833-3840.

[25] 汤姆·蒂坦伯格，琳恩·刘易斯. 环境与自然资源经济学（第十版）[M]. 王晓霞，石磊，等译. 北京：中国人民大学出版社，2016.

[26] 王金南，王玉秋，刘桂环，等. 国内首个跨省界水环境生态补偿：新安江模式[J]. 环境保护，2016（14）：38-40.

[27] 王金南，夏光，高敏雪，等. 中国环境政策改革与创新[M]. 北京：中国环境科学出版社，2008.

[28] 吴健，郭雅楠，余嘉玲，等. 新时期中国生态补偿的理论与政策创新思考[J]. 环境保护，2018（6）：7-12.

[29] 徐波，邹东涛，白永秀，等. 发达国家环境管理经济手段的类型与选择[J]. 人文杂志，2003（1）：122-126.

[30] 杨朝飞，王金南，葛察忠，等. 环境经济政策：改革与框架[M]. 北京：中国环境科学出版社，2011.

[31] 姚志勇，等. 环境经济学[M]. 北京：中国发展出版社，2002.

[32] 张晓艳，杨文选. 环境保护的经济手段及其在我国的应用[J]. 广东技术师范学院学报，2008（4）：53-56.

[33] Barry C. Field，Martha K. Field.Environmental Economics：An Introduction[M]. The McGraw-Hill Companies，Inc，Columbus，2002.

[34] Callan S J，Thomas J M. Environment Economics and Management：Theory，Policy and Application（6th edition）[M]. South-Western Gengage Learning，2012.

[35] Field B C，Field M K. Environmental Economics：An Introduction（7th edition）[M]. The McGraw-Hill Companies，Inc.，Columbus，2016.

[36] Nick Hanley，Shogren J F，Ben White. Environmental Economics[M]. London：Macmillan Press，1997.

[37] OECD. 环境管理中的经济手段[M]. 北京：中国环境科学出版社，1996.

[38] OECD. 环境经济手段应用指南[M]. 北京：中国环境科学出版社，1994.

[39] Portney P R，Stavins R N. Public Policies for Environmental Protection[M]. Washington，DC：Resource For the Future Press，2000.

[40] Sterner Thomas. 环境与自然资源管理的政策手段[M]. 张蔚文，黄祖辉，译. 上海：上海三联书店、上海人民出版社，2005.

第六章　环境信息公开手段

在环境管理的最初阶段，工业污染控制主要依赖和倾向于管制手段（command and control）的实施和应用，例如设定排放标准、产品禁令、许可证和配额等行政和法规手段。但在执行过程中，这种以管制手段为主的传统环境管理手段逐渐显现出弊端。其表现在：一方面，政策执行的费用过大，缺乏灵活性；另一方面，有时传统管理手段的运用并不能达到预期设定的调控目标。此外，管制手段在实践中存在执行弱化和执法不严的现象。这突出地反映在一些管理机构和管理制度不完备的发展中国家。

为了弥补环境管理手段的缺陷和不足，在环境管理的第二阶段开始引入经济手段和市场激励，如可交易的排污许可、排污收费、押金-退款和环境行为债券等。经济手段的应用和实施在一定程度上替代了传统管理手段，但更大程度上是对传统管理手段起到补充作用。在发达国家，经济手段的引入使得政策实施更为灵活多变，同时也提高了政策实施的成本有效性。在发展中国家，通过排污收费制度的实施，也有效地刺激了企业改进环境行为。

尽管在环境管理中引入了经济手段，但也不能完全解决工业污染控制所面临的问题。在工业化国家，现有的监测和管理手段面对已知需要控制的污染物已显得力不从心。如果要进一步加强对企业所产生的潜在有害污染物的监控，那么无论是从人力资源还是监测和管理经费预算上都无法适应和满足这些环境管理上的需求。在许多发展中国家，环境管理基础和组织机构尚不完备，环境管理人力资源缺乏等多种因素，使得环境管理机构无法有效地承担污染控制策略的设计、实施、监测和执行等多种任务。

环境管理政策发展的第三个阶段主要体现在环境信息公开（environmental information disclosure，EID）手段的设计和运用。环境信息公开的作用和地位日益显著，一方面由于现有环境管理体系需要更多的环境管理策略来补充和完善；另一方面也归因于环境信息收集、综合和发布成本的大大降低。环境信息处理成本的降低和效益的越发显著，使得越来越多的环境管理研究者和环境管理的实践者关注到环境信息策略的优势。

第一节　环境信息公开的基本概念

一、环境信息

（一）环境信息的定义及分类

在探讨具体的环境管理信息手段之前，有必要先了解什么是信息和环境信息。信息是客观事物运动状态及关于事物运动状态的表述，它和物质、能量共同构成人类社会生存和发展不可缺少的三大要素。

环境信息是表征环境问题及其管理过程中各固有要素的数量、质量、分布、联系和规律等的数字、文字和图形等的总称；是经过加工的、能够被生态环境部门、公众及污染者利用的数据，是人类在生态环境实践中认识环境和解决环境问题所必需的一种共享资源。它是一种与生态环境有关的非实体性、无形的资源，普遍存在于自然界、人类社会和人类思维领域之中。由于信息的可扩充、可压缩、可替代、可传输、可扩散和可分享性，故环境信息资源具有无限性、多样性、灵活性、共享性和开发性的特征。利用现代信息科学和信息技术对环境信息进行获取、传递、变换、存储、检索、更新、处理、分析、识别、判断、提取和应用，是环境信息资源开发、管理和利用的主要内容。另外，环境信息还具有信息量大、离散程度高、信息源广、各种信息处理方式不一致等特征。

从不同的环境管理目的出发，环境信息可以有多种分类（表 6-1）。

表 6-1　环境信息的分类

分类标准	包含的内容
环境管理的范围	
• 资源管理信息	• 可再生与不可再生资源的信息
• 区域环境管理信息	• 区域、流域、城市、城镇、海洋等环境信息
• 部门环境管理信息	• 工业、农业、能源、交通、商业、建筑业等环境信息

分类标准	包含的内容
环境管理的性质	
• 环境规划与计划管理信息	• 用于组织制订、督促检查和调整各地方、各部门的环境规划与计划，使其纳入国家或地方的国民经济与社会发展计划付诸实施方面的信息
• 污染源管理信息	• 点源与面源信息，包括污染者的行为特征信息
• 环境质量管理信息	• 通过调查、监测、评价、研究、确立目标、制订规划与计划，科学地组织人力、物力去逐步实现既定目标方面的信息
• 环境技术管理信息	• 环境法规标准、环境监测与信息管理系统、环境科技支撑能力、环境教育、国际环境科技的交流与合作等方面的信息
环境管理的尺度	
• 宏观环境管理信息	• 国家及全球环境信息
• 中观环境管理信息	• 区域、流域、城市等环境信息
• 微观环境管理信息	• 企业、单位、建设项目等环境信息

资料来源：王华等，环境信息公开理念与实践。

（二）环境信息的来源

环境信息的来源可以分为内部信息源和外部信息源。内部信息源主要来自环境管理部门及污染者本身，如环境监测站、环境科学研究所、污染企业等，它们大多通过环境监测和调查获得信息，其目的主要是为环境管理服务。外部信息源是指生态环境保护以外的部门，如水文站、气象站等采集和提供的信息，这些信息与生态环境部门有关，但并不完全为环境管理服务，还为其他部门提供信息。环境信息的来源和分类见表 6-2。

表 6-2　不同环境信息的来源

类别	信息内容	具体来源
内部信息源	污染源监测信息（工业污染源、炉窑灶污染源、汽车尾气污染源及农业污染源等）	环境监测站、污染者
	排污申报信息	污染者
	环境统计信息	环境统计部门及调查
	环境质量信息	环境监测站、污染者
	排污收费信息	环境监测站、污染者
	环保自身建设信息	人事与财务部门、区县生态环境局、市生态环境局及直属监测中心、科研所和培训中心
	群众举报信息	群众举报
	环境保护法规	环境管理部门

类别	信息内容	具体来源
外部信息源	城市基础设施建设信息	城建部门、公用、水利、园林、环卫、市政和统计部门及建委、市委
	水文信息	水文站
	气象信息	气象站
	农业环境信息	农业农村部
	林业信息	林业局
	化工行业环境信息	化工局
	煤炭环境信息	煤炭工业局
	电力环境信息	电力公司，经贸委

资料来源：王华等，环境信息公开理念与实践。

在我国，环境统计是收集环境信息的主要手段。1981年我国开始推行环境统计制度，对环境保护情况进行统计调查、统计分析、提供统计资料并实行统计监督。30多年来，我国环境统计指标体系不断完善、环境统计手段也不断提高。随着《中华人民共和国统计法》的颁布实施，环境统计数据已成为环境管理中具有法律效力的主要信息源，为环境保护工作切实有效地开展发挥了一定的作用。

环境信息所包含的内容中污染源的控制与管理是我国目前环境管理的一个重点，所以污染源信息的记录、收集和整理是环境保护重要的基础工作，是支撑整个环境信息系统正常运行的重要组成部分。污染源信息收集的渠道，确定收集的内容、对象和范围，做好收集信息的加工、管理和运用等，都是污染源信息建设中缺一不可的环节。

另外，环境信息收集中的资源投入是保证信息质量的关键之一，主要表现在两个方面。首先，要有经过严格培训的人才，而这一点在我国各地的分布极不均衡，对环境信息的可比较性产生了较大影响；其次是适当资金及设备的投入，其同样面临投入不足以及空间分布上的差异化，这些困难将影响环境信息的质量。为降低对资源的需求，环境信息收集应该尽可能与日常环境管理结合在一起。

（三）环境信息的应用

环境信息有助于制订环境保护规划和计划、加强宏观环境管理、评价环境质量；可为开展城市综合整治、污染物总量控制、排污收费等工作提供科学信息；为企业开展综合利用，进行污染防治、技术改造，开展清洁生产工艺，提高企业经济效益、环境效益和社会效益指出方向；为环境科研监测提供基础信息；为环境保护同社会经济同步发展提供污染控制方面的依据。

其使用正在向多元化发展。信息使用者从单纯的政府部门和科研部门过渡到整个社会。污染者本身重视环境信息，不仅用于维护本身的利益，还将它们应用于污染控制、改善工艺等企业管理中。同时，公众及非政府组织成为环境信息的重要使用者。在信息使用过程中，不同团体具有不同的目的；在信息使用方式上，也远远超出原始数据本身。各利益相关者利用原始数据得出各种指标或指数，用于本身的决策过程。因此，环境信息本身并非完全客观，第三者在使用时应十分小心。所以在环境信息公开中，对环境信息要加以验证。

为有效使用和管理环境信息，针对不同的环境信息及需求，有必要建立适合于不同地区和水平的环境信息管理系统，其主要功能应包括数据输入、修改、查询，初步统计分析，预测，报告输出（含图形显示），网络化等。如果有可能的话，应加入地理信息系统等功能。在设计该系统时，应考虑到各地实际情况，并有相应的软硬件配套。环境信息管理系统经过几十年的发展，在技术上已经十分成熟，随着计算机及信息技术的发展，将为环境信息的收集、管理和应用提供良好的工具，是环境信息公开成功的保证。

二、环境信息公开的定义

广义上的环境信息公开是指将与环境保护有关的各种显性和隐性的信息加以收集整理，并在一定范围内以适当形式公开，用以提供各种刺激与激励机制，激励企业改进环境行为，进而改善环境质量。就这个意义而言，环境信息公开在环境管理中的应用并不是一个新的概念。在传统的管制手段和经济手段的运用和实施中都融入了信息收集、信息处理和信息传播的过程。例如，新的环境管理政策、法规的制定、颁布及实施。

狭义上的环境信息公开是指政府、公众团体或个人将获取和收集到的污染或污染企业的相关信息以一定的形式向企业管理者、企业雇员、消费者、投资者、非政府组织和社区公众等利益团体进行公开；通过信息公开，将社区和市场的激励机制引入污染控制中，使得原有污染控制机制经济而富有成效。就这个层面而言，更多的是强调环境信息作为环境管理资源的价值，将环境信息公开作为一种相对独立的环境管理手段进行系统科学的实施和运用，这与原来意义上依附于管制手段和经济手段实施过程中的环境信息公开有较大区别。本章所重点探讨和研究的环境信息公开也是这个意义上的环境信息公开。

三、环境信息公开的内涵和特征

环境信息公开是继管制手段和经济手段之后又一类型的环境政策手段。它通过环境信息发布，使管理者、被管理对象和公众（包括各相关利益团体）了解和共享环境信息，从而对环境污染排放施加压力，促使污染者控制污染、改善环境质量，使经济发展和环境保护协调发展。

一项有效的环境信息公开政策和措施一般包括四个要素：

（1）环境风险识别。环境信息公开首先必须对环境风险进行识别，明确主要环境风险及其影响范围和危害程度。

（2）环境信息收集和鉴别。环境信息的收集不仅要考虑数量，同时还要考虑信息的质量。准确可信的环境信息是保证环境信息公开公正执行的前提。然而，出于自身利益的考虑，污染者在与管理者和受害者交涉过程中，会尽量提供和释放对自身有利的信息，隐瞒或扭曲不利的信息，以及采取各种手段阻碍那些可能会带来更多法律责任的信息公开。为此，在环境信息收集过程中，必须注意信息的鉴别，同时建立适当的措施和机制，使得污染者意识到隐瞒或扭曲信息将花费更高的成本。

（3）环境信息公开和发布。在通常情况下，公众在获取信息方面处于劣势，这样就会损害公众应该获取的利益，导致他们做出错误的选择，而且还可能引发社会矛盾。通过环境信息公开和发布，可改变这种信息分布的不均衡性及由此引起的不公平。环境信息的发布有助于受害者获得大量有用的信息。通过公开的环境信息，受害者知道了他们周围的环境污染情况，了解了哪些是重点污染源，为他们与污染者进行谈判和交涉提供支持。为此，在环境信息公开和发布过程中必须注意信息的透明度，采取有效的信息公开和发布方式，使公众尽可能获得和接受这些信息。

（4）各利益团体的参与。环境信息的公开和发布是基础，而实现公众的最大有效参与才是环境信息公开手段的期望和目标。

四、环境信息公开的基本形式

环境信息公开根据内容和实质、使用方式、时间尺度、空间尺度、公开主体等划分，其表现形式可以是多种多样的。其中与企业污染排放和环境行为直接相关的环境信息公开大致可分为如下几种形式：

（1）企业单方面的自愿公开和环境承诺。进入 20 世纪 90 年代，出于自身利益的需要，加上政府的鼓励，越来越多的污染者制订了各种各样的环境信息公开计划。这类企业自我主导的环境信息公开，也称为自愿公开，是企业为了树立形象，增强企业市场竞争力，其目的是向社会表明它们在追求利润的同时也考虑环境保护。由于污染者与受害者之间本质上的利益冲突，这类环境信息公开的可靠性一直受到公众和非政府组织的质疑。

（2）政府与企业之间对话协商和环境协议。污染者和政府、公众通过对话、谈判、签订协议、设立共同目标、互助交流、评估等程序或形式就污染治理计划和实现目标达成一致协议、谅解备忘录或意向书。这样一种形式的环境信息公开主要通过道德约束和舆论的力量来促使企业遵守和履行协议。在某些案例中，这样一种政府与企业之间共同达成和签署的协议，具有和契约相似的法律效力。

（3）企业环境行为信息公开。进入 20 世纪 90 年代后半期，环境信息公开又有了新的内容和表现形式。其表现在政府或非政府组织将企业的环境行为信息通过媒体系统科学地公开，告知消费者、投资者、劳动者、社区居民以及其他相关利益团体，从而在政府正式调控的基础上，引入社区和市场对污染控制的附加刺激作用，更好地引导企业采取环境保护的自觉行为，进一步削减污染排放，改进环境行为。这类形式的环境信息公开是本章主要探讨和研究的领域和范围。

（4）其他一些形式的环境信息公开和自愿手段，如环境标志制度。环境标志又称生态标签、绿色标志、环境选择等。环境标志制度是政府公共或民间团体依据有关环境标准、指标和规定，向有关申请者确认通过并颁发标志和证书，以证明其产品或服务符合环境保护要求，对生态环境无害。环境标志制度的认证标准包含资源配置、生产工艺、处理技术和产品循环、再利用及废弃物处理等各个方面。环境标志制度的实质是通过认证和公开，引入市场机制，把消费者的购买力作为环境保护工具，促使企业对产品或服务的全过程环境行为进行控制管理。

第二节　环境信息公开的理论基础和模型

一、环境经济学：科斯定理

环境信息公开的理论基础之一可以追溯到科斯定理。环境经济学告诉我们，污染者的生产活动存在外部性。有些外部性是正的，称为外部经济性；而有些外部性是负的，称为外部不经济性，如环境污染、生态破坏等[①]。外部性的产生是由于产权市场不明确形成的。为了将外部不经济性内部化，科斯从产权方面解决外部不经济性。他认为“在一个有效的或不减弱的产权规定条件下，处于外部性或外部效果的有关双方之间的权力交易，将消灭帕累托相关外部性，而且产生一个高效率的结果和均衡状态，使得偏离该结果时至少有一方受到损失”。在这种产权交易中，信息是相当重要的，是决策的重要依据。古典经济学认为信息是进行正确决策的先决条件。缺乏足够信息支持很难做出正确的决定。因此，为了避免决策错误，在决策之前应尽量获得有关信息。

然而在污染控制方面，却存在信息不对称性。污染者对本身污染物的产生、处理和排放有很详细的了解，但他们经常会尽可能隐瞒实际的污染情况。只有当污染者认为隐瞒数据的害处大于其受益时，这些数据才会被自动公开。而隐瞒数据的行动往往把外部不经济性转移到其他主体身上，增加了整个社会的成本。为消除此类信息的不对称性，既要制定有关政策法规，鼓励企业主动公开提供更多的数据，又要加强检查，提高执法力度，制定适当的法规，由管理部门来公开污染者的实际情况[②]。通过环境信息公开，不仅使受害者[③]或公众了解污染者的污染情况，而且公众对污染者也有监督作用，因为公众对污染者的信息了解得越多，污染者就会感到越有压力。

二、环境法学和社会学：环境权理论

无论是宏观上政府的发展战略、规划、政策，还是微观上企业的经济和环境行为，一方面可能对发展经济、解决就业、提高人们生活水平很有帮助；另一方面可能产生环境污染，影响公众的健康和环境安全。如果公众和受害者不能得到合理的补偿，其权利就会受到损害；而污染者则有意或无意把其外部不经济性非法转嫁到其他人身上，逃避其应负的责任。如此，社会公平机制受到了破坏，公众清洁环境的权利也受到了损害。为避免这种不公平现象，应让公众充分了解他们可能受到的环境危害、补救以及补偿措施。公众环境权的实现是一个社会现代化、民主及公正的标志。这些权利的实现，也能缓和已经存在或潜在的社会矛盾，降低社会发展成本。环境信息公开则是实现这些权利

① 当污染者认为污染排放所获得的边际收益大于污染削减所花费的成本时，污染者总是将污染成本转嫁给受害者。

② 在实施过程中，行政机构的官僚习惯和法律上某些限制往往阻碍了管理者获得环境信息。

③ 最近，经济学者发现环境污染受害者的范围超过原先所认识的范围。受害者不仅包括那些受环境污染直接影响的受害者，而且还包括虽然未受环境污染直接损害，但受到环境污染间接损害的受害者或与企业污染排放利益相关的群体，如投资者、消费者等。

的重要途径之一。

环境权理论为环境信息公开和公众参与提供了重要的理论依据。环境权的主张是在20 世纪 60 年代初由联邦德国的一位医生首先提出。1969 年，美国密歇根州立大学教授约瑟夫·萨克斯（Josph Sax）以法学中的“共有财产”和“公共委托”理论为根据，提出了系统的环境权理论，即空气、水、日光等人类生活所必需的环境要素，是人类的共有财产，未经全体共有人的同意，任何人不得擅自利用、支配、污染、损害它们。共有人为了合理支配共有财产，将其委托给国家保存和管理。国家作为受托人负有为委托人保存、管理好委托财产的义务。因滥用委托权而给委托人造成损害，受托人应承担法律责任。后来，日本学者又提出了环境权的两个基本原则：“环境共有原则”和“环境权为集体性权力原则”，进一步发展了环境权理论。这些理论和主张得到社会各界的普遍赞同[①]，从而使环境权在国际法和许多国家的法律中得以确认。20 世纪 60 年代末，日本、美国等针对环境污染日益盛行的现状首先在环境立法中确认了公民的环境权[②]。随后 1972 年在斯德哥尔摩人类环境会议上通过的《人类环境宣言》指出“人类享有自由、平等、舒适的生活条件，有在尊严和舒适的环境中生活的基本权利”。这一规定奠定了环境权学说的基础，它表明享有一个适于人类生存的环境是人类的基本权利，因此任何有害于环境的行为，人们都有权依法进行监督和干预。公众正是基于自身的环境权参与到国家的环境管理中。

进入 20 世纪 90 年代，环境权理论得到进一步明确和完善，成为国际社会普遍接受的环境保护民主原则和社会道德准则。1992 年联合国《里约宣言》宣告“环境问题最好是在全体有关市民的参与下，在有关级别上加以处理。在国家一级，每个人都应能适当地获得公共当局所特有的关于环境的资料，并应有机会参与各项决策进程。各国应通过广泛提供资料来便利及鼓励公众参与”。1998 年在丹麦奥胡斯，欧洲环境部长级会议通过了《奥胡斯公约》，提出了公众在环境问题上享有获得信息、参与决策和诉诸法律的权利。这项公约进一步将环境权的内容和实施途径予以具体化，强调公民有权使用和获得有关

---

① 1970 年，在东京召开的关于环境污染问题的国际研讨会上发表的《东京宣言》提出：“我们请求，把每个人享有的健康和福利等不受侵害的环境权和当代人传给后代的遗产应是一种富有自然美的自然资源的权利，作为一种基本人权，在法律体系中确立下来。”

② 1969 年美国制定的《国家环境政策法》（*National Environmental Policy Act of 1969*，NEPA）中宣布：“每个人都应当享受健康的环境，同时每个人也有责任对维护和改善环境做出贡献”，此法对可能影响人群环境质量的国家政策做出了限制，即在决策制定过程中加入环境因素，并给予公众审查和参与政府行动与计划的权利和机会。日本颁布的《环境基本法》《环境基本计划》《公害健康被害补偿法》《公害纠纷处理法》等相关法律对公民环境权和公众参与环境管理都有一定程度的保障和实现。

的环境信息，有权参与环境方面的决策，有权参与环境方面的审判。2002 年，联合国环境规划署在《全球环境展望 3》中明确指出，为了减缓未来环境污染压力，应当充分保障社区公众获得环境信息的权利，通过各种途径和方式加强社区和非政府组织参与环境管理。

总结环境权理论的发展情况及有关环境权的立法实践，基本可将环境权归纳为环境使用权、环境知情权、环境监督权、环境参与权（包括环境议政、参政权）、环境请求权（索赔权）。其中环境知情权是公众参与环境管理的前提，又是环境保护的必要民事程序。环境知情权，又称环境信息权，是指公民和社会组织收集、知晓和了解与环境问题和环境政策有关信息的权利。环境知情权是对环境权的诠释和实现，是环境信息收集及公开的基础。

综上所述，环境权的确立，对环境法理论发展产生了影响，是建立新型环境管理制度的强有力基础，也是环境信息公开的重要理论依据。

三、污染控制三角模式

环境信息公开包含了两层含义：信息公开和公众参与。在信息公开的基础上，信息手段可以更广泛地发挥公众参与。这种公众参与包括来自社区和市场的力量。就某种意义而言，社区和市场在工业污染控制方面扮演着非正式的监督者和管理者的角色。

（一）社区

大量政策实践表明，社区对企业的环境行为会产生很大的影响。在存在环境管理部门直接调控的情况下，社区可以通过政治途径，使得政府环境管理部门的执法更加公正，更加严格。在缺乏环境管理部门有效监督和管理时，非政府组织和社区团体就会通过一种非正式的污染控制方式来迫使企业遵守公认的社会准则。尽管不同地区，社区的代理机构是不一样的，有宗教团体、社会团体、市民团体和政治团体，但这种非正式的污染控制方式的形式是一致的。社区常常通过和企业协商的途径，采用政治、社会和物质上的惩罚来激励企业控制污染。

社区对企业的环境表现的影响力与企业面临的社区压力有关。富裕、具有良好教育水平和组织体系的社区可以找到多种途径来推动企业遵守社会环境准则。但是在贫困地区，人们对环境污染的认识较少，这种社区压力也较小。此外，企业的性质同企业面临的社区压力也有着很大联系。一般而言，企业私有化在一定程度上可以提高企业竞争能力和生产效率，竞争程度越高，社区越容易给企业施加压力去控制污染。

（二）市场

市场同样也会给企业的污染控制提供一种强有力的附加刺激作用。消费者可以通过对商品的选择来激励企业控制污染，如在同类商品选择上，绿色消费者优先考虑那些采用清洁生产技术和排污量少的企业生产的产品。在市场中投资者也是一个活跃的角色，投资者通过金融市场给企业施加附加刺激作用。具体而言，银行在信贷方面、股东在认购股票时，将充分考虑企业的环境行为，估算那些负有污染责任的企业在遭受处罚时可能引发的潜在的经济损失。

在市场发挥对企业污染控制的激励作用的过程中，环境新闻对金融市场有着重要影响。金融市场将根据企业的环境表现，自发为污染控制提供一种强有力的附加刺激作用。一般而言，正面的环境新闻有利于企业从金融市场上获得更多的投资，而负面的环境新闻将使投资者重新审视和评估企业的价值。

通过研究发现，美国、加拿大的金融市场对环境新闻有着明显的反应。表 6-3 归纳了一些研究学者在这方面所获得的研究成果。从表中可以发现正面的环境新闻所获得收益和负面的环境新闻所遭受的损失一般都在 1%～2%，这些股价的变化有力地推动了企业控制污染。通过研究排放有毒化学品企业的环境行为，可以发现股票价格损失最大的企业往往在之后削减污染最积极。因此，环境信息公开可以影响上市公司的市场价格，进而有效地促进污染严重的上市公司削减污染排放。

表 6-3 环境新闻和股票价值（美国和加拿大）

	资料来源	股票价值的影响
负面的环境消息	Muoghalu 等（1990）	平均损失 1.2%（33.3×10^6 $）
	Lanoie，Laplante（1994）	平均损失 1.6%～2.0%
	Klassen，McLaughlin（1996）	平均损失 1.5%（390×10^6 $）
	Hamilton（1995）	平均损失 0.3%（4.1×10^6 $）
	Lanoie，Laplante 和 Roy（1997）	平均损失 2.0%
正面的环境消息	Klassen，McLaughlin（1996）	平均增长 0.82%（80×10^6 $）

为了考察这一结论是否也适用于发展中国家，世界银行的研究者在阿根廷、智利、墨西哥和菲律宾进行了一项大规模环境新闻对股票价格影响的研究。研究发现，尽管上述 4 个国家都缺乏有效的环境管理，但是企业股票价格却随着政府发布正面的环境新闻

而上涨，公众投诉的增多而下跌。实际上，环境新闻造成的股票价格波动要远大于美国和加拿大股票市场的反响。正面的环境新闻可使企业股票价格平均增长 20%，负面的环境新闻却使企业股票损失 4%～15%。总之，无论发达国家还是发展中国家，金融市场都十分注重企业的环境表现，企业也会据此自发调整自己的环境行为。

此外，由国际标准化组织发布的 ISO 14000 也对市场施加重要影响。作为商业领域的环保标准，国际标准化组织制定的标准中，明确包含了企业环境管理所必须达到的要求和标准。许多中小企业为了与通过 ISO 14000 认证的大型企业达成供货合同，也必须通过 ISO 14000 认证。

（三）正式与非正式污染调控

传统的环境管理模式中，政府作为社会的唯一代理机构，通过立法和执法直接限制污染排放（如环境质量标准和排放标准）或间接刺激污染治理（如排污收费）。一旦引入社区和市场的作用，我们就可以建立一个更为完善的模式来解析企业环境行为的变化。即使缺乏正式的污染调控，或正式的污染调控力度不够，来自社区和市场的压力也会通过新的渠道显著地增加企业由于污染所面临处罚的可能性。企业就会据此削减污染，这就好像政府环境管理部门加大了环境管理力度。

图 6-1 展示了在环境信息公开下，政府、社区、市场对企业形成的所谓污染控制三角模式。在三角模式中，政府环境管理者在污染控制方面仍然扮演了重要角色。环境管理者不再局限于排放标准的制定和执行，同时还可以通过向社区和市场发布具体、准确的环境信息，加强社区和市场在污染控制方面的作用，来帮助达到污染控制目标。

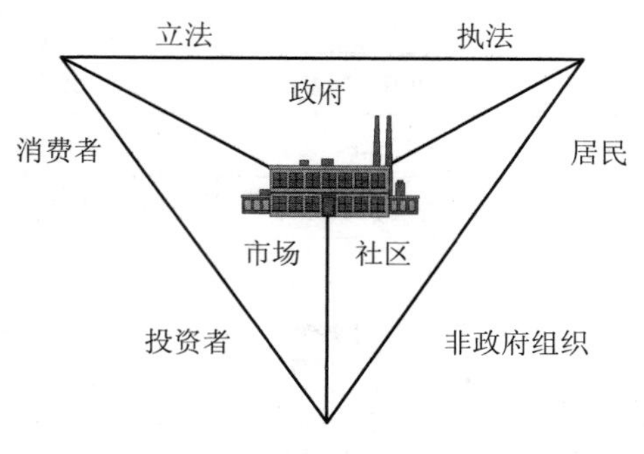

图 6-1　污染控制的三角模式

在三角模式下，环境信息公开手段有着广阔的应用空间，在收入和教育水平一定时，环境信息越充分，社区的非正式污染控制作用就越合理。在市场上，准确的环境信息，无论是正面的还是负面的，都会对企业的污染控制起到一种良性的刺激作用。当然信息越充分，政府的污染控制决策也将越合理。

专栏 6-1 社区和市场激励企业控制污染的成功事例

苏门答腊岛是印度尼西亚众多岛屿之一，它位于马来西亚、新加坡和印度尼西亚爪哇岛所包围的狭长海峡之间。20 世纪，在经历 70 年代经济快速发展之后，岛上的居民发现经济发展与土地利用、资源耗竭和环境质量退化等存在一系列冲突和矛盾。这些冲突一部分得到妥善处理。在冲突的解决过程中，政府环境管理部门、企业和社区诠释了新的角色。

其中最为典型的事例是 PT Indah Kiat 纸浆和造纸公司（IKPP）给现代企业塑造了企业发展与污染控制方面的成功典范。作为印度尼西亚最大的纸浆生产商，IKPP 公司一直被认为最为清洁的企业。它在西爪哇 Tangerang 的工厂曾多次在国内和国际获得环境方面的表彰，在苏门答腊岛 Perawang 的工厂也严格遵守污染排放标准。

但是在 1984 年，IKPP 公司设在苏门答腊岛的工厂从中国台湾引进了一套淘汰设备。该设备在生产过程中使用了金属氯化物，其生产废物经过简单处理后直接排入当地的一条河流。由于受到当地村民的强烈抗议，工厂不得不在 1990 年年初加大污染治理。同时，村民还联合当地和全国的非政府组织要求工厂赔偿健康损失和经济损失。1992 年，印度尼西亚国家污染控制机构（BAPEDAL）对此进行调解，工厂和村民达成协议——工厂做出让步，满足村民的要求。

此后，为了进一步扩大生产规模，IKPP 公司打算从西方的金融市场筹集发展所需的资金。西方的金融市场十分注重企业的环境表现，污染排放强度高，往往是一个企业生产效率不高的反映；并且从长远而言，有可能受到处罚而遭受经济损失。为了打消投资者在这方面的顾虑，IKPP 公司决心加大清洁生产方面的投资。新的设备采用国际先进技术——在生产过程中大大降低氯化物的使用，并且实现氯化物的零排放。由于 IKPP 公司的母公司有着强大的工程技术队伍，IKPP 公司在较短时间内就掌握了这项技术。IKPP 公司出色的环境表现，使得该公司即使在印度尼西亚发生金融危机时，仍然在雅加达的股票市场取得良好业绩。

IKPP 公司的事例展示出发展中国家污染控制的新模式。正式的环境调控对污染削减缺乏有效管理时，社区为了维护自己的利益，通过非正式的方式推动企业控制污染。印度尼西亚国家污染控制机构放弃传统的环境法规执行者和环境管理代理者的角色，积极充当协调员的角色。另外，来自国际金融市场的压力也促使 IKPP 公司环境表现进一步提高。

第三节 国外环境信息公开典型政策

环境信息是环境管理的基础，在以往的环境管理实践中，是为环境管理服务的。进入20世纪90年代，随着经济的发展，媒体传播工具的加强，公众环境意识的提高，公众和社区在环境管理中的作用日益显现并逐步得到加强，环境信息在污染控制和环境管理中的作用变得越来越重要，引起了有关学者和环境管理部门的重视，环境信息已经独立于其他的环境管理方法而成为一种新的环境管理手段。这是继环境管理的管制手段和市场经济手段之后的新的环境管理模式和发展方向，被称为人类污染控制史上的第三次浪潮。这项新的环境管理手段已经在许多国家得到了运用。

目前，环境信息公开手段在企业污染控制方面的应用主要有两类政策模式：一类是发达国家实施的企业污染排放量的信息公开，典型的案例主要有美国的有毒化学品排放信息库（Toxic Release Inventory，TRI）和33/50计划；另一类是发展中国家实施的企业环境表现评级的信息公开，典型的案例主要有印度尼西亚的“工业污染控制、评价和分级计划”（Program for Pollution Control，Evaluation and Rating，PROPER）。

一、发达国家的企业环境行为信息公开政策

环境信息公开作为一项新的环境管理手段，是在不断地探索实践中逐步发展和完善起来的。早期环境信息公开作为一项独立的环境管理手段的应用主要见于发达国家对企业污染排放直接公开，如美国有毒化学品排放信息库和33/50计划。

作为《应急规划和社区知情权法》（*Emergency Planning and Community Right-to-Know Act*，EPCRA）的一部分，有毒化学品排放信息库条款是美国国会于1986年1月制定的，用来为公众提供有关排放到环境中的有毒物质的信息。该条款要求一年中使用多于1 000磅或经手生产多于25 000磅管制化学品的公司，如果他们有10个以上全日制工作人员，必须登记报告工厂内的每一种化学品。该报告每年做一次，报告中包括公司名称、有毒化学品排放量、排放频率和排放去向等信息，该信息被公布给公众。据统计，这种措施对减少向环境中排放有毒物质产生了积极的作用。美国国家环保局官方报告显示，从1988年到1994年此类有毒化学品总排放量减少了44%（表6-4）。

表 6-4 1988—1994 年美国有毒化学品排放情况

排放去向	排放量/kt				1988—1994 年的变化情况
	1988 年	1992 年	1993 年	1994 年	
排入大气	1 024	709	630	610	−40%
排入地表水	80	89	92	21	−73%
排入地下水	285	167	134	139	−51%
排入土壤	218	149	125	128	−41%
总排放量	1 607	1 113	981	899	−44%

为了加强和巩固这项措施，美国国家环保局于 1991 年 2 月实施了一个叫作 33/50 的计划。该计划设定到 1992 年，17 种重点有毒化学品排放减少 33%，到 1995 年减少 50%。环保局计划通过志愿参加的原则来达到这一目标，起初他们邀请了 555 个重点污染公司参加，并把邀请信向 5 000 个公司做了解释宣传，结果有 1 300 家公司参加了 33/50 计划。在 1994 年这些公司总共减少了 7.57 亿磅的排放，提前一年达到并超过了总排放量减少 50%的目标。

来自社区和公众的压力并不是美国的 TRI 计划发挥作用的唯一途径，另外还包括金融市场的作用。有研究表明，当 TRI 首次公开了企业的排放信息后，对上市公司产生了负面的市场影响，从而起到了促进这些企业削减排放的作用。

TRI 计划中的一个问题是，仅仅简单地将有毒化学品排放的信息公之于众是不够的，因为 TRI 计划中涉及的化学品性质是不同的，有些化学品即使很小的剂量也会产生很大的危害，而有些化学品在大剂量的长期接触后才会产生危害。如果对这些信息一视同仁地进行处理和公开，有时可能会使公众产生不必要的担心，还会迫使企业采取高费用的削减措施，而实际上得到的效益却很小。在这方面，有关的研究人员和非政府组织发挥了很好的作用，他们通过互联网等媒体向公众发布了不同化学品的危害情况，并帮助社区和公众对其所在周围的环境进行评价。美国的环境防御基金（The Environmental Defense Fund）开发和维护的名为 Scorecard 的网站（http：//www.scorecard.org）就充分展示和提供了这方面的信息。进入 Scorecard 的网站后，可以就访问者所关心的环境问题进行查阅，其中包括各种污染源、有毒化学品排放及农业废弃物等。

美国的有毒化学品排放信息库和 33/50 计划的成功经验成为许多国家竞相仿效的对象，其中包括加拿大全国污染物排放信息库（National Pollutant Release Inventory，NPRI），英国的化学品排放信息库（Chemical Release Inventory，CRI）和经济合作与发展组织（OECD）资助的在埃及、捷克和墨西哥试点的污染物排放和转移申报登记（Pollutant

Release and Transfer Registers，PRTRs）。

二、发展中国家的企业环境行为信息公开政策

20 世纪 80 年代，印度尼西亚政府授权印度尼西亚国家污染控制机构（BAPEDAL）负责监督和检查企业执行污染排放标准。但是，由于环境管理经费不足和司法腐败问题的困扰，环境标准实施效果大打折扣，与此同时，印度尼西亚的工业发展正以每年 10% 的速度递增。像其他许多发展中国家一样，由于资金不足，印度尼西亚在污染控制方面的立法和执法都很薄弱。为了摆脱这种尴尬处境，BAPEDAL 在世界银行发展研究部的帮助下，于 1995 年设计了一项名为“工业污染控制、评价和分级计划”（Program for Pollution Control，Evaluation and Rating，PROPER）的环境信息公开制度。该计划将根据企业的环境行为进行综合评判，并将评级结果公开曝光。BAPEDAL 希望通过这种低成本的管理手段，引入社区和市场的作用来促进企业遵守环境法规和环境标准，同时社区和市场激励作用又能促进企业采用清洁生产技术。

该信息公开化措施把企业的污染控制表现归纳为一个便于理解的单一指标，并把该指标的级别用 5 种不同的颜色表示出来，于是，每一个企业就被赋予了一种颜色。在印度尼西亚的评级系统中，黑色表示该企业没做任何努力来控制污染，并且造成严重的环境危害；红色表示企业做了一些控制污染的努力，但仍未达到当地污染控制标准；蓝色表示该企业采取污染控制措施，达到了国家污染控制标准；绿色表示该企业的污染排放和环境表现显著优于地方上有关污染控制的标准；金色表示该企业采用清洁生产技术，环境表现达到了国际水平，属于同类企业中最清洁的一员。

1995 年，BAPEDAL 开始试验环境信息公开制度。最初，BAPEDAL 选取了 187 家试点企业（这些企业主要是位于印度尼西亚苏门答腊岛、爪哇岛和加里曼丹岛主要河流附近的大中型企业）。BAPEDAL 针对这些企业的水污染排放行为进行分级，评级的结果发现有 2/3 的试点企业没有遵守环境法规和环境标准。

考虑到环境信息公开制度是一项重大的政策改革，BAPEDAL 并没有立即公开企业的评级结果，而只是在 1995 年 6 月公开表扬了获得“绿色”标志的 5 家企业，同时给不遵守印度尼西亚现有环境法规和环境标准的“红色”和“黑色”企业以 6 个月的观察期。1995 年 12 月，BAPEDAL 正式公开企业的评级结果。随后，在 1996 年 12 月，BAPEDAL 又对这 187 家企业进行第二轮评级和公开（表 6-5）。此后，BAPEDAL 将 PROPER 计划作为一项环境管理制度长期执行，每年都对企业进行评级和信息公开。

表 6-5　PROPER 计划中企业评级结果

颜色	1995 年 6 月	1995 年 12 月（不包含新增企业）	1996 年 12 月（不包含新增企业）
金色	0	0	0
绿色	5（3%）	4（2%）	5（3%）
蓝色	61（33%）	72（38%）	94（50%）
红色	115（61%）	108（58%）	87（46%）
黑色	6（3%）	3（2%）	1（1%）

实施结果发现印度尼西亚的环境信息公开措施对那些表现较差的企业在短期内就有显著的影响。黑色企业在一年半的时间里（1995 年 6 月到 1996 年 12 月）由 6 个减少到 1 个，红色企业由 115 个减少到 87 个，但绿色企业个数没变。

到了 1997 年，PROPER 项目的作用进一步得到了体现。在 1995 年 12 月公开的 118 家未达标的企业中[①]，113 家为红色而 5 家为黑色，但到了 1997 年 7 月，这些企业中有 38 家达到了蓝色或绿色企业，具体为绿色企业 1 家，蓝色企业 37 家，红色企业 75 家，黑色企业 5 家。

印度尼西亚政府部门对 PROPER 项目非常支持，并于 1997 年制订推广计划。该计划希望在 2000 年，能够有 2 000 家企业参与 PROPER 计划。这就意味着 PROPER 计划将涵盖该国 80%的总污染负荷，企业数目涵盖该国 10%的大中型企业[②]。印度尼西亚的 PROPER 计划只限于对企业水污染物的评价。根据印度尼西亚环保部门的意向，PROPER 计划将进一步推广到对大气污染物和有毒固体废物的评价，从而加强对这些污染物排放的控制。

在印度尼西亚环境信息公开制度中，环境行为评级和信息公开为改善印度尼西亚的环境状况提供了强大的支持。仔细分析印度尼西亚的环境信息公开制度，其成功来源以下几个方面。

其一，公开曝光和污染控制。信息公开使得社区居民在与企业协商时占据了有利位置，这是因为以往缺乏准确和完备的信息使社区形成错误的认识。例如，普通居民可以看到和闻到有机化合物和二氧化硫的污染，而无法察觉能在肌体组织中富集的重金属和毒素的排放。即使那些可以明显察觉的污染，居民也不可能了解每一个污染源排放污染

① 在试点期间，PROPER 又增加了一些企业，包括 2 家黑色企业和 5 家红色企业。因此 1995 年 12 月红色和黑色的企业数增加到了 118 家。

② 由于政治原因和金融危机，印度尼西亚于 1999 年暂停了该计划。

物的强度以及污染物对人体的影响。环境信息公开制度向居民提供了准确和完备的信息，帮助他们识别社区的主要污染源，完备的信息同时也给市场提供了支持。印度尼西亚拥有较为完备的股票市场，环境信息公开制度向市场中的投资者和银行家提供了关于企业环境行为更为准确的情报。

信息公开也使 BAPEDAL 获得利益，其一，赢得了在企业、政府机构和公众中的声誉，同时使得 BAPEDAL 将污染控制的重点集中在环境表现差的企业上。环境信息公开制度吸引 BAPEDAL 的另外一个重要因素是环境信息公开制度的实施不需要额外的资源和法律保障。环境信息公开制度有效减少了在排污收费过程中，检查员和企业之间内部交易造成的检查员谎报排污数据偏袒企业的腐败行为。此外，信息公开本身也使公众可以根据自身经验监督和核对 BAPEDAL 对企业环境行为的评级结论。

其二，规范和高效灵活相结合。印度尼西亚环境信息公开能够成功实施还在于它具有两方面的特色。一是将印度尼西亚的环境法规和环境标准作为评级的标准和基准，从而使得有关企业的环境行为表现的信息具有可比性；二是直观和准确的企业环境行为评级结果便于媒体报道和公众理解。

不同的国家和地区都可以根据自身的环境质量、环境管理目标、环境管理法规和环境标准建立适合自身特点的企业环境行为分级标准和体系，以体现环境信息公开制度的灵活性和高效性。有时，这种灵活性和高效性还反映在一个国家内部根据不同地区的环境质量、不同的企业规模和不同的行业特性建立不同的环境行为分级标准。

其三，低成本和高效益。环境信息公开制度的实施成本主要来自企业环境行为的评级过程和信息发布过程。此外，在项目最初的 18 个月内，BAPEDAL 将主要的资源用于提高机构收集、分析数据的能力和聘请外国专家的费用上。尽管如此，印度尼西亚环境信息公开制度在最初的 18 个月也仅花费了 10 万美元。187 个试点企业，平均每个企业 535 美元，也就是每个企业每年 360 美元，每天 1 美元。而与此同时，187 家试点企业总共削减了 40%的 COD 排放量。

在实践中，研究人员同时发现了环境信息公开制度存在的不足。不同规模的企业对来自社区、市场激励作用的反应不尽相同。边际控制成本高的小企业对此反应较弱。此外，不同所有权性质的企业对此反应也不一样。具体而言，注重企业声誉、企业文化的大型企业或跨国企业对社区和市场的“影响”最为敏感，其次是私营企业，而那些国有企业反应较弱。尽管如此，环境信息公开制度对所有的企业在一定程度上都发挥了作用。

印度尼西亚的环境信息公开制度得到了不少发展中国家的响应。环境信息公开制度在一些国家以各种形式推广，菲律宾已经宣布类似的“生态观察”计划，墨西哥和哥伦比亚也建立了类似的制度。

三、企业环境行为信息公开政策模式比较

发达国家的企业环境行为信息公开采用的是政府环境管理部门直接公开企业污染排放基础数据的方式；而发展中国家的企业环境行为信息公开采用企业环境行为评价、分级的环境信息公开形式，这其中，政府环境管理部门起到了关键作用。进一步分析，这主要是由于发达国家和发展中国家在政治、法律、经济、社会、文化等方面存在较大的差异（表 6-6）。

表 6-6　发达国家和发展中国家企业环境行为信息公开方式比较

	发达国家	发展中国家
典型案例	美国的有毒化学品排放信息库和 33/50 计划	印度尼西亚的 PROPER 计划
特点	直接从底层公开企业污染排放的原始数据和信息	将企业污染排放情况进行比较、评判、分级，最终公开企业的评判分级结果
优点	环境信息公开实施相对直接、简单，避免环境信息在传递和处理过程中潜在的信息失真问题，同时也避免环境管理机构参与企业环境行为评判可能引发的法律纠纷的风险	通过环境管理机构的引导和推动，以直观和形象的形式对企业的环境行为进行评判和分类，帮助公众识别企业的污染排放强度和社区主要污染源，避免了普通公众陷入大量环境信息而无所适从，也避免了普通公众由于环境专业术语阻碍而失去兴趣；通过公开简单明了的环境信息，激发和调动公众参与污染控制的积极性
不足和关键问题	有毒化学品排放信息库和 33/50 计划中的一个问题是，仅仅简单地将有毒化学品排放的信息公之于众，而缺乏有毒化学品环境风险和环境影响的信息。这样的环境信息公开略显不足，这是因为有毒化学品排放信息库和 33/50 计划中涉及的化学品性质是不同的，有些化学品即使很小的剂量就会产生很大的危害，而有些化学品在大剂量的长期接触后才会产生危害。如果对这些信息一视同仁地进行处理和公开，有时可能会使公众产生不必要的担心，还会迫使企业花费较高费用去削减污染，而实际上得到的效益却很小	PROPER 计划对企业环境行为的评价标准、指标、评价方法的科学性和公正性提出了较高要求。为此，环境管理机构应当加强这些方面的研究，并适当公开这方面的内容，加强实施过程的透明度，从而维护环境管理机构的权威和信誉
适用情况	适用于社区和市场力量发育较为成熟，公众收入、受教育程度和环境意识较高的国家和地区	适用于需要政府部门引导和推动，非政府组织、环境咨询机构欠缺，力量薄弱，公众环境意识和参与程度不太高的国家和地区

第四节　国内环境信息公开政策

一、环境信息公开概况

我国环境保护工作已开展40多年，环境管理水平不断提高，除了长期采用的指令性控制手段、经济手段外，环境信息手段在管理中正逐步应用。自1989年《环境保护法》明确提出环境信息公开理念以来，我国环境信息公开经历了30多年的实践与发展，环境保护部门掌握了大量的环境信息资源，环境信息系统的建设也日趋完善，为环境信息公开制度打下了一定的基础。我国原有的环境信息公开主要包括国家环境状况公报、地区或流域环境状况公报、城市环境质量周（日）报等。这类环境信息的公开一方面宣传了环境保护法律法规，提高了全民环境保护意识；另一方面充分发挥了舆论监督的作用，促使政府加强环境管理，促进环境质量得到改善。这类环境信息公开形式属于宏观的环境信息公开，较为缺乏对污染源环境信息的定期公开和曝光。尽管我国在环境管理实践中，也建立了多种公众参与方式：建立公众参与会议制度，群众信访，发挥新闻记者的舆论监督作用，召开环境污染案例听证会，实行政务公开等。但环境信息公开仍存在公开不充分、范围狭窄，公众无法了解到更多的关于个体企业环境行为的信息等问题，客观上影响和制约了公众参与的热情和积极性。

鉴于此，20世纪90年代末，我国开始尝试将环境信息公开作为一项独立的环境管理手段应用于工业污染控制实践中。在世界银行的资助下，我国沿袭了发展中国家企业环境行为评价、分级、公开的环境信息公开模式，设计了针对城市工业污染控制的企业环境行为信息公开制度和主要面向乡镇工业污染控制的社区污染控制报告会制度。

二、环境信息公开保障体系

（一）法规保障

完善的法律规章制度不仅赋予公众和社会适当的权利及权力，而且倡导与强制环境信息公开的执行，并具有监督作用。我国对公众参与环境管理高度重视，所制定的有关法律、法规、制度等要求公众参与到环境管理之中，并规定公众享有环境权益，从而激励公众对环境行为进行监督与制约。

中国环境管理经历 30 多年的发展，已形成系统的法律、法规体系。中国政府已经颁布 6 部环境法律，11 部与环境相关的资源保护法律，30 多部环境法规，70 多项环境规章，900 多项地方性环境法规。根据环境标准的性质、内容和功能，通常把环境标准分为以下五类：环境质量类标准、污染物排放类标准、环境监测规范类标准、环境基础类标准和环境管理规范类。其中，环境监测规范类标准、环境基础类标准和环境管理规范类标准只有国家标准，并尽可能与国际标准接轨；环境质量类标准和污染物排放类标准是环境标准体系的核心。另外还有一些关于标准的环境词汇、术语、标志等的规定。

公众参与的要求广泛见于各法律条文。《宪法》规定：“中华人民共和国的一切权力属于人民。……人民依照法律规定，通过各种途径和形式，管理国家事务，管理经济和文化事物，管理社会事物。”这一规定赋予了公众参与环境管理的宪法权利。

《环境保护法》第六条规定：“一切单位和个人都有保护环境的义务。”这一规定明确赋予了公众参与环境管理的权利。第五十五条规定：“重点排污单位应当如实向社会公开其主要污染物的名称、排放方式、排放浓度和总量、超标排放情况，以及防治污染设施的建设和运行情况，接受社会监督。”

《大气污染防治法》《海洋环境保护法》《水污染防治法》《环境噪声污染防治法》《国务院关于环境保护若干问题的决定》《建设项目环境保护管理条例》等环境法律、法规、规章及地方性环境法规，也都做了有关公众参与环境管理的规定。2017 年国务院修改发布的《建设项目环境保护管理条例》第十四条规定：建设单位编制环境影响报告书，应当依照有关法律规定，征求建设项目所在地有关单位和居民的意见。

另外，各种适用的国内和国际政策及条约也积极倡导环境信息公开。1992 年在巴西召开的联合国环境与发展大会上，我国签署的《里约宣言》中第 10 项原则规定：“环境问题最好是在全体有关市民的参与下，在有关级别上加以处理，在国家一级，每一个人都应能适当地获得公共当局所持有的关于环境的资料，包括关于在其社区内的危险物质和活动的资料，并应有机会参与各项决策进程。各国应通过广泛提供资料来便于及鼓励公众的认识和参与……”，这一规定使公众参与的环境政策在各签约国中得到进一步明确和推行。

《国务院关于环境保护若干问题的决定》则强调：环境保护关系到全民族的生存和发展，保护环境实质上就是保护生产力。各地区、各部门都要进一步提高对环境保护工作重要性的认识，进一步加强环境宣传教育，广泛普及和宣传环境科学知识和法律知识，切实增强全民族的环境意识和法制观念。建立公众参与机制，发挥社会团体的作用，鼓励公众参与环境保护工作，检举和揭发各种违反环境保护法律法规的行为。报纸、广播、电视等新闻媒介，应当及时报道和表彰环境保护工作中的先进典型，公开揭露和批评污染、破坏生态环境的违法行为。对严重污染、破坏生态环境的单位和个人予以曝光，发挥新闻舆论的监督作用。这项决定明确了我国有关环境保护社会团体和公众参与环境保护的政策。

由国家计委和国家科委组织编写的《中国21世纪议程》也明确提出了可持续发展目标和行动方案的实施，必须依靠公众及社会团体最大限度的认同、支持和参与。团体及公众既需要参与有关环境与发展的决策过程，特别是参与那些可能影响到他们生活和工作的社区决策，也需要参与对决策执行的监督。同时该议程还为团体及公众参与可持续发展制定了全面系统的目标、政策和行动方案。这些规定都表明了公众参与在实施可持续发展战略中所起的作用越来越重要。

进入21世纪以来，随着环境信息公开制度的逐步建立和发展，相关配套法规和政策也日趋完善和成熟。突出特点表现在进一步强化了公众在环境保护实践中的作用和地位，明确了环境信息公开以及公众参与的形式和途径。2012年修订的《清洁生产促进法》第十七条就规定："省、自治区、直辖市人民政府负责清洁生产综合协调的部门、环境保护部门，根据促进清洁生产工作的需要，在本地区主要媒体上公布未达到能源消耗控制指标、重点污染物排放控制指标的企业的名单，为公众监督企业实施清洁生产提供依据。列入前款规定名单的企业，应当按照国务院清洁生产综合协调部门、环境保护部门的规定公布能源消耗或者重点污染物产生、排放情况，接受公众监督。"2016年修订的《环境影响评价法》第五条规定："国家鼓励有关单位、专家和公众以适当方式参与环境影响评价。"第十一条及第二十一条都详细规定了专项规划环评和建设项目环评过程中应当举行论证会、听证会或者采取其他形式，征求有关单位、专家和公众的意见。

此外，政府开始重视通过立法来直接保障环境信息公开制度的实施。2003年4月1日，国家环保总局发布施行了《环境保护行政主管部门政务公开管理办法》，同年9月22日发布的《关于企业环境信息公开的公告》，将企业环境信息公开的范围分为法律强制而必须公开的信息和企业自愿公开的环境信息两类。2007年4月5日国务院颁布《政府信息公开条例》，之后不久，即4月11日，国家环保总局公布《环境信息公开办法（试行）》（以下简称《办法》），并从2008年5月1日起正式施行。这是我国第一部有关环境信息公开的综合性部门规章。《办法》所称的环境信息，包括政府环境信息和企业环境信息，同时设专章规定企业环境信息公开的内容（包括鼓励性的、自愿的和强制性的、应当的）、方式以及奖惩措施。《办法》的实施将强制环保部门和污染企业向全社会公开重要环境信息，为公众参与污染减排提供了法律依据。2014 年我国新修订的《环境保护法》单列专章对“信息公开和公众参与”做出具体规定，在法律中明确规定重点排污单位应当如实向社会公开环境信息，公众享有环境知情权，公众对企业公开环境信息行为的享有监督权。近年来，通过颁布《企业事业单位环境信息公开办法》《企业环境信用评价办法（试行）》《建设项目环境影响评价政府信息公开指南（试行）》等进一步推动环境信息公开。

经过多年的发展和建设，环境信息公开的法规保障体系日趋完备，初步形成系统化和规范化，未来将更加重视对各类环保实践中环境信息公开和公众参与的指导和引导，以及注重各类政策之间的协调，推动环境信息公开及公众参与在我国达到一个足以推动社会可持续发展的水准。

（二）环境管理体制的支持

环境管理制度是为调整特定的社会关系、实现可持续发展而制定的一系列环境管理规则，是一种能够使环境管理更有效、更规范的措施。中国现有环境管理体制是中国环境保护卓有成效的基石，保证了在巨大经济发展压力下环境质量没有显著下降，促进了社会经济环境的可持续发展。现有环境管理体制为环境信息公开提供了良好的基础，是对环境信息公开的强有力支持，主要表现在以下三个方面：

首先，决策者的环境意识的提高。在我国，领导者和决策者越来越认识到环境保护的重要作用以及环境保护和可持续发展的密切联系，同时对公众参与的作用也予以充分认识和肯定。党和国家领导人提出“要积极创造条件，完善公众参与的法律保障，为各种社会力量参与人口资源环境工作搭建平台”。

其次，环境管理制度的完善。环境信息公开与现有的环境管理制度有着十分密切的关系，如环境影响评价制度、排污申报登记制度、城市环境综合整治定量考核制度、环境污染限期治理制度、环境保护现场检查制度、环境污染与破坏事故报告制度、环境保护举报制度、环境监理政务公开制度以及环境标志制度等，都有环境信息公开和公众参与的内容。

最后，环境信息管理的机构和人员的逐渐完善。环境保护机构建设，尤其是环保机构的现代化和信息化水平将影响信息手段的实施和正常运作。近年来，生态环境部不断拓宽信息公开渠道，通过政务服务大厅、部政府网站、手机客户端、新闻发布会、广播、电视、宣传栏等多种方式公开政府信息，增强政府工作透明度。

（三）市场化水平

如上节所述，市场机制的发育程度对环境信息公开的效果有显著影响。市场对环境信息的反馈的准确性和速度可能影响企业对环境问题及信息公开的重视程度。而企业产品质量与环境管理及技术密切相关，环境信息公开的内容与企业的实际经营活动是紧密相关的，良好的企业经营机制会促使企业更加重视环境行为的改善，将自身的环境行为与市场形象及企业的社会责任联系起来。

随着市场机制的健全，企业与政府管理者之间以及企业与公众之间形成了一种新的关系。政府不再拥有企业，从而更能独立公正地处理企业之间及企业与社会之间的矛盾，尤其给环境问题的解决创造了一个契机。而公众作为最大的消费群体也能行使自我的权利，通过各种反馈机制要求污染者解决环境问题。这些新型关系既是环境信息公开的保证，也受益于信息公开而得以维持。

（四）社会发展水平

环境保护方面尤其需要建立社会制衡机制，体现公众参与的精神。在这里，公众的行动不能仅局限于“参与”，而是要成为一种基本力量。公众的基本组织形式是社会团体，也包括个人。关于社会团体和个人在环境政策中的作用，在很多国家（包括发达国家和发展中国家）已得到了体现。究其实质，关键在于为这些团体和个人创造了有刺激力的政策条件。日本的公害损害健康赔偿制度和公害纠纷调解制度，在这方面提供了有益的借鉴。中国环境政策，特别是环境法律，迫切需要扩大社会公众享有的环境权益，通过这些权益的规定而激励公众对环境损害行为进行监督和制约。

在实践中，我国也在努力探索、尝试培育和发展基层组织及团体在环保中的作用。新型的社区制度正在我国各地建立和发展，这种新型的社区制度与以往相比，具有更多的自主性、更多的参与感以及更完善的组织结构。社区居民也有了更高的素质，这种制度为广大居民提供了表达自己想法的渠道。由于社区能够将个人的意见集中起来与有关当事人进行交涉，因此具有更大的影响力。社区之间的联合和协调能更进一步强化这种群体优势，进而发展成强大的社会力量。这种新型的社区能更好地满足公众对知情权的要求以及参与感的认同。在过去 10 年中，社区已经逐渐成为环境污染控制中的重要角色，它们是环境信息公开的主要参与者，也是环境信息公开的主要受益者和使用者。随着社会主义市场经济及民主的进一步发展，进一步完善的社区制度必将有助于环境信息公开的实施，并且从中获取巨大的效益。

强化利益相关方的地位和作用，引入社会制衡机制是社会稳定、健康及公平发展的保证。从环境信息公开来说，相关社会制衡机制的主要作用是为公众提供参与的机会、提供社会监督机制、提供公平机制以及提供社会协调机制。以上分析中，需要指出的是，现有的社会制衡机制仍存在相当的不足，如公众参与不足，监督渠道不畅通，社会协商途径不够，社会奖惩制度不充分。

（五）技术支持

环境信息公开的技术支持主要包括信息采集的技术保障、信息流的安全和准确性保障等方面。

环境信息公开的基础和工作对象是环境信息，因此，如何建立一条规范的信息采集渠道和一套信息质量保证体系，对指导和监督环境信息公开工作具有重要的意义。我国目前已经建立了相对完善的环境信息采集体系，各个系统分工明确，尤其是在信息采集的纵向和行政管理上，更是相对完备。

环境信息公开的信息主要是污染者的环境行为信息，包括环境监测信息和环境监理信息两个方面。经过几十年的建设，我国环境监测队伍日益发展壮大，监测仪器装备达到了一定的规模，监测能力也有了很大的提高。全国组建了各类监测网络，包括污染源监测网络和环境质量监测网络等。生态环境部网站和中国环境监测总站网站通过全国城市空气质量实时发布平台实时发布全国338个地级及以上城市共1 436个监测点位可吸入颗粒物（PM_{10}）、细颗粒物（$PM_{2.5}$）、二氧化硫（SO_2）、二氧化氮（NO_2）、一氧化碳（CO）和臭氧（O_3）等6项指标监测数据和空气质量指数（AQI）等信息。各部门或行业的污染管理网络也初具规模。在监测技术规范方面，制定了大气、地表水、生物、噪声和放射性环境监测技术规范，形成了环境监测分析方法体系，并逐步迈向环境监测标准化轨道。另外，环境监理信息也是环境信息的重要方面，包括污染单位治理设施的运转情况、排污口规范化情况、排污收费情况和群众信访情况等环境管理方面的信息。近年来我国在环境管理技术和装备标准化方面也有极大改善，这些环境监测和监理技术条件的具备为环境信息公开和公众参与创造了有利的条件。此外，在过去40多年的环境保护中，不同水平环境统计的发展为我国提供了大量的基本数据、数据获取手段、统计技术及人才，使环境信息公开在某种程度上有了一定的基础。

环境信息公开的技术支持还体现在信息的安全和准确性保障，它关系到环境信息的准确性和可靠性，是环境信息公开的生命线。如果公开的环境信息不能够准确反映被公开对象的环境行为，社区就无法利用这些信息对污染者产生压力，污染者也不会承受由错误信息产生的压力，以及可能导致的法律诉讼。这样，环境信息公开就失去了其应有的作用。随着现代信息技术的发展，信息技术对环境管理的支持作用越来越重要。利用各种信息技术（计算机技术、通信技术、控制技术等），可以保证信息在加工和传输过程中的安全、准确及时效性，可以将环境监测、监理、统计等方面数据转变成可以直接被政府决策和公众参与以及信息公开采用的信息。

三、企业环境行为信息公开制度

我国从1998年开始企业环境行为信息公开化试点研究。在世界银行的资助下，国内有关科研机构和高校与地方环保局共同研究和合作，率先在江苏省镇江市和内蒙古自治区呼和浩特市开展企业环境行为信息公开化试点研究（Environmental Performance Rating and Disclosure for Pollution Control Program，EPRD Program）。到2005年，企业环境行为信息公开制度已逐步发展到了江苏、内蒙古、广西、浙江、安徽、山东、重庆、甘肃省（自治区、直辖市）。参加环境信息公开企业的范围也从工业企业延伸到宾馆、饭店、医院等三产服务业。

（一）基本概念

企业环境行为信息公开制度是一种具体的环境信息公开制度或政策形式，是指市（县）级以上地方人民政府环境保护行政主管部门按照规定的指标体系和程序对企业的环境行为进行综合评级，通过一定方式向社会公开评判结果，使社会获取企业环境行为信息，并接受社会公众监督的制度。

（二）评价体系

借鉴发达国家和发展中国家的成功经验，我国的企业环境行为信息公开评价体系的设计遵循这样一个技术路线：企业环境行为评价等级分类标准的设立、企业环境行为指标选取和指标体系的建立、企业环境行为的评判分级方法设计。

1. 评价等级分类标准

企业环境行为评价等级的分类应十分仔细，可能会影响信息公开可能产生的压力及效果。分级过粗，不足以区分企业间的差异，会打击先进企业的积极性，纵容落后企业。分级过细，则给信息交流及管理增添困难，影响公众参与的程度，同样不利于信息公开实现设计目标。

不同环境等级的表达方式也是应该注意的内容，主要会影响信息交流及公众反馈的效果。数字与文字是过去常用的表达手段，它们对环境等级的表达比较准确，但摆脱不了枯燥乏味的本质，特别不利于信息沟通及公众参与。目前比较流行的表达手段是利用不同颜色来表征企业环境表现的好坏，在赋予每种颜色确切环境管理的含义之后，可以改善各利益相关者对环境表现好坏的理解。需要注意的是，必须充分宣传各种颜色的意义，避免可能的误解。另外，应该充分利用多种媒体的作用来加强信息交流过程。

经过多种方案比选，我国企业环境行为的分级标准沿用了已被实践证明的 5 色分级标准。根据公众认知和接受能力以及公众在这方面的传统习惯，依次用黑色、红色、黄色、蓝色和绿色来形象表征企业环境行为由差到好。这种分级方法简洁明了，一方面便于企业和公众认知和接受；另一方面通过 5 种颜色，将企业环境行为进行客观的分类和比较，有利于媒体的报道和参与。考虑到当前国内经济、社会和环境管理现状和发展目标，对 5 色分级标准做了进一步的详细刻画（表 6-7）。

表 6-7 企业环境行为评价等级分类标准

环境行为分级标志色	环境行为分级标准	政策目标
黑色（严重违法）	企业排放污染物严重超标或多次超标，对环境造成较为严重影响，有重大环境违法行为或者发生重大或特别重大环境事件	创造一种压力氛围，使企业努力采取措施满足环境管理的要求
红色（违法）	企业做了控制污染的努力，但未达到国家或地方污染物排放标准，或者发生过一般或较大环境事件	
黄色（基本达到要求）	企业达到国家或地方污染物排放标准，但超过总量控制指标，或有过其他环境违法行为	
蓝色（良好）	企业达到国家或地方污染物排放标准和环境管理要求，没有环境违法行为	鼓励企业采取生产技术和更高一级的环境管理体系
绿色（优秀）	企业达到国家或地方污染物排放标准和环境管理要求，通过 ISO 14001 认证或者通过清洁生产审核，模范遵守环境保护法律法规	

2. 企业环境行为评价指标

企业环境行为的评价指标选取和指标判别标准取决于环境行为信息公开的目标及环境管理的实际状况。原则上，应尽可能满足下述要求：

☞ 要有政策与法规上的依据，这样才能让被公开企业觉得公平。

☞ 要有政策上的指导性，要与具体的环境管理实践（如达标排放、限期治理）结合在一起，这样才能促进环境管理工作的开展。

☞ 要能促进技术进步，改善企业管理，增加对企业的吸引力。

☞ 要结合公众的广泛要求，关注当地群众的环境诉求，有利于公众参与，提高环境信息公开的效果。

☞ 要坚持一致性，有利于企业间的横向比较。

☞ 定量与定性结合。在尽可能选取定量指标的基础上，对某些指标（特别是环境管理与执法）可采纳定性判断，但是要提供足够清晰的说明，以帮助企业做出准确判断。

☞ 在尽可能保证指标稳定性的基础上，可以根据环境信息公开目标及环境管理实践的变化对指标进行适当的调整，以覆盖新的环境管理需求。

根据上述原则，现阶段我国可以加以考核的企业环境行为主要有两大类（表 6-8）：一是从企业内部来考核，即考察企业的主体行动，包括企业环境污染排放和环境管理行为；二是从外部对企业环境表现的反馈来评判企业的整体环境表现，包括环境管理部门执法检查及公众反馈两部分。具体企业环境行为评价指标和评价因子包含如下内容。

表 6-8　企业环境行为考核指标分类

	环境行为类别	环境表现考核内容	
内部考核指标	环境污染排放	• 常规排放	• 水、大气、固体废物、噪声、电磁辐射和放射性物质
	环境管理	• 突发性环境事件 • 最低要求 • 可持续发展要求	• 满足环境管理制度要求 • ISO 14000、清洁生产
外部考核指标	管理部门执法检查		• 行政处罚 • 违法行为
	社会公众反馈		• 公众投诉

（1）环境污染排放。该子类指标主要从水、大气、固体废物、噪声、电磁辐射和放射性物质 5 个环境要素来考察企业环境行为。针对水和空气环境要素，分别从浓度排放和总量控制两个方面来分析和评价。根据调研结果，结合现行环境标准，选取了 13 个评价因子，COD、SS、石油类、挥发酚、总铬、氰、铅、砷、汞、镉、烟尘、粉尘、SO_2。固体废物主要考察企业固体废物（包括危险废物）排放量、处理处置量和综合利

用量。此外，突发性环境事件的考核包括一般、较大、重大和特大污染事故的发生次数和污染损失情况。

（2）环境管理。该子类指标主要从企业内部的环境管理角度来评判企业的环境行为，其内容包括环境管理的基本要求考核以及面向可持续发展要求的清洁生产审计考核和环境管理体系认证（ISO 14000 认证）考核。其中环境管理基本要求可从如下 5 个方面考核：按期缴纳排污费；按期进行排污申报；排放口的规范化管理；建设项目符合规定程序和实行“三同时”；落实环境保护人员和环保机构，以及完善环保管理制度。

（3）管理部门执法检查和社会公众反馈。该子类指标主要从管理部门和社会公众对企业监督角度考查企业的环境行为，如行政处罚、违法行为、公众投诉等监理监督记录。

3．企业环境行为评价方法和程序

评价方法和程序的选择应讲究科学性，并且易于操作与实施，这样才能被各方广泛接受，有效地产生刺激作用。常用的手段有如下几类：

☞ 可采取综合评判的方法来确立环境行为等级，即将所有指标进行标准化，通过适宜的加权得到环境表现的综合指数，再根据指数的大小进行分级。这种方法具有综合性，缺点是指数的大小与某个具体的指标并没有直接关联，不利于公众及其他利益相关者的理解。需要注意的是，权重的确定会极大地影响评价的效果。由于权重确定具有一定的主观性，会引起较多的争议。另外，每个指标标准化时采用公式的异同也会影响评价结果，这也是潜在的争议之处。所有这些均可能影响信息公开的权威性，值得注意。

☞ 单一指标判别法。通常使用某一指标与标准加以比较，根据“满足”或“不满足”标准来确定某一指标环境表现的好坏。同时往往采用单一指标否决制，即由单个指标逐步筛选出不同环境行为等级的企业。这一方法较为直接，易于理解，特别是公众的理解，增加参与的程度。但容易片面衡量企业的环境表现，否定已经取得的某些成果，有时会遭到企业的抵触。因此应充分与被公开企业进行沟通，解释具体的评价方法。如果逐步筛选的步骤能与环境管理的内容、环境管理的重点、污染控制的可行性及公众关注的热点结合在一起，则可以减少这类争议的发生。

☞ 分指数判别法。分指数是一系列相关的、同一范畴指标的集合体，可以反映出某一类指标（如环境管理）而非单一指标的环境表现。在总体上具有较好的说服力，特别是关注某一类的环境行为时比较有意义。但它同时兼有综合指数加权及单一指标判别片面的缺点，使用时应十分小心。

☞ 混合判别法。混合判别法将混合使用上述三类方法，即根据环境信息公开的目的调整使用。因此可以充分利用各类方法的优点，同时三类方法互补使得原有的缺点得到掩盖。但是，由于多种方法的混合使用，增加了信息公开的难度，特别是信息交流时容易出现障碍。各利益相关者，特别是公众会难以理解信息公开的结果，最终影响信息公开的效果。

由此可见，由于评价过程是一个带有主观意识的过程，以及环境问题的复杂性，没有一种评价方法可以是十全十美的。因此，应充分结合实际情况和需要，根据公众的接受能力等确定适宜的评价方法。评价程序则取决于所使用的评价方法，一个良好的工作程序将有利于环境信息公开的顺利开展。

现阶段，环境信息公开制度中企业环境行为评判分级方法的设计应充分考虑两个原则：评判分级方法的实用性和可操作性，另外，评判分级方法要简单明了，便于公众理解，增加公众参与的程度。为此，设计中采用了指标判别法和逐项筛选的评价程序。这一方法较为直接，即使用某一指标与标准加以比较，根据“满足”或“不满足”标准来确定这一指标环境行为的好坏，由单个指标逐步筛选出不同环境行为等级的企业，最终用 5 种不同的颜色来表征。

（三）工作程序

企业环境行为信息公开的工作程序采用了“评估—告知—反馈—审核—宣传”的行动步骤。它的特点体现在环境信息公开之前，环境管理机构要事先向企业告知评级结果。企业如果对评级结果有疑义，可以在规定的期限内向环境管理机构要求复核。环境管理机构就企业要求审核评级结果，并给予企业相关说明和明确答复，最终让企业认可评级结果。企业评级结果审核完毕之后，提交更高一级的领导小组审定。领导小组一般由分管生态环境的市长、生态环境局和有关职能机构领导组成，主要负责环境行为评级结果的审定和发布。此外，为了确保新闻媒体报道企业环境行为的准确性，环境管理机构还应经常邀请新闻媒体出席企业环境行为信息公开项目宣传介绍和软件演示会。

（四）实施应用

自 1998 年，在世界银行的资助下，中国开始试点企业环境行为信息公开制度。该项制度在中国的发展大致经历了以下几个阶段。第一阶段：1998—2000 年，镇江市和呼和浩特市开展试点；第二阶段：2001—2003 年，江苏省扩大试点，并在全省推广；第三阶段：2003—2005 年，在江苏、内蒙古、广西、浙江、安徽、山东、重庆、甘肃省（自治区、直辖市）推广试点；第四阶段：2005—2012 年，总结试点经验，在全国开展企业环境行为评价工作；第五阶段：2012 年至今，党的十八大以来生态文明建设和环境保护被放在更加重要的战略位置，企业环境行为信息公开管理更加强调整体统筹性和动态时效性，区域间统筹管理和信息自动化评价成为新趋势。

其中，江苏省是国内第一个全面开展企业环境行为信息公开的省份。经过多年来的推广实施，参加环境行为信息公开的工业企业由 2001 年的 1 059 家发展到 2011 年的 21 351 家。环境信息公开的企业范围也从工业企业延伸到宾馆、饭店、医院等三产服务业，并且引入了动态化管理的思想，加强对企业环境行为跟踪监督和分类管理。此外，江苏省还将企业环境行为评价纳入社会信用体系建设，金融机构将企业的环境行为评级情况作为提供信贷的重要依据。结合企业环境行为信息公开，江苏省在街道、乡镇试行环境污染报告会制度，由企业和政府向群众汇报污染治理状况和环境保护规划，听取群众的意见和建议。2019 年 1 月，江苏省生态环境厅发布《江苏省企业环保信用评价暂行办法》，制定借鉴了交通违章 12 分记分管理制度，结合江苏环境管理要求，形成《江苏省企业环境行为信用记分标准》，并保留了江苏环保信用“绿、蓝、黄、红、黑”五色等级划分。该标准设定满分 12 分，信用等级由优到劣依次为绿色等级 11～12 分，蓝色等级 6～10 分，黄色等级 3～5 分，红色等级 1～2 分，黑色等级小于或等于 0 分。《江苏省企业环保信用评价暂行办法》将年度评价模式调整为动态实时模式，实现了企业环境信用评价与日常环境监管工作有机结合。环保信用信息产生之日起 15 日内，由产生信息的生态环境主管部门归集至企业环保信用评价系统，系统将根据信息对应的分值自动进行运算产生环保评价结果。失信行为产生后立即对环保信用等级产生影响，使企业的信用等级与当前的环境管理成效相匹配，保障了环保信用评价结果的时效性。[①]

企业环境行为信息公开制度在中国发展已有 20 多年，实施情况反映出该项制度实施灵活、成本低、效果明显等特点，作为公众参与的一项政策创新，对当前中国环境管理体系起到有益的补充。

（1）环境信息公开适应了对企业全面监管、分类指导的环境管理需要。企业环境行为评价的指标体系设计和评价方法设计方面还对现行环境管理进行了充分考虑，几乎所有环境管理制度最重要的方面都涵盖在指标体系中。环境信息公开充分整合现有环境管

① 资料来源：http：//hbt.jiangsu.gov.cn/art/2012/12/3/art_1564_4402918.html；http：//hbt.jiangsu.gov.cn/art/2019/1/8/art_51391_8283436.html。

理要求，有效地提高了其他环境管理制度执行效率。环境信息公开加强生态环境局自身能力建设，提高环境管理水平。企业环境行为评价涉及环境管理的各个方面，包括环境监测、环境监察、污染控制、环境统计等，公开企业环境行为并进行评级，要掌握科学可靠准确的数据，这是对环保工作能力的全面检验。同时，为了客观、公正、公平地公布企业环境行为，必然要求环保部门不断加强环境监测、环境监察、环境信息等方面的能力建设，提高依法行政的水平，这也促进了环保部门环境管理水平的提高。

（2）环境信息公开对企业的环境行为有着直接的影响和作用。环境表现良好的企业能够获得社会的赞誉和市场回报，而对环境表现差的企业就会形成一种强大的社会压力，从而使企业自觉加强环境管理，提高污染治理水平，改善环境行为。中国加入世界贸易组织和国内市场逐步发育成熟，迫使企业将更加重视自身的环境业绩。环境信息公开的引入帮助企业发现和解决自身环境问题，以获得更佳的环境表现。在市场经济中，绿色和蓝色的企业将会赢得更大的市场份额和更多的股市收益。

（3）环境信息公开增强了公众的知情权。环境信息公开的一个主要目标是告知公众企业的环境行为。为了降低信息不对称，环境信息公开政策鼓励公众、非政府组织和媒体参与企业环境行为的监督。在实施过程中，媒体做了一定的相关报道，客观上推动了工作开展。然而，由于非政府组织发展的滞后，环境信息发布方式和途径的有效性相对不足，公众参与仍显欠缺。最直接的表现就是公众主动反应的迟缓和不足，这影响了政策实施效果。未来政策改进和完善应当进一步加强公众动员，使得政策实施更为成功。这或许会增加政策实施成本，但所取得的成效是显著的。

专栏 6-2　典型案例

驻马店市环境保护局

行政处罚决定书

驻环罚决字〔2017〕第 08 号

驻马店市海骏医疗废物处置有限公司:

统一社会信用代码: 914117285637364928

地址: 遂平县褚堂乡生活垃圾卫生填埋场内

法定代表人（负责人）: 刘善海

本机关于2017年11月2日对你单位涉嫌未公开环境信息立案调查。经调查，你单位未按《企业事业单位环境信息公开办法》（环保部令第31号）要求将生产装置、周边环境基本信息、污染治理设施建设情况、在线监测设备建设情况（废水在线监测仪器备案登记信息、废气在线监测仪器备案登记信息）、废水污染物产排信息（月度）、废气污染物产排信息（月度）、固体废物产生及处置信息（月度）、污染治理设施运行情况（月度）、生产运行情况（月度）、危险废物跨省转移信息、突发环境事件应急预案备案、行政处罚信息、挂牌督办及解除信息、环境违法“黑名单”及其解除信息、突发环境事件信息、排污费缴纳情况、排污费申报违规行为信息、排污费缴纳违规行为信息、排污许可证信息、排污许可企业核查信息、环境违法案件调查、环境信访、媒体监督、环境污染投诉案件及处理结果信息、废水污染物基本信息、废气污染物基本信息、危险废物经营单位规范化管理考核信息等环境信息录入信息公开平台，并在重点排污单位名录公布90天内未通过规定方式予以公开。上述行为违反了《企业事业单位环境信息公开办法》（环保部令第31号）第九条“重点排污单位应当公开下列信息：（一）基础信息，包括单位名称、组织机构代码、法定代表人、生产地址、联系方式，以及生产经营和管理服务的主要内容、产品及规模；（二）排污信息，包括主要污染物及特征污染物的名称、排放方式、排放口数量和分布情况、排放浓度和总量、超标情况，以及执行的污染物排放标准、核定的排放总量；（三）防治污染设施的建设和运行情况；（四）建设项目环境影响评价及其他环境保护行政许可情况；（五）突发环境事件应急预案；（六）其他应当公开的环境信息。列入国家重点监控企业名单的重点排污单位还应当公开其环境自行监测方案”的规定，已构成违法。以上事实，有调查询问笔录、现场检查（勘察）笔录、现场照片等证据为凭，事实清楚，证据确凿。根据你单位违法行为的事实、性质、情节、社会危害程度和相关证据，参照《河南省环境行政处罚裁量标准适用规则》和《河南省环境行政处罚裁量标准》，你单位的违法行为属于严重。

本机关于2017年12月8日向你单位直接送达了《驻马店市环境保护局行政处罚事先（听证）告知书》（驻环罚先告字〔2017〕第09号）告知你单位对本机关拟作出的行政处罚有权进行陈述申辩和申请听证。你单位在法定期限内提出陈述申辩，未申请听证。经市环保局行政处罚案件审查委员会2017年12月27日集体讨论决定，对你单位陈述申辩理由不予采纳，同意对你单位予以行政处罚。

依据《企业事业单位环境信息公开办法》（环保部令第31号）第十六条“重点排污单位违反本办法规定，有下列行为之一的，由县级以上环境保护主管部门根据《中华人民共和国环境保护法》的规定责令公开，处三万元以下罚款，并予以公告：（一）不公开或者不按照本办法第九条规定的内容公开环境信息的；（二）不按照本办法第十条规定的方式公开环境信息的；（三）不按照本办法第十一条规定的时限公开环境信息的；（四）公开内容不真实、弄虚作假的”的规定，本机关决定对你单位作出如下处理决定：

1. 立即录入并公开企业环境基本信息；

2. 罚款人民币叁万元整（￥30 000）。

你单位应当自收到本决定书之日起15日内将罚款缴至指定银行和账号：

收款银行：中国建设银行驻马店分行营业部

户　名：驻马店市财政局驻马店市非税收入归集专户

账　号：

你单位如不服本决定，可以自收到本决定书之日起六十日内向驻马店市人民政府或者河南省环境保护厅申请行政复议，也可以自收到本决定书之日起六个月内依法直接向人民法院提起行政诉讼。逾期不申请行政复议，也不提起行政诉讼，又不履行本处罚决定的，本机关将依法申请人民法院强制执行。

2017年12月27日

四、社区污染控制报告会制度

随着近年来社区建设的明显发展，公众可通过参加或依法自行建构社区环保组织的方式，来完善环境管理权利领域的社区参与制度建设，这样既能在一定程度上克服环境管理中政府失灵的不足，又能有效弥补现有公众环境参与机制的欠缺，社区污染控制报告会制度显示多方面的优势。

首先，可以减少信息成本。由于社区成员成分的多样化，其社会地位、知识背景各不相同，当每个人都积极行动起来时，大家都可以发挥自己的作用，相互予以互补，解决单个人在面对环境问题时信息成本太高的问题。

其次，可以减少“搭便车”行为。在难以预期他人行为时，“搭便车”的行为会增加，而在预知他人都会积极作为时，“搭便车”的行为会减少。由于社区参与的主要精神就是强调社区居民的积极参与，而同一社区的居民由于对环境利益有共同的追求，也易于结成同盟，在这种情况下，“搭便车”的行为会减少。

再次，可以保证公众获取集体力量。在社区环保组织中，公众不再是分散地、孤立地面对环境问题，而是集聚组织的力量来开展环境保护行动，对抗环境侵害。当分散的个体力量集合成为一种组织力量时，公众就真正具有了对相关政府机构或企业的行为执行民主监督的能力，这种能力的获取，致使公众对政府行政权力和企业经济权力的民主制约得以实现，从而保证了公众环境权利的真实兑现。

最后，可以保证公众参与环境管理的合法有效。无疑，公众参与环境管理的活动必须在一个合法的范围内进行，不能因此破坏社会的稳定性。而社区建设的一个基本精神就是立足地方基层，坚持政府指导与社会共同参与相结合，民间活动需与政府行为相配合。这意味着社区参与是一种处于现有价值和制度框架内的活动，因而在环境管理领域是一种值得深入探索并推广的公众参与形式。

社区污染控制报告会正是在这一背景下产生，具有上述的制度优势。同时，社区污染控制报告会兼具环境信息公开手段信息公开和公众参与的基本特征，因此，本书将在这节系统讨论这一典型政策。

（一）社区污染控制报告会基本概念

在探讨社区污染控制报告会之前，有必要先明确社区的概念。社区（community）的概念首先出现在德国社会学家 Tounies 的《社区和社会》（*Community and Society*）一书中。中文的“社区”一词是由中国社会学家费孝通于 20 世纪 30 年代从英语中意译而得。Tounies 将社区定义为：是基于亲族血缘关系而结成的社会联合。构成社区有七个要素，即人口、地域、经济、社区内的专业分工和相互依赖关系、相同的文化制度、居民的凝聚力和归属感、为社区服务的公共设施。

社区的概念在不断的发展演变中，由于研究角度和研究对象的不同，社区也有着不同的具体概念，目前在学术界尚无统一的定义，但是它的基本内涵是一定的——社区是一个区域性的社会。综合多种观点并结合中国的社会实际情况，可以将社区的概念定义为：以一定的地理区域范围为基础，拥有一定的人口聚集度和经济结构，遵守一定的规范和习俗，具有共同的社会利益、文化制度和心理特征的社会群体。它应该包括以下重要特征：一定的地理范围、一定的人口聚集程度、共同的基本文化背景和经济制度、一定的公用设施、居民按照一定的方式和结构共同分布、拥有一定的凝聚力和归属感。

社区是社会的一种基本构成单位，是按照一定的地理、经济、文化、制度、心理特征等因素划分的，同时具有自然性和社会性。社区内的社会生活和社会联系具有直观性、直接性和具体性等特点，是人类社会活动高度聚集的地理地域空间，也是社会成员参与社会生活的基本场所。所以社区的范围并不确定，随着研究目的需要而变化，可以是居住小区、街道、城市等，也可以是一个村庄、乡、镇或者县等。

综合考虑中国的具体社会、政治、经济和环境状况，这里所指的社区污染控制报告会制度可定义为在原有的行政区划基础上，以一个或几个有相似社会、经济、环境特征的相邻区域组织成社区，组织该社区内的污染者、公众和政府主管部门等利益相关者定期举行面对面的会议，就规定时限内需要完成的环境目标在利益相关者间达成协议（非契约性质，如企业就改善环境的措施对公众所做的承诺），并监督协议执行的情况，促进污染者改善环境行为、提高政府管理能力、实现公众参与的一种管理手段。

污染控制报告会的参与对象是社区内的污染者、居民、政府主管部门等利益相关者，其讨论的主要内容是社区内污染者的环境行为与改善方式、政府管理者的工作情况，以及公众受到的环境损害和对污染者及政府的需求和建议。最终达成的结果是三方均能接受的关于环境行为和环境管理的协议，此协议无法律约束力，而是通过社会道德、舆论压力和其他潜在影响（如企业的信誉、政府主管部门的评价指标、贷款的影响等）得以执行。污染控制报告会的目的是控制社区内污染状况，提高政府的环境工作能力，推进公众在社区环境事务上的参与水平，在污染者、公众和政府管理者等利益相关者间建立有效的信息交流和沟通渠道，增进相互了解和缓解社会冲突。

污染控制报告会至少应该具有以下几个基本要素：一定的实施范围、有效的组织者（一般是政府）、涉及环境状况的利益相关者、最终达成的协议、协议执行情况的讨论。

污染控制报告会不是单独的一次会议，而是在时间上和实施效果上均连续的一个过程，污染者、公众和政府定期举行讨论，检验以前提出的协议执行情况，讨论新出现的情况，同时制定新的协议。所以污染控制报告会不像其他行政命令手段或者经济手段那样在短时期内达到某一个特定不变的结论（如控制在一定的排放浓度、达到相应的环境标准、将污染物排放总量限制在某个范围内等），而是通过该报告会的形式不断地向污染者和管理者提供刺激，持续地使社区污染状况向最佳污染排放水平逼近。

（二）社区污染控制报告会特点

1. 次优性

不同的环境管理手段可适应不同的环境管理需求。在环境管理相对完善、传统环境管理实施效果显著的地区，污染控制报告会可能起不到突出的效果，原因在于：污染控制报告会最主要的目的是要求企业与社区其他利益相关者之间制定在规定时限所要完成的环境目标的协议，而不是制定具有民法约束力的契约与合同。污染控制报告会仅仅是一种环境管理工具，不是法律的替代物，更不可能超越现行的法律。因此污染控制报告会不能像其他管理手段一样保证实施的效果，它更适用于环境管理薄弱地区，仅仅是在原有环境管理手段失灵、公众环境意识不易调动情况下的一种补充手段。

与其他行政、经济手段的管理措施（如排污收费、排污权交易等）相比，污染控制报告会是一种次优手段。虽然没有明确的定量化目标，不能够在短期内收到确定的和显著的效果，但在效果上则不断使企业环境行为得到改善以及整体环境质量得到维护和提高，并且能在其他手段无效的情况下对地区环境管理和污染排放提供持续不断的刺激，并可以作为鼓励公众环境意识的一种有效方式。

2. 灵活性

虽然污染控制报告会对污染企业技术革新刺激小、对不良环境行为约束力较差，但污染控制报告会适用于大多数乡镇地区和经济欠发达地区，可以根据各地不同的实际情况进行具体实施过程的调整。污染控制报告会的时间安排灵活，同时可以照顾到不同的认识水平，可以按照不同的环境管理需要和具体的污染排放状况实行相应的报告会，社区范围选择和参加报告会的利益相关者选择灵活，可根据当地的主要环境问题、不同的社会地位、污染制约因素以及相应的社会福利影响而有所偏好。这使某些在一般经济激励手段中没有重点考虑的污染因子（如恶臭、噪声等）将在污染控制报告会协商中被提及。

3. 经济性

污染控制报告会操作较为简单，培养出来的有能力、有经验的组织者和参与者，可被纳入政府环保部门的日常管理中，当污染控制报告会被公众、污染者和管理者接受，并逐渐走上轨道后，主管部门可以将污染控制报告会的主要日常管理职责放权给社区公众，让社区内的公众参与得到真正的实现。因此，污染控制报告会不同于其他管理手段，在制度本身成熟后即可由社区自主进行，所以省略了组建机构、增加人员、购买装备、开展监测、往来交涉、法律诉讼等大量的组织和管理费用，大大缓解了环境保护部门的压力，同时也能缓解因污染和其他环境管理问题带来的社会冲突和额外的经济费用。

4. 自适应性

污染控制报告会目前仅仅是由企业向公众和政府做报告，向他们做出改善环境行为的具体承诺，由政府和公众监督承诺的实施情况，同时公众对政府部门的工作提出意见和建议，在利益相关者之间形成信息交流和沟通的渠道。但从本质上来说，污染控制报告会也是民主制度发展和环境信息公开程度提高的具体体现，其社区内协商的基本内涵可以延伸到全部的社区环境事务，在所有成员间促进交流和理解，从而保障社区可持续发展的实现。此外，污染控制报告会可以加速地方非政府组织的形成，同时作为社区内环境教育宣传的方式之一。

（三）社区污染控制报告会组织实施

考虑到社区污染控制报告会的优势和特点以及中国乡镇地区的社会、环境状况，率先将这一政策引入乡镇工业污染控制中，其具体组织实施是在原有的行政区划基础上，由地方生态环境局出面牵头组织、乡镇政府有关部门部署实施、乡镇环保员负责具体操作，地方生态环境局不定期派人参加，组织该社区内的污染者即企业、公众和政府主管部门定期举行面对面的会议，由污染者就环境行为和改善措施在会议上进行汇报，讨论的主要内容是社区内污染者的环境行为与改善方式、政府的环境管理情况，以及公众受到的环境损害和对污染者及政府的需求和建议，最终达成的结果是三方均能接受的关于环境行为和环境管理的协议，从而促进污染者改善环境行为、政府提高管理能力以及公众参与的实现。

完整的污染控制报告会应由两次单独的报告会组成：第一次报告会由乡镇企业代表在政府、居民代表等利益相关者面前，汇报自己的经济和污染现状，并就未来的污染控制措施做出承诺，同时居民可以对企业和政府的表现进行质询，各利益相关者间可进行信息的交流。第二次报告会在一段时间后举行，由原企业汇报承诺的实施情况，接受居民和政府管理部门的检验，获得信息反馈，同时居民可考察在上一次报告会中对政府所提合理建议的实施结果，并且利益相关者可就新的发展情况进行新一轮的讨论。

污染控制报告会组织实施框架和工作流程见图 6-2、图 6-3。

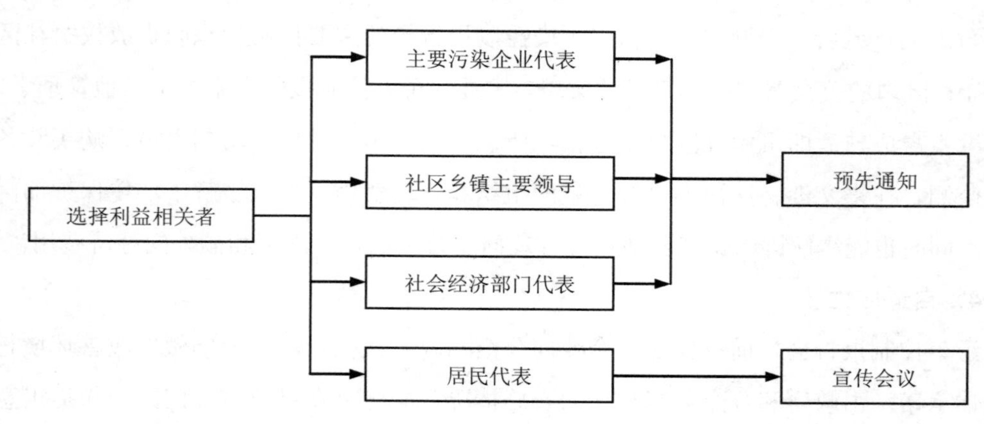

图 6-2　污染控制报告会组织实施框架

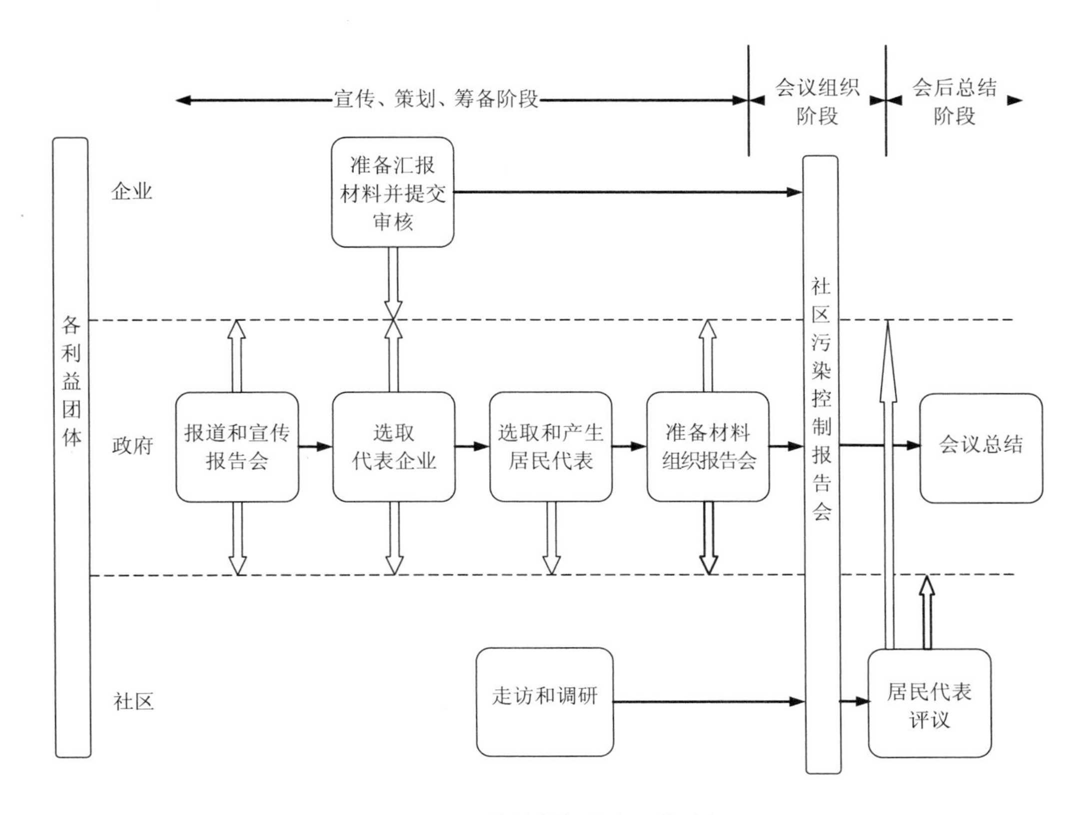

图 6-3　污染控制报告会工作流程

社区污染控制报告会于 2000 年前后在江苏省丹阳市、阜宁县开展试点。其中丹阳市有 7 个乡镇、36 家企业、100 位居民代表参加了污染控制报告会；阜宁县有 2 个乡镇、10 家企业、24 位居民代表参加了污染控制报告会。在丹阳乡镇污染控制报告会成功实施的基础上，江苏省其他县市也陆续开展了此项制度。2006 年开始，江苏省常州、盐城、泰州、南京等地区陆续推广了该项环境公众参与模式，其中姜堰模式成为环境自治新典范。①

（四）社区污染控制报告会实施成效

环境管理有许多实际手段可供选择，每一种手段都有其各自的优点和缺点，成功实施环境管理的关键在于如何选择和评价这些管理手段，并结合起来灵活运用。在选择和评价这些手段时，主要考虑的是在经济、政治、社会以及文化等方面的适用性和有限性。虽然没有适用于每一种管理手段的评价标准，但就大多数可供选择的环境管理手段而言，

① 资料来源：http：//hbt.jiangsu.gov.cn/art/2014/12/9/art_1565_4438073.html。

其是否可行一般需要遵循以下几个准则：有效性、经济效率、公平性、监督管理的可行性和管理费用。

1．有效性

管理手段的有效性是指此手段实施后可否实现相应的政策目标。污染控制报告会是一种污染者、受污染者、管理者之间的协商，也是公众参与社区环境管理的手段，所以评价污染控制报告会的有效性就是看它能否为公众介入社区的环境事务管理提供途径，对污染者减少污染或者进行技术革新进行刺激，监督政府主管部门的工作成绩，以及是否能提高公众的环境意识和环保知识。从这方面考虑，污染控制报告会是卓有成效的。

2．经济效率

经济效率是指在给定的政策目标下，污染控制报告会的实施费用是否较小。污染控制报告会操作较为简单，培养出来的有能力、有经验的组织者和参与者，将被纳入政府环保部门的日常管理中，当污染控制报告会被公众、污染者和管理者接收，并逐渐走上轨道后，主管部门可以将污染控制报告会的主要日常管理职责放权给社区公众，让社区内的公众参与得到真正的实现。因此，污染控制报告会不同于其他管理手段，在制度本身成熟后即可由社区自主进行，所以省略了组建机构、增加人员、购买装备、开展监测、往来交涉、法律诉讼等大量的组织和管理费用，大大缓解了环境保护部门的压力，同时也能缓解因污染和其他环境管理问题带来的社会冲突和额外的经济费用。污染控制报告会可能需要的花费则包括对政府官员进行专门培训的费用、日常中对社区内的公众进行环境意识宣传和公布企业环境信息的费用、召开报告会的费用、其他杂费等，相对于其他需要大量组织人员、监测仪器和研究经费的环境管理手段而言，这只是很小的一笔费用。

3．公平性

不同的政策手段通常会对不同的团体和个人产生不同的成本和效益变化，因此是否体现了公正性将影响选择手段的可接受性。

污染控制报告会中的污染者是社区内产生污染单位的团体，而受影响者则是社区内的公众，污染者的环境行为信息来自政府的监测数据和公众日常的接触；同时污染者当面向政府管理者、居民代表和其他参与企业做报告，其承诺的实施程度也将在下一次会议上接受各方面的检验。整个过程公开透明，从而避免了暗箱操作，保证了污染控制报告会的公正性和民主性。

4. 监督管理的可行性和管理费用

所有类型的政策手段都会涉及手段的实施机构问题，如果管理和执行机构的矛盾过大，或者管理成本过于高昂，则会影响政策的有效实行。

对于污染控制报告会来说，会议达成了一定的协议，同时公众对政府的工作也给予了建议。监督这些协议实施情况的是政府环保部门和社区的公众，后者从日常生活中便能感受到污染者对社区环境造成影响的变化，而环保部门的监测数据和例行检查也能很清楚地反映出企业环境行为的改变。公众对政府部门的监督，实际上就是考察政府对某些环境问题的解决情况。所以污染控制报告会的监督管理费用低，在实际操作上可行。

第五节　环境信息公开政策分析

本节将在上几节典型环境信息公开政策和制度分析的基础上，进一步探讨和研究环境信息公开对企业环境行为的调控机制。本章第二节提到了环境信息公开手段理论基础之一——污染控制三角模式，本节将进一步结合该理论，从环境经济学角度对环境信息公开政策与企业环境行为之间关系做深入分析。

污染控制三角模式认为在传统环境管理模式中，政府作为社会的唯一代理机构，通过立法和执法直接限制污染排放（如管制手段）或间接刺激污染治理（如经济手段）。环境信息公开的手段的实施，在原有环境管理基础上，引入了社区和市场的力量。通过社区和市场的附加刺激作用，形成政府、社区、市场三者共同约束和激励企业削减污染，改进环境行为的污染控制激励机制。环境信息公开同时也是环境管理理念的创新，在新的污染控制模式中，环境管理机构的职责不再仅是环境法规的执行者。另外，环境管理机构通过发布准确、公正的环境信息，提高社区和市场参与污染控制的积极性，更为有效地发挥社区和市场对污染控制的激励作用。

环境信息公开的调控原理和机制还可以通过探讨和分析环境管理中正式污染调控（formal regulation）和非正式污染调控（informal regulation）的作用形式和激励机制来充分加以说明。环境管理中的正式调控机制包括管制手段和经济手段。非正式调控可以表现为多种形式：社区团体（包括宗教机构、社会组织、市民运动和政治团体等多种组织形式）和非政府组织对企业的环境赔偿要求；社会对企业招聘职员的排斥；社区对企业政治和物质上的惩罚；消费者对企业产品的抵制；投资者通过金融市场给企业施加强有力的附加刺激作用；公众自发对企业污染排放的监督和曝光。这些行为和表现形式表达了社区对其自身环境权益的维护。由于企业不可能与社会不发生任何联系，因此非正式污染调控在实践中往往都能起到作用，并且有时不需要依赖正式污染调控而自发对企业起到污染调控作用。这无形中加大了对企业的惩罚力度。此外，非正式污染调控还可以对正式的污染调控起到促进和推动作用。一方面，非正式污染调控可以向政府环境管理机构提供信息，投诉企业超标排放的行为；另一方面，非正式污染调控可以促使政府环境管理机构加大对企业监督和执行力度。为此，非正式污染调控不仅是对已有的污染调控起到很好的补充，同时也是污染调控中一种重要的方式。

通过探讨企业环境行为的经济学原因，可以进一步分析环境信息公开对企业环境行为选择的作用和影响。一般而言，企业在选择污染排放水平时，主要考虑两方面的因素：边际污染削减成本（*MAC*）和预期边际污染处罚水平（*MEP*）。追求成本最小化的天性决定了企业选择两者交汇点来确定其最优污染排放水平。图表 6-4 反映了针对不同的 *MEP* 曲线，*MAC* 不同的企业自发选择的最优污染排放水平，分别以 *PG*、*PB*、*PY* 和 *PR* 表示。

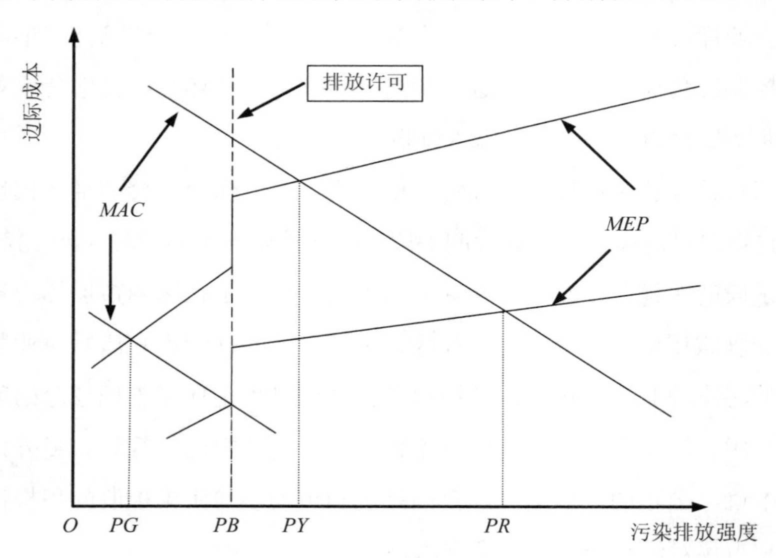

图 6-4　企业的最优污染排放水平

企业之间污染排放水平存在差异，一方面与企业本身边际污染削减成本有关；另一方面由企业面临的预期边际污染处罚水平所决定。对于环境管理者，主要环境管理目标之一就是要通过一定的管理手段和激励机制（在图 6-5 中反映为调整 *MEP* 曲线），促使超过排放许可的企业（如 *PR*）削减污染排放，改善环境行为。

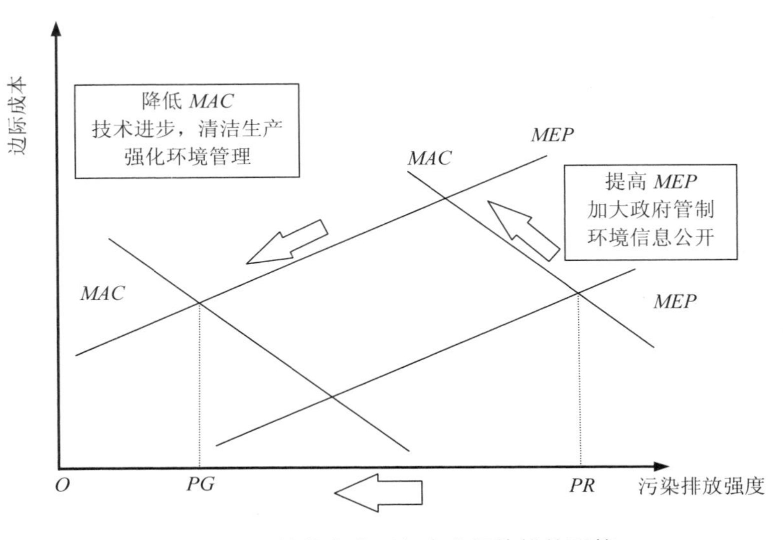

图 6-5　环境信息公开与企业污染排放调整

进一步分析企业所面临的污染处罚水平（企业排放污染行为被发现后所承担的成本，包括缴纳的排污费或罚金、追究法律责任和自身社会形象受损等成本），发现 *MEP* 与惩处的概率和惩处的严厉程度密切相关。在传统环境管理模式中，主要依赖政府出面保护环境，其面临的最大问题是管制的高成本和管制资源的有限性，这使得政府的管制难以达到社会的需求量，在图 6-4 中，表现为较低的 *MEP* 曲线。企业缺乏降低污染排放的激励机制，也就很难实现污染排放的社会最优。在新的环境管理模式下，通过环境信息公开，加大企业面临的惩处的概率。在政府正式的污染控制的基础上，社区和市场的附加激励作用促使 *MEP* 曲线显著地向上移动。即使是在缺乏政府有效调控的情况下，社区和市场对污染控制也起到了一定激励作用。面对边际污染处罚水平的调整，企业的反应是：在短期行为上，企业表现为沿着自身的边际污染削减成本曲线，降低污染排放水平；在长期行为上，企业通过改变生产工艺、采用清洁技术、加强环境管理等一系列措施，降低 *MAC* 曲线，从而实现更低的污染排放（图 6-5）。这种激励-反馈机制有效地促进了企业改善环境行为。

国外学者泰坦伯格认为在污染控制方面，企业与政府、社区和市场之间存在众多利益联系纽带和途径。环境信息公开的引入，向这些利益联系纽带和途径传递了信号，加强了这些利益联系纽带和途径的影响和作用。泰坦伯格对这些利益联系纽带和途径做了归纳和总结：

- ☞ 产品市场。环境信息公开对市场具有导向作用，而这种导向作用又反过来促进污染者的治理。随着经济的发展和人们生活水平的提高，人们的环境意识逐渐加强，对环境友好的产品的需求就会增加。从产品市场来看，环境信息公开可以帮助消费者了解哪些产品是环境友好的，哪些则是对环境不友好的，从而影响企业的产品市场。此外，这种关系还能通过产品供应链对原料供应商产生影响。
- ☞ 金融资本市场。从金融和资本市场来看，投资者（银行系统和股票市场投资者等）对企业的环境业绩有着强烈的兴趣。投资者将优先投资那些具有良好环境行为记录的企业，一方面是因为投资者出于伦理和道德的考虑；另一方面是因为投资者认为环境友好的“绿色”企业技术先进、竞争力强，企业污染治理成本低，面临法规惩罚或污染责任赔偿的风险低，投资利益有保障。随着社会进步，越来越多的投资基金和投资顾问可以帮助投资者在这方面做出更加理性的选择。因此，为了获得投资，企业经营者就必须改善他们的生产工艺，采取先进技术，减少污染，改善信誉和形象。
- ☞ 劳动力市场。在劳动力市场，对环境负责的企业容易雇佣到员工，同时员工对企业信任感和忠诚度也越强。这种情况的产生一方面由于职工认为对环境负责的企业，其财政运行状况良好；另一方面这样的企业主社会责任较强，职工的社会福利和劳动保障都会有长期可靠的保障。通过环境信息公开，使得择业者知道哪些企业污染严重，哪些企业工作环境好，从而影响劳动力的去向。
- ☞ 法律途径。促使个人和社区公众通过法律途径要求企业赔偿。环境信息公开后，社区居民了解到污染企业的环境损害，通过法律诉讼对企业施加影响，以此来惩戒企业，同时也对环保机构的不作为行为也起到警示作用。
- ☞ 加强环境立法的实施进程。环境信息公开对公众呼吁加强环境立法和地方污染控制法规和条例提供信息支持。
- ☞ 社区参与。环境信息公开推动社区公众和非政府组织参与环境管理与污染控制。社区团体和非政府组织（如宗教团体、社会团体、市民团体和政治团体）通过与企业协商、民事诉讼以及投诉和示威等方式迫使企业削减污染改进环境行为。
- ☞ 环境权益。环境信息公开有助于推动和促进社会民主和政治民主，有利于提高企业社会责任感和环境意识，促使企业、政府和社会加强对公众环境和健康权益的保障。

思考题

1. 试比较分析环境信息公开手段与环境规制手段、环境经济手段的特点和优势。
2. 试简述企业环境行为信息公开的两种主要模式，并比较二者间差异。
3. 试结合相关理论阐述环境信息公开对企业环境行为的调控机制。

参考文献

[1] 联合国环境规划署. 全球环境展望 3[M]. 北京：中国环境科学出版社，2002.

[2] 罗杰·珀曼，马越，詹姆斯·麦吉利夫雷，等. 自然资源与环境经济学（第 2 版）[M]. 侯元兆，等译. 北京：中国经济出版社，1999.

[3] 王华，曹东，王金南，等. 环境信息公开：理念与实践[M]. 北京：中国环境科学出版社，2002.

[4] 王远，陆根法，罗铁群，等. 工业污染控制的信息手段：从理论到实践[J]. 南京大学学报（自然科学版），2001，37（6）：743-748.

[5] 王远，陆根法，罗铁群，等. 环境管理社区参与研究——社区污染控制报告会[J]. 中国环境科学，2003，23（4）：444-448.

[6] 王远，陆根法，王勤耕，等. 污染控制信息手段——镇江市工业企业环境行为信息公开化[J]. 中国环境科学，2000，20（6）：528-531.

[7] 中国环境管理制度编写组. 中国环境管理制度[M]. 北京：中国环境科学出版社，1991.

[8] Afsah S，Laplante B，Wheeler D. Controlling Industrial Pollution：A New Paradigm[R]. World Bank Working Paper，1996.

[9] Hamilton J T. Pollution As News：Media and Stock Market Reactions to the Toxics Release Inventory Data[J]. Journal of Environmental Economics and Management，1995，28（1）：98-113.

[10] Lanoie P，Laplante B. The Market Response to Environmental Regulation in Canada：A Theoritical and Empirical Analysis[J]. Southern Economic Journal，1991，60，3，657-72.

[11] Lanoie Paul，Laplante Benoit，Roy Maite. Can capital markets create incentives for pollution control? [J]. Ecological Economics，1998，26，31-41.

[12] Muoghalu M I，Glascock R J L . Hazardous Waste Lawsuits，Stockholder Returns，and Deterrence[J]. Southern Economic Journal，1990，57（2）：357-370.

[13] Pargal S, Hettige H, Singh M, et al. Formal and Informal Regulation of Industrial Pollution: Comparative Evidence from Indonesia and the US[R]. World Bank Working Paper， 1997.

[14] Tietenberg T，Wheeler D. Empowering the Community：Information Strategies for Pollution Control[R]. World Bank Working Paper，1998.

[15] World Bank. Greening Industry：New Roles for Communities，Markets and Governments，（New York：Oxford/World Bank）[R]. 1999.

第七章　自愿环境协议

资源、环境和人口是困扰人类社会发展的三大主要问题，尤其是环境问题，日益威胁着人类社会的生存和发展。针对环境问题严重恶化的局面，环境管理逐渐成为研究解决环境问题的热点。自 20 世纪 70 年代以来，世界各国政府致力于研究环境政策工具以约束企业减少污染排放、保护环境，但各种环境政策工具在运用过程中其高昂的环境治理成本、监督管理成本的弊端逐渐显现出来。各国政府意识到使企业由被动转化为主动的环境治理的重要性，因此，各国政府致力于研究实施自愿性的环境管理手段，在此基础上，环境自约束管理成为一种创新性的战略管理手段。为了维护其良好的品牌形象，企业由被动环境管理转变为主动自愿解决环境问题，实施了许多以自愿为标志的环境管理行动，自愿环境协议作为其中的一种，在欧美各国的环境管理过程中逐步取得了实质性的进展，也逐渐在我国发展起来。

第一节　自愿环境协议的基本概念

环境管理是解决环境问题的主要手段。在环境管理实施过程中，其具体实施方式随着环境污染对象和特征的演变也不断得以发展和完善。从传统管制手段到经济调控手段再到环境信息公开手段，环境管理的方式日益丰富，多种管理手段相结合，有效提高了世界各国环境管理事业的效率。自 20 世纪 90 年代以来，随着可持续发展理论的产生和全球环境保护运动的蓬勃发展，各国社会公众和工商业界的环境意识也大大提高，以工商企业为主体、自愿协议为主要形式的环境管理手段应运而生，并成为近年来一种备受关注的新型环境管理手段，对全球环境保护事业的进步起到了重要的促进和推动作用。

一、自愿环境协议的定义

自愿环境协议（voluntary environmental agreements，VEAs），是区别于管制手段、经济手段、环境信息公开手段等环境管理手段的一种以自愿协议为核心的环境管理手段。自其诞生以来，便以低廉的实施成本和良好的环境保护效果，在国外尤其是发达国家成为一种不可或缺的环境管理手段。近年来，中国政府部门也开始将自愿协议手段作为环境管理工作的重要手段之一。

尽管各个国家的自愿环境协议在管理形式上有很大的区别，它们也没有像法律文本那样有固定的格式，但是它们有一个共性，即都体现了公共权力机关与企业之间的相互配合、相互理解和相互制约关系。在大多数的情况下，自愿环境协议等同于合同。关于自愿环境协议的定义，目前还没有一个十分统一的说法，仅术语上的表述就有很多种，如自动调节、自律守则、环境宪章、长期协议、自愿协议、共同管制、自愿行动计划、协商性环境协议等，但是这些不同的名称有着共同的本质。

目前比较被广泛接受的自愿环境协议的定义，是指政府与经济部门、协会之间在法规要求之外，在政府的支持与鼓励下，为推动排污方改进环境行为而进行的各种自愿性环保宪章、环保行为准则，这种协议或章程是参加者在其自身利益的驱动下自愿进行的，通常包括基本承诺、对承诺执行的过程指导、检验和报告以及为实现目标改善环境的后续努力。通常情况下，自愿协议章程鼓励公司、组织按照对自身和社区都有好处的方式行动，自愿协议章程也给消费者提供一种标识，例如“环境标志”这类章程，用以表示这些组织的产品、服务、行动达到了特定的标准。在西方工业化国家，工业、产品和服务中存在大量这种形式的自愿协议章程，其中许多已经约定俗成，内化为社会文化、社会管理和社会习惯的一部分，以至于消费者很多时候不把它们看作是自愿协议章程，如衣服上如何进行洗烫的标签标示了建议性的服装处理和清洁的方式，这是服装工业自愿采用的常见标准的一部分。

根据我国目前自愿环境协议手段的研究理论以及执行现状，在我国自愿环境协议是指由政府或各类组织发起的，以控制污染、保护环境为目的，得到社会响应并由包括政府在内的各类组织自愿参与和充分协商的环境管理行动。这个定义与西方国家定义的不同之处在于更加注重要素和行动，特别是认为自愿环境协议是一种环境管理行动。除了保护环境的基本目的外，它具有五个基本要素：第一是在平等的基础上经过充分的自愿协商；第二是高于法规和强制性标准要求的承诺；第三是获得一个或多个组织的认可，并共享协商的成果；第四是为影响、塑造、控制参与者行为并使行业标准化而设计；第五是被以一致的方式应用或取得一致的结果。

二、自愿环境协议的产生背景

早在20世纪70年代，自愿环境协议手段便成为欧洲综合政策的一部分，但90年代以来，随着人们意识到传统环境管理手段存在的不足，自愿协议本身的优势逐渐得以体现，从而自愿手段得到了快速发展。回顾自愿环境协议产生和发展的背景可以发现，多重方面的主客观因素推进了自愿环境协议的产生和发展：

一是可持续发展理念的兴起和全球环境意识的提高。1992年联合国环境与发展大会以及会上通过的《21世纪议程》都是自愿环境协议手段的直接动力。议程要求“商业和工业包括跨国公司应认识到，环境管理是公司最高优先事项之一，也是可持续发展的一个关键性因素。商业和工业包括跨国公司的领袖们应采取这类自愿协议章程方法，推动工业与政府进行合作，进行自我调整，并对社会负起更大的责任，以确保他们的活动对人类健康和环境只有最低限度的影响，从而为可持续发展做出积极贡献”。由于环境问题的根源在于人类社会不可持续的生产、消费模式，以及人类自身不合理的发展观、消费观，而调整人们的生产和消费模式，仅靠政府强制手段是难以实现的。按照西方发达国家环境管理发展阶段的规律，强制手段对污染控制的作用将随着环境问题的深化而递减，特别是当环境管理向复杂多因子污染物控制、微量残留污染物的发展、生态资源管理、可持续消费等领域发展的时候，这种递减会更明显，相反在执行中的交易费用将逐步递增。各国政府已经认识到进一步解决环境问题必须要靠工商界树立可持续发展理念，与政府合作履行自愿环境协议，承担更大的社会责任，从而为企业和社会持续发展发挥积极作用。

二是企业自身对新式环境管理手段的需求。20世纪70年代，西方发达国家的工业企业普遍做到了遵守环境保护法规，但工业环境污染问题却依然存在。当传统的法规和经济管理手段已经不能很好地解决日益复杂的环境问题时，创新一种新的环境管理手段成为广大企业解决环境问题的希望。同时，经济一体化使得商业竞争日益全球化，以往能耗高、污染重的传统增长模式已经不符合市场要求，企业在市场竞争的压力下，必须寻求有效的环境管理手段，将合理使用资源能源、减少污染、降低成本、改善环境形象、树立绿色意识作为企业生死攸关的战略考虑。由于自愿环境协议的产生，工商界能够使自己与社会需求同步，将生态环境保护作为企业发展目标引进企业管理，采用自愿协议、章程、行动等方式来减少污染排放和改善环境，以此获得企业信誉、公众好感等其他方面的利益。由此，自愿环境协议成为企业进一步减轻环境污染、提升市场竞争力的重要手段。

三是世界范围内大量环保民间组织和社会公众的推动作用。要真正实现可持续发展，转变现有的不可持续的生产和消费方式，必须寻求更有效的环境管理手段。创新的需求一旦产生，社会开始更多地关注正式规则之外的非正式规则的调节方式，例如用环境文化、伦理道德、社会偏好、环境支付意愿等，来规范调节环境问题。因此，自愿协议环境章程和行动自其诞生以来，便受到各界的鼓励支持。地区性或国际性的民间环保组织和生态环境研究机构相继建立；保护环境的价值观、伦理观、工业观逐渐上升为多数国民的共同意识，社会公众期待企业在环境保护方面采取具体行动；环境保护运动作为政治与意识形态问题进入国际社会生活，在全球形成环保热潮。因此，大量民间环保组织和广大具有环境意识的社会公众为自愿协议环境章程的实现和普及奠定了坚实的社会基础，并对企业、政府各方利益主体实施自愿环境协议起到了积极的推动作用。

三、自愿环境协议的分类

目前关于自愿环境协议手段的分类还没有统一的规定。其中经济合作与发展组织（OECD）的分类方法较有代表性，根据利益主体参与程度的不同将自愿环境协议手段分为工业企业制定的单方承诺、公共权力机关制定的自愿协议和工业企业与公共权力机关制定的协商性协议三类。

工业企业制定的单方承诺——由企业自主设计和实施环境保护的目标和措施，并通报各相关利益人，可以由企业联盟共同做出，也可以由单个企业做出，政府对于企业的单方承诺也应给予政策上的支持和优惠。在欧盟国家，以单个企业做出承诺的形式较为常见，许多大的企业开始制订和实施公司环境计划。工业行业集体性的环境承诺多采取制定行为准则、环境规章或指导方针的形式。日本的 Keidaren（经济团体联合会）低碳社会实行计划即属于完全单方的承诺，没有任何公共机构的参与。

公共权力机关制定的自愿协议——中央或地方政府有关部门设定好一定的加入条件和行为标准（包括对企业个体的资格审查、企业须遵守的标准、监督审计和效果评估），予以公告，由企业来选择是否参与。政府部门可以提供一些激励措施如补贴、技术支持、宣传或颁发环境标志等来鼓励企业参与和更好地执行该项目。丹麦政府通过能源司与工业部门签订了许多约束性协议来抵消环境税收。一旦达成协议，公司就可以减少税费；

如果协议没有执行，企业就要补交曾减少的税费。

工业企业与公共权力机关制定的协商性协议——由政府（中央或地方政府）有关部门与工业行业或企业经过协商签署协议，旨在通过协议的实施达到节能减排和保护环境的目的。与前两项自愿手段不同的是，协商性协议的内容不是由工业企业或者政府机构单方制定的，而是经过双方反复磋商达成的，体现了双方协商之后共同的意志。在自愿手段的三种类型中，协商性协议是欧盟国家应用最多最广的一种。日本的自愿方法，除了 Keidaren（经济团体联合会）低碳社会实行计划是单方承诺外，其他基本上都是协商性协议，即企业与地方政府之间的污染控制协议，目前日本这类协议已经有 3 万多份。

表 7-1　自愿环境协议手段的主要类型

主要类型	特征	案例
工业企业制定的单方承诺	工业企业主动减少污染排放或者主动应对其他的环境问题；环境目标由工业企业自行设定的；公共权力机关的影响力较小	欧盟责任关怀项目 欧盟能源利用项目
工业企业与公共权力机关制定的协商性协议	通过谈判和协商，工业企业与公共权力机关签署自愿协议；相互制约程度很高；如果实现协议中规定的环境目标；双方都将获得利益；自愿协议的内容通常都与未来的新法规联系在一起；通常是工业企业联合会与公众权力机关签署的经过自愿协商的协议，也有个别工业企业与公众权力机关签署这种协议的情况	荷兰关于能源利用的长期协议（1999—2000）
公共权力机关制定的自愿协议	公共权力机关负责制定环境保护框架协议，然后邀请相关的工业企业加入；框架协议规定了工业企业加入框架协议的条件、必须实现的环境目标以及监测方法；公共权力机关进行评估，通过给予工业企业技术支持、补贴和环境标识，使加入该框架协议的企业能从中得到经济效益；公共权力机关对这种协议的影响最大，但是工业企业与公共权力机关之间的相互制约不如第二种类型的自愿协议	欧盟生态管理与审计制度

其中工业企业与公共权力机关协商制定的协商性自愿协议是最为常见的一种，也是自愿性和开放性最强的一种。此外，OECD 的分类中还有一种自愿环境协议类型是排污单位与排污单位自发达成的协议，这种类型的协议由于没有公共部门的参与，不属于本书的研究范围。当然，OECD 的分类方法描述的是理想类型的自愿环境协议方法。在现

实中，自愿协议方法常常是几种理想类型的混合形式。如果将不同的自愿协议进行比较，就能看出这些协议的自愿程度是有区别的。例如，德国的“自我许诺”模式更像单方面的承诺，而荷兰的长期协议更像是政策法规。

对于自愿环境协议手段，还有其他的分类方法，如产品导向型与工艺导向型、目标基础型和执行基础型、捆绑型与非捆绑型、个体责任型与集体责任型等不同的类型。

四、自愿环境协议的特征

（一）非正式和自愿性

自愿协议不是由法律强制执行的，也不是靠其他强制性手段所驱动的。支持者把这看作自愿协议章程的优点，而反对者则将其看作自愿协议章程的缺点。用制度经济学的制度观点，我们可以将自愿环境协议章程归入社会非正式规则的表现范畴。它反映了一个时期或发展阶段，社会代表性思想或意识形态对某些问题的倾向性社会认知，从而形成某些社会非正式的“制度”以及由此产生的自发性活动。非正式规则是指人们在长期交往中无须外在权威或组织干预的，仅由自发的社会互动来实施的规则，包括价值信念、道德观念、习惯性行为、伦理规范、意识形态及传统因素等社会认知。事实上，纵观人类历史，非正式规则具有持久的生命力，并构成代代延续的文化的一部分。人们之间的社会关系主要由大量非正式规则来维持，即使在现代社会中，人们日常生活的大部分空间仍然由非正式规则来确定。非正式规则相比正式规则的优点在于减少了衡量和实施成本。因此，自愿环境协议是社会对环境资源稀缺的价值观、爱护地球环境的意识形态、逐渐递增的环境支付意愿以及各种相关伦理道德等社会非正式规则的表现形式，其非强制性的特性决定了“自愿”成为这类章程最重要的特征。

（二）实施成本低

尽管社会经济生活中存在大量非正式规划，但如果没有法律等正式规则的宏观维持作用，非正式规则也无法存在和实施。两者是相互依存、相互促进的关系。在环境管理领域，需要有法律法规等正式规则对环境保护进行宏观综合的管理，但当正式规则实施成本大到与其减少的交易费用相等时，边际非正式规则就能发挥更积极更高效的作用。例如，排污许可制度是许多国家的正式制度，但随着工业门类细化，产品寿命周期不断缩短，规格性能不断改进，如果相应的企业排污许可证也随之细化，详细列明每一个工艺和可能的污染物以及所对应的治理技术和排放标准，正式规则就会因实施成本太高而无法运行。因此，排污许可证制度使得各种自愿性的环境章程行动具备了产生的基础。全球化工行业与各国政府广泛参与的“责任关注行动”就是上述论述的具体反映，政府与企业共同协商订立排污目标和实施进度，而实现目标所采用的方式、实施进度可以由企业自行决定。在此过程中，参与行动的化工企业都发挥了十分重要的积极作用，使上述自愿行动成为一种比正式规则的交易费用低得多的“制度安排”。这个例子说明，在环境管理正式规则运行成本太高的领域，被管理方自愿的内部非正式管理将具有比正式规则更高的效率和更低的交易成本。

（三）能动性

自愿环境协议或章程产生的原因主要来自社会公众的要求、市场竞争压力、新的法律法规、贸易规则的要求等外部性压力，反映了自愿协议章程是在应对组织外环境变化做出的能动反应。单个公司或工业协会，各类社团如非营利的、公益性的组织，以及半官方，甚至政府的相关部门，都可以作为一个组织，发起或创建一个自愿协议章程，通过协议等方式使得企业主动响应并遵守其规定内容。

（四）公开性

如果没有法律法规制衡和公众参与的条件，自愿环境协议可能难以达到预期的效果。因此，尽管章程是充分自愿和经过协商的，但是它们必须在包括消费者、竞争、健康和安全、劳动保护、环境方面的法律法规下运作。企业执行自愿协议的过程必须具有一定公开透明性，从而使得社会公众、相关环保组织、政府部门能够对其行为进行及时有效的监督。企业不遵守自愿协议章程将承担一定法律后果，特别是民事责任。在某些案例中，个人或组织可以依据自愿协议章程来帮助证明或反驳企业不遵守协议章程的行为。

自愿环境协议的这四个特征可以用图 7-1 来表示，正是自愿环境协议的特点，使其成为正式规则之外的实现可持续发展的重要工具，并得以传播和发展。

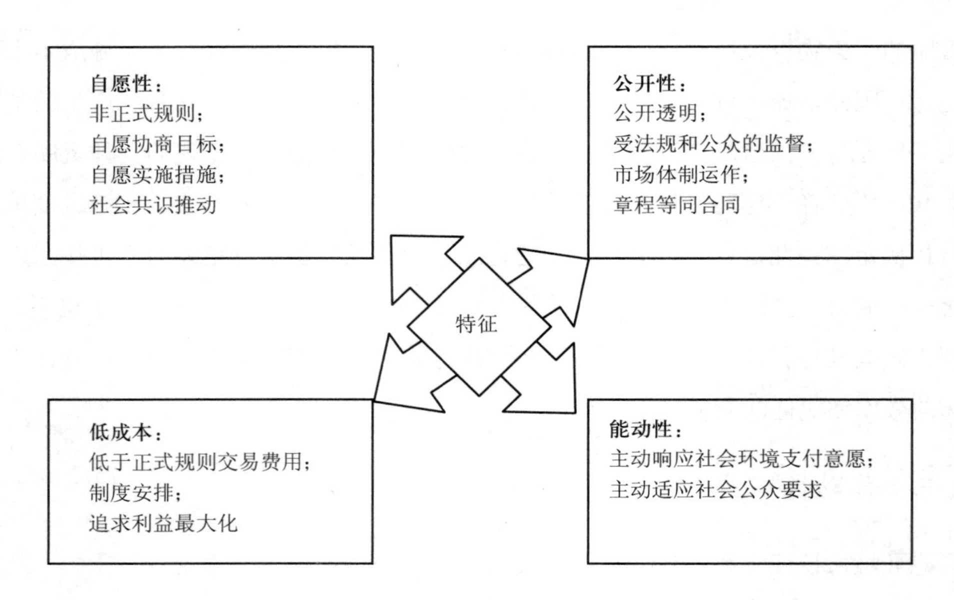

图 7-1 自愿环境协议的特征

五、自愿环境协议的功能和效益

自愿环境协议可以认为是以企业为主体、政府引导、社会监督的一种环境管理手段，它涉及企业、政府、社会各方面的利益。无论是对企业自身，还是参与其中的政府部门，抑或是受环境行为影响的社会公众，都将受益于自愿环境协议的运行。

（一）在社会层面：促进公众参与、保护社会环境权益

1. 促进排污者最大限度地减污降耗和改善环境

自愿环境协议能比较好地解决在环境与生态保护中，超出法规要求之外，排污标准约束不了，但社会公众和政府又迫切希望企业能进一步改善的环境问题。特别是在环境污染复杂化的工业发达国家，自愿环境协议起到比强制性手段更为深入的污染预防作用。在起草自愿协议章程时，环境目标通常可以归结为两个：一是要鼓励通过资源的综合利用、短缺资源的替代、二次资源的利用以及节能、省料、节水，合理利用自然资源，减缓地球资源的耗竭；二是要限制或减少废料和污染物的生成和排放，降低整个工业活动对人类和生态环境的风险。按照这两个目标，参与自愿协议章程的企业必须在物料转化生产全过程的控制中，尽可能减少在原料的采集、储运、预处理、加工、成型、包装、运输、售后、回收各个阶段对人类健康和环境的影响。由此可见，自愿环境协议作为一

种指导性的、自愿的、有效的、增强市场控制力的手段，可以成为保护环境的工具。

2．增强社会互动，促进公众参与

自愿协议章程在促进公众更加了解情况，加强章程参与者与公众的相互交流，保护公众利益和增强公众对章程参与者的信任等方面，具有显著的效果。在荷兰，实施自愿环境协议的数百个企业或组织所占比例虽不大，但却是环境意识最高、社会责任感最强的。在建立自愿环境协议过程中，企业需要和政府及相关组织或社区方进行交流，将企业的环境目标通知他们，取得相关方的支持和信任，解决困扰社区的污水、废气、固体废物和噪声问题。否则，自愿协议章程的参与者就无法通过包括所在社区公众、企业员工、当地生态环境主管部门最终的认可。自愿协议章程在鼓励公众参与生态环境保护、强化社会监督、促进环境立法、维护公众环境权益上，具有十分明显的调动积极性的作用。由于自愿的原则，环境管理由"要我做"转变成"我要做"，管理的主体无形中发生了变化，被动管理变为主动管理，从而激发出无限的创造力。

（二）在企业层面：降低企业成本、提高竞争能力

1．提升公司原有的环境管理模式

绝大多数企业在建立自愿环境协议前，其环境管理模式都处于侧重于末端治理而忽略产品整个生命周期的污染预防阶段。按照自愿环境协议构建的环境管理模式则将污染预防放在首位，强调过程控制和环境绩效持续改进，末端治理在新模式下成为辅助污控手段。这一转型非常重要，也是目前我国大部分企业与工业发达国家企业环境管理上的差距所在。

2．提升企业社会形象

这是由企业追求利益最大化的本质决定的。自愿环境协议鼓励组织采用有效的操作，减少企业生产过程、服务以及产品中对社会、经济、环境的负面影响。这样一方面能直接促进企业从源头减污，提高资源材料的使用效率，从而直接增加公司的边际收益；另一方面也使企业在社会影响力、企业形象等方面受到公众、消费者、政府及其他相关方的好评，从而建立起与各相关方，如上下游企业、银行保险、税务工商、环保质监、周边居民、新闻媒体等的良好联系。从这个方面讲，自愿协议章程对改进企业与政府部门和社会公众的关系，具有积极的沟通作用。

3．提升企业市场竞争力

大部分工业自愿协议章程的目的之一都与提高参与者市场地位有关。因此自愿协议

章程的设计通常都以市场为依据，迎合消费者的偏好，符合社会主流价值观。这种企业与社会通过市场的良性互动体现了市场配置资源的特定方式。事实证明，大多数实施自愿环境协议的企业或多或少都取得了市场回报。特别是在消费者环境意识较好的发达国家，可持续消费理念能够引导消费者主动地选择实施自愿环境协议的企业产品，从而有效提升了企业市场竞争力。

（三）在政府层面：填补管理空白、降低管理成本

1. 深化公共环境政策的目标

自愿环境协议可以通过非法规的手段来弥补政府法规贯彻不足之处。例如，在政府与行业组织实施的自愿协议章程中，能够对所有涉及环境管理的行政活动进行规范化管理，使政府在经济发展决策中融入对环境、资源、生态保护的考虑，实施战略环境影响评价，从而很好地深化政府公共政策的环境保护目标。再如，在清洁能源改造过程中，不同企业持有不同的态度，政府与不同企业签订自愿协议，对治污设施和能源改造可以视不同情况而实施不同的优惠政策，从而鼓励先进企业和激励后进企业。

2. 补充或扩展传统环保法规

自愿协议手段与政府管制手段相比灵活度高，避免了正式制度笨重的调节机制，可以比法律法规更迅速地设立和调整标准，并且费用更低；可以协助建立适合某项公共管理的法律标准；还可以超越法律规定的最低标准，克服管制制度造成的鼓励末端治理的短期效应。

3. 提高政府管理效率

自愿环境协议鼓励企业实施自我管理、与政府分担责任，有利于形成利益相关方广泛参与的环境管理社会制衡机制，能有效缓解政府在监管过程中信息不对称、人力财力紧张的状况，政府环境行政主管部门可以集中有限资源做好重点污染源监控和区域生态环境规划等工作。

第二节　自愿环境协议的理论基础

一、自愿环境协议的理论基础来源

自愿环境协议是一项涉及环境、公共管理、经济等多个领域的新型管理手段，因此，

其理论也是在多个学科基础上逐步发展、综合、完善起来的。并且，随着其他学科的发展，自愿环境协议也将汲取其理论精华，进一步丰富完善理论基础。

（一）行为科学与系统科学中的组织管理学说

自愿环境协议作为一项环境管理的重要手段，首先与环境管理学理论直接相关。环境管理学是环境科学与管理科学相互交叉的综合性学科，是管理学在环境保护领域中的延伸与应用。因此，管理学中的一般管理理论、管理方法同样适用于自愿环境协议手段。

从某种意义上讲，自愿环境协议是建立在“个人”和“组织”结合的管理理论上的，是自我管理和组织管理两者结合的新型管理类型。

亚伯拉罕·马斯洛（Abraham Maslow）在1954年出版的《激励与个人》和雷德里克·赫兹伯格（Fredrick Herzberg）在1959年出版的《激励因素》两书在埃不顿·梅奥（Elton Mayo）的“人群关系理论”上发展了行为科学理论，强调了管理中最重要的因素是对人的管理，所以要研究人、尊重人、关心人、满足人的需要以调动人的积极性，创造一种充分发挥人的主观能动性的管理制度。行为科学提倡的人力资源合理开发、个人目标与组织目标的一致性，以及行为科学涉及的激励理论、人际关系理论、领导理论都是研究自愿环境协议可以借鉴的。

以美国学者哈罗德·孔茨（Harold Koontz）和西里尔·奥·唐奈（Cyril O. Donnell）为代表的管理程序学派所著的《伦理学》，对组织的功能和管理做了详细的研究，提供了分析管理思想的构架，系统地论述了组织的管理程序方式是：计划、实施、控制、反馈。美国学者弗里蒙特·E. 卡斯特（Fremont E. Kast）和艾姆斯·E. 罗森茨森克（James E. Rosenzweig）在系统管理学派著作《系统理论和管理》中，运用系统论和控制论的原理考察组织的结构和管理，提出组织是一个由诸多相互联系、相互影响和相互作用的要素组成的系统，组织的功能是由组织的结构决定的，组织的管理水平或系统的运行效果是通过系统内部各个子系统相互作用的效果决定的。这些论述对理解欧盟关于自愿环境协议的案例、探讨自愿协议章程的结构和内容、评价自愿协议案例的管理效果都有很高的学术参照意义。

（二）可持续发展理论确立的环境伦理道德和经济发展模式

环境问题的全球化使得世界各国政府认识到，人类必须重新审视自己的社会经济行为，深刻反思传统的发展观、价值观、环境观和资源观，寻求一条既能保证经济增长和社会发展、又能维护生态良性循环的全新发展道路。20 世纪 70 年代，肯尼斯 · E. 博丁（Kenneth E. Boulding）的《即将到来的宇宙飞船：地球经济学》、丹尼斯 · L. 梅多斯（Dennis L. Meadows）等的《增长的极限》等著作对传统的线性经济方式进行了反思，对后来的可持续发展理论以及环境经济学、生态经济学、环境伦理学研究都产生了重大影响。1992 年的联合国环境与发展大会总结了以往环境保护发展的经验教训，明确提出了可持续发展战略。可持续发展是一个涉及经济、社会、文化、技术及自然环境的综合概念，是一种立足于环境和自然资源角度提出的关于人类长期发展的战略和模式。可持续发展理论所提出的新的价值观、增长观对人类传统的伦理道德观念是一种全新的改进和提升，它不仅强调人与自然的和谐统一，还强调人类对生态环境的主观保护责任，同时将人类行为的环境道德规范研究从社会范畴扩展到自然环境范畴，在生态主义伦理观和人类中心主义伦理观基础上形成了更为全面合理的环境伦理观。这种可持续发展理论指导下的环境伦理观，使得人类对现行的片面注重经济效益的发展模式进行深刻反思，探究现行经济发展模式下一系列生态环境问题产生的根源，倡导人类既要合理开发利用自然资源、发展经济，又要主动积极地保护生态环境。

在此宏观背景下，自愿环境协议作为一种人类基于环境伦理和可持续发展理念对自身发展模式进行约束和管理的方式应运而生，它全面地体现了人类保护生态环境的主观能动性和对现行经济发展模式的约束性和改良性，从而成为实现可持续发展的一项重要工具。

（三）环境经济学及利益博弈学说

环境经济学作为经济学的一个分支学科，其理论渊源可以追溯到的 20 世纪初意大利著名经济学家帕累托（Villefredo Pareto）提出的“帕累托最优”理论。20 世纪五六十年代，西方发达国家严重的环境污染激起了强烈的社会抗议，引起许多经济学家和生态学者重新考虑传统经济学定义的局限性，从而把环境学和生态学的内容引入经济学研究中。总体来说，环境经济学主要是沿用了福利经济学和新古典经济学的框架，偏重于在一定制度条件下研究环境资源的配置问题，是各种环境管理理论和手段的重要理论基础和分析工具。由于经济关系处于社会关系的支配地位，环境问题背后无不隐藏着人们的经济利益冲突，其解决之道也只有通过利益相关方的反复博弈才能形成。因此经济管理手段成为环境经济学的重要内容之一。

作为一种以多方协作为基础的环境管理手段，自愿环境协议的全过程自始至终贯穿着政府、企业、社会公众等多方利益主体之间的博弈。自愿环境协议手段的实施需要依靠完善的市场制度评价机制和良好的环境价值理念来推动。归根结底，自愿环境协议就是一个兼具市场化和政府主导化特点的利益博弈过程，博弈对象既包括经济利益又包括环境利益。因此，在自愿环境协议手段研究和实施中也需要借助环境经济学的分析工具和利益博弈学说的理论，对实施自愿环境协议的经济效益、成本、投入等进行综合衡量。

（四）制度经济学中的非正式规则学说

制度经济学发展于 20 世纪 70 年纪，代表人物为科斯等主要运用传统经济学方法分析制度问题，强调产权等制度因素对经济效率的决定性作用，其中交易费用分析是以科斯为代表的新经济学派的特殊贡献。科斯理论的一个重要逻辑是，在交易费用为正的情况下，一种制度安排与另一种制度安排的资源配置效率是不同的，这是他在重要论文《社会成本问题》中的结论。此结论被诺斯（Douglass C. North）更为简洁地概括为：当交易费用为正时，制度是重要的。这句话道出了制度经济学的基本观念：制度结构以及制度变迁是影响经济效率和经济发展的重要因素。在制度经济学中，合约形式可以被理解为是制度安排，因为合约就是人与人之间实现合作时就利益分配问题达成的协议，这正是制度安排的本质。自愿协议本身就是一种合约，是一种行政合同，是一种受非正式规则支配的协议。非正式规则作为制度的一部分，具有形成的自发性、维持的非强制性、发展的长期性等特点。在正式规则运行成本太高的领域，非正式规则由于低实施成本的优势将具有更高的运行效率。因此，制度经济学分析方法和非正式规则学说成为研究自愿环境协议手段的重要工具，为自愿环境协议这一非正式规则的发展和完善提供重要的理论支持。

二、自愿环境协议的理论研究进展

随着 20 世纪 90 年代以来自愿环境协议在各国具体实施，自愿环境协议的理论研究成果也与时俱进，通过与自愿环境协议实践的相互促进，得以不断丰富和完善。

彼得·伯基（Peter Börkey）等比较系统地介绍了 OECD 国家实施自愿环境协议的概况，认为自愿环境协议方法是一种能够与命令控制方法、经济调节方法相互补充的新型环境管理方法，特别是在关于自愿环境协议的评价方面，他第一次比较系统地提出了关于自愿协议管理案例的评价指标，这对于评价一个案例的优劣有较大的贡献。OECD 对运用在环境政策方面的自愿协议工具的有效性、效率性和与其他政策的整合性进行分析，认为自愿协议工具有其自身的特点，但自愿协议的制定并不是人们想象的那样对任何环境领域或处理任何环境问题总能发挥作用，它在实施过程中同样有负面的影响，如因为协议是开放的，会导致有的企业在不用努力的情况下可以免费享受到行业内的相关优惠政策，或者是在另一方面公平性受损等。罗里·沙利文（Rory Sullivan）对自愿协议工具在环境公共政策中的作用进行了评价，对该方法进行了回顾研究，指出自愿环境协议方法实施的关键在于自愿协议章程制定的好坏，好的自愿协议章程对于实施具有巨大的指导意义，而且对于这种手段的推广可以起到示范作用，但相对于不同的社会背景和不同的社会群体而言，自愿协议章程不是通用的，而是需要在不同的背景下进行再创造。菲利普·塔曼（Philippe Thahmann）对自愿环境协议方法在气候变化政策方面的实例和影响作了研究和分析，认为从全球范围来看，自愿协议工具在减少温室气体排放方面是有成效的，并且在发展中国家中有着巨大的潜力，因为发展中国家目前还不会对温室气体的排放进行立法管制。从《京都议定书》实施的角度来看，自愿协议可能会成为将来发达国家和发展中国家进行排放权交易的桥梁。另外，1997 年欧盟对欧盟成员国应用自愿环境协议的情况进行了回顾和总结，而相应的实践研究也散落在一些欧盟成员国的政府机构中，如荷兰可持续发展局的部分官员针对荷兰在能源利用方面的自愿协议进行了研究，并将研究成果介绍到了中国南京，与中国南京市环境保护局的官员和管理人员进行了良好的沟通与合作。

对于中国环境管理手段及自愿协议手段的研究，有很多中国学者都提出了自己的见解，特别是曲格平、张坤民、王金南、夏光等一大批既有环境管理经验，又有丰富的理论基础的学者和专家，为中国环境管理的创新奠定了基础。曲格平指出中国的环境管理必须进行创新，西方发达国家关于环境管理的宝贵经验完全可以在经过改造的基础上引入中国的环境管理实践，这样可以大大缩小中国和发达国家的环境管理差距，同时也可以使得中国环境管理创新更具有针对性。张坤民指出可持续的发展观和伦理观在改变人们发展观念的同时，也必将使公众对环境管理的认识进一步深化，从而提高公众的环境意识，这是环境管理创新动力所在。王金南认为新时期应基于生态文明思想，重构中国环境管理学的规范价值、知识体系、政策工具与制度机制，须注意环境管理的回应性与前瞻性，学科专业性与跨学科协作并重，创新环境管理学的知识生产方式，搭建环境管理学同政治与大众对话的平台和机制，以及形成环境管理的理论、制度与实践相互转化的研究能力等。夏光认为经济调控方法和自愿方法都是中国创新环境管理的方向所在。同时，对于中国环境管理创新的研究方面，中国高层环境管理者作为决策者在环境管理创新方面也起了重要的导向性作用。

三、自愿环境协议的经济学意义

环境污染问题是典型的外部性问题，因此自愿环境协议的经济学意义分析也应从研究外部性问题的成因入手，对自愿环境协议消除环境污染的外部性进行效益分析。

制度经济学对消除外部性的研究贡献，是将制度因素引入经济学研究中，强调了制度安排对资源配置的基础作用，但在实际操作中往往存在一系列问题。而科斯理论给我们指出了交易费用为正的时候，可以通过选择不同的制度安排使资源有效配置的方向。在这里制度作为一种社会规则，具有约束个人社会行为、协调人际关系、减少社会环境中的不确定性、降低交易成本、增进生产性活动的功能。规则既有正式的规则，也有非正式的规则。正式规则是指人们有意识地创造的、由某种外在权威或组织来实施和控制的规则，它包括政治的或司法的规则、经济规则及单个合约等。非正式规则是指人们在长期交往中形成的、仅由自发的社会互动来实施的规则。从历史上看，在正式规则设立前，人们之间的社会关系主要由非正式规则来维持。即使在现代社会中，正式规则也只占到社会规则的一小部分，人们日常生活的大部分空间仍然由非正规则来确定。非正式规则主要包括价值信念、道德观念、习惯性行为、伦理规范、意识形态及传统因素等，其中意识形态处于核心地位。

我们知道，目前在环境管理中，占绝对支配地位的仍然是政府的管制手段，属于正式规则，如环境权益的划定，包括立法和执法、环境政策的制定和实施、环境管理的机构、人员、设备都属于正式规则的成本范围。正式规则从上至下的不断细化使得执行机构、人员不断增加，仅召开会议、执行制度、检查工作、上下联络、部门协调、往来交涉、法律诉讼等程序都意味着大量人力、资金和时间的消耗。而近年来法规的大量增加又使得规则的执行和实施成本不断提高，正式规则的运行由于成本过高而经常“失灵”。也就是说，当维系一项正式规则所需的代价大于以非正式规则为标准进行选择发生的损失时，在这项正式规则的边界，非正式规则就会发挥作用。非正式规则为正式规则确定了较小成本的演变方向，即向非正式规则方向的演绎。自愿环境协议这类由非正式规则演绎产生的管理活动，因为具有约束个人社会行为、协调人际关系、减少社会环境中的不确定性、降低交易成本、增进生产性活动的功能，因此也就具有“制度安排”的含义。当然，重要的不是含义，而是自愿环境协议确实在环境管理中，具有能够消除负外部性影响的作用。因此，在政府管制手段成本很高、投入产出效益递减时，自愿环境协议作为交易成本较小的制度安排，可成为一种制度成本比较低的优先环境管理工具。

自愿环境协议对边际治理成本的意义

按照环境经济学的分析，最优污染水平是社会最合理地利用环境容量资源，在最优产量上达到的最优解。它既代表着社会总收益最大下可接受的最优水平的污染量，也反映着不同产出在一定技术经济条件下（边际外部成本曲线不变时）对社会环境质量的影响。但是，从消除社会外部成本角度看，庇古税（Pigovian taxes）代表的是最优污染水平下应征收的边际外部成本水平，而最优产量水平的确定还同时由社会边际治理成本所决定。假定所有外部成本均被内部化为私人成本，从而使得私人成本治理与社会治理成本相等，私人边际治理成本就等于社会边际治理成本。这时社会边际治理成本的变化，不仅会影响最优污染水平下的最优产量水平，还会引起边际外部成本的相应变化。

自愿环境协议作为目前在全球发展最快的环境管理方法，其对污染控制和预防以及减少企业能源消耗、提高环境管理有着独特的作用，这些因素通过影响社会边际治理成本水平，对减少外部成本起着十分重要的作用。本书将从边际治理成本的影响参数入手，从数学上推导出实施自愿环境协议对实现最优污染水平的积极意义。

第一步：污染治理成本函数：

假定有 N 个工厂排放污染物，以下推导基于如下假设。

假设：各厂的投入和产出均固定不变，通过选择适当的产出水平和污染物排放水平 Q_i 实现利润最大化。

R_i 表示在未对排放水平实施任何控制的情况下（这时的污染物排放水平为 Q_i）工厂 i 的最大利润。

R_i^* 表示将排放水平控制在 Q_i^* 时（$Q_i^* < Q_i$），工厂 i 的最大利润，即受限条件下的最大利润水平。

为了削减排放，工厂或者进行额外的投资，或者改变其产出水平，或二者同时采用。因此，受限情况下的利润水平将低于未受限的利润水平，即 $R_i^* < R_i$。

受限条件下和未受限条件下利润水平的差，被定义为工厂的治理成本 C。

则，第 i 个企业的污染治理成本：$C_i = R_i - R_i^*$。

治理成本将是工厂面临排放限制严厉程度的函数，为简单方便起见，假定工厂污染治理成本满足二次方程：$C_i = R_i - R_i^* = \alpha + \beta \times Q_i^* - \delta \times Q_i^{*^2}$

其中，α、β、$\delta>0$；$Q_i^* \in \left[0, \frac{\beta}{2\delta}\right]$

则，$C_i \in \left[\alpha, \alpha + \frac{\beta^2}{4\delta}\right]$

第二步：寻找最小成本：

设 N 个工厂排放总量目标为 Q^*，在下面表述中，Q^*是内生变量，其值不是预先确定的，而是通过采取优化手段产生的。该问题可表述为：在满足 $Q^* = \Sigma Q_i^*$ 的约束条件下，求 ΣC_i 的最小值。其拉格朗日函数为

$$L = \Sigma C_i + \lambda(Q^* - \Sigma Q_i^*) = \Sigma(\alpha_i + \beta_i Q_i^* - \delta_i Q_i^{*^2}) + \lambda(Q^* - \Sigma Q_i^*) \quad (7\text{-}1)$$

其中：α_i、β_i 和 δ_i 分别对应第 i 个企业的污染治理函数的二次方程系数。

最小成本解决方案的必要条件为

$$\theta L / \theta Q_i^* = \beta_i - 2\delta_i Q_i^* - \lambda \text{，} i=1\text{，}2\text{，}3\text{，}\cdots\text{，}N \quad (7\text{-}2)$$

$$\theta L / \theta \lambda = Q_i^* - \sum_{i=1}^{N} Q_i^* \text{，} i=1\text{，}2\text{，}3\text{，}\cdots\text{，}N \quad (7\text{-}3)$$

以上两个等式给出了含有 $N+1$ 个未知数（Q_i^*、λ）的 $N+1$ 个等式。解这些方程同时可以解得每个工厂的排放限量 Q_i^*（这里应被看作是每个工厂的最优排放量）和污染限量的最优因子价格λ^*（拉格朗日乘数）。

同时，由式（7-2）$=\theta L / \theta Q_i^* = \beta_i - 2\delta_i Q_i^* - \lambda = 0$ 可以得出最优因子价格：

$$\lambda^* = \beta_i - 2\delta_i Q_i^*$$

其中，$\beta_i - 2\delta_i Q_i^*$ 代表第 i 个企业边际治理成本。

由 $C_i = R_i - R_i^* = \alpha + \beta \times Q_i^* - \delta \times Q_i^{*^2}$，对 Q_i^*求导就可以得到边际治理成本。既然λ^*对于所有企业是相等的，可以得出如下结论：

$$\lambda^* = \beta_i - 2\delta_i Q_i^* = \text{第 } i \text{ 个企业的边际治理成本} = \text{常数}$$

则：最小成本的治理污染方案要求所有企业的边际治理成本相等。

第三步：边际治理成本函数

由上面最小成本定理可知，最小成本的治理污染条件是所有企业的边际治理成本相等，所以，讨论一个企业的边际治理成本与边际外部成本所决定的污染排放量，可以推导出社会最优污染水平。

如图 7-2 所示，*MAC* 表示边际治理成本曲线，*MEC* 表示边际外部成本曲线（边际社会成本与边际私人成本之差），横轴数值 Q 代表污染排放量，纵轴数值β代表边际治理成

本。由于边际治理成本随着污染物排放数量的减少而增加，所以 *MAC* 曲线由右至左呈递增上升趋势；而边际外部成本随污染物排入量的增加而增加，所以 *MEC* 曲线由左至右呈递增上升趋势。两曲线相交于 *E* 点，在 *E* 点以左，由于 *MAC*＞*MEC*，因此，从整个社会角度来讲，应该允许扩大污染。在 *E* 点以右，由于 *MEC*＞*MAC*，增加污染治理还有净收益，因此，应当增加污染治理的投入。*E* 点刚好是整个社会的最优污染水平。在这里，假设边际外部成本 *MEC* 曲线的斜率不变，我们只讨论边际治理成本函数的决定因素变化导致的最优污染水平的变化。

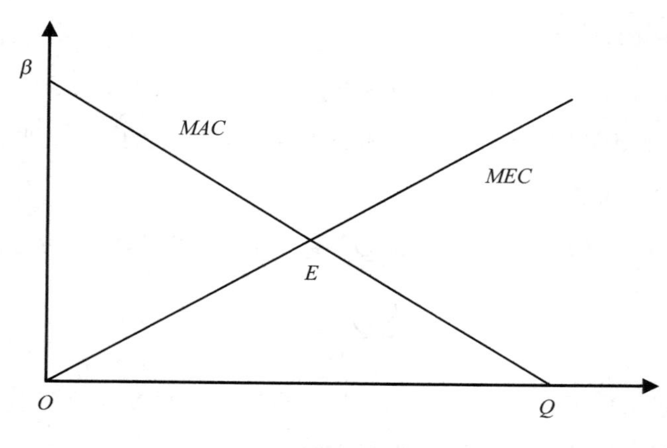

图 7-2 边际治理成本函数曲线

边际治理成本函数为 $MAC = F(Q,T) = \beta - 2\delta Q$

$F(Q,T)$为污染边际治理成本函数，Q 是企业污染排放量，T 表示污染治理技术水平，该曲线在纵轴上的截距β和斜率-2δ共同决定了 *MAC* 曲线与 *MEC* 曲线的交点 *E*，从而决定了最优污染水平 Q 的大小。$F(Q,T)$说明边际治理成本函数主要取决于企业的污染排放量 Q 和污染治理水平 T。由图 7-2 可见，β与边际治理成本 *MAC* 呈正相关，δ与边际治理成本呈负相关。

根据上面的分析，可以得出自愿环境协议与边际治理成本函数的关系：

第一，边际治理成本就是在企业污染控制过程中，每增加一单位污染物排放量所带来的总成本的增量。它随着污染物排放量的增加而减少，即边际治理成本对污染物排放量来说是递减的，在这里描述二者关系的近似模型如图 7-2 所示。在图形中表现为边际治理成本曲线是由左上方向右下方延伸。在现实经济生活中，对污染物的治理无论是从技术上还是从设备上讲，都具有整体性和不可分割性的特点。也就是说，污染的边际治理成本函数是一个分段函数，因而最简单的边际控制成本曲线将不再是一条直线段，而是台阶型的（本书将其简化为直线段）。

第二，自愿环境协议的目的之一是帮助企业实现节能、降耗、减污、增效达到全过程污染预防，产生成本减少、效率提高、市场占有率增加、边际收益提高的效果。按照这个分析，自愿环境协议将导致污染治理边际成本增加，使边际收益提高。

第三，在没有污染治理环节时，通过生产环节获得的产出与加入自愿环境协议改进治理过程、提高管理效率后所获得的产出相比较，会使成本降低，这是由自愿环境协议过程中所产生的节能降耗、新工艺流程、新技术推出、材料替代、环境管理水平提高、污染物再利用、污染排放物经过加工形成新的副产品等各方面共同作用形成的，相当于边际治理成本函数中的斜率。

第四，随着企业的自愿环境协议的实施，许多低成本、高效率的污染治理技术和治理设备不断得到应用，从而使污染的边际治理成本不断下降，使边际治理成本曲线向左下方移动，即通过自愿环境协议，企业得到的好处是使自身的污染治理技术水平提高，从而使自己的边际治理成本函数由 MAC_1 移至 MAC_2，使企业治理单位污染排放物的成本降低，同时使初始值降低。企业治理污染进入良性循环的同时也使社会最优污染水平由 Q_1'降至 Q_2'（图 7-3）。

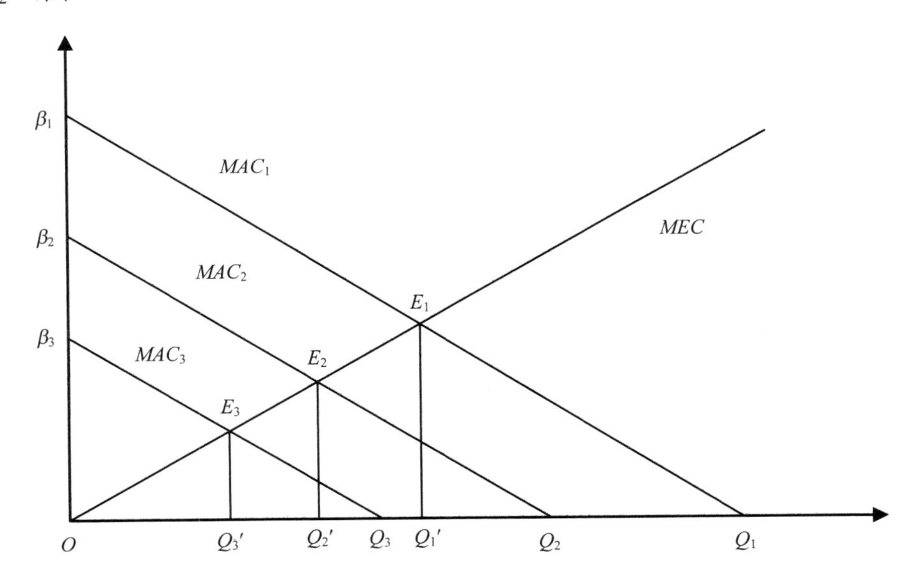

图 7-3 自愿环境协议实施后边际治理成本函数的变化

第五，企业继续进行自愿环境协议，就会使图 7-3 中 MAC_1 曲线由 MAC_2 移动到 MAC_3，均衡点 E_2 随之移到 E_3，最优污染水平由 Q_2'降到 Q_3'。此外，企业在保持相同的投入和相同的利润率时，通过治理环节增加边际治理成本的递减速度，即降低成本，可以达到增加产出的目的。

上述分析说明，企业通过自愿环境协议方式进行环境管理，可以使边际治理成本曲线向左下方移动，边际治理成本曲线与边际外部成本曲线的交点同时也向左下方移动，即由图中原始的均衡点 E_1 移至新的均衡点 E_3，污染物排放量由 Q_1'减小到 Q_3'。又由于所有企业边际治理成本相等时可以实现全社会最小污染治理成本，从而可以得出自愿环境协议具有通过影响企业边际治理成本从而达到降低社会外部成本、提高社会福利的作用。两条曲线的交点由 E_1 移至新的均衡点 E_3 的同时，边际外部成本随之降低，即企业实施自愿环境协议还可以使边际社会成本与边际私人成本的差距减小，从而可以降低交易费用，这样又可以使企业本身降低成本、提高社会福利，从而形成良性循环。自愿环境协议的经济学意义可以总结为：提高边际收益、增加社会福利、降低治污成本。

第三节　自愿环境协议的应用

1992 年联合国环境与发展大会上通过的《21 世纪议程》，第一次向全球工商界发出呼吁“在整个产品生命周期，企业应当采用有效的污染预防战略，从而尽量减少或避免浪费资源，在减少对资源利用和环境影响方面发挥重要作用”。该议程提出“商业和工业包括跨国公司应认识到，环境管理是公司最高优先事项之一，也是可持续发展的一个关键性决定因素。一些开明的企业已经开展环境审计和合格评价工作。商业和工业包括跨国公司应更多采用自愿协议或章程等方式，企业进行自我调整，负起更大的社会责任，确保它们的活动对人类健康和环境只有最低限度的影响”。该议程还指出，“通过更有效地利用资源，采用减少废物、以较低成本取得较多成果的技术和过程来改进生产系统，是达到商业和工业可持续能力的重要途径。同样地，促进和鼓励发明、竞争和自愿协议或章程，是激发花样更多、效率更高、效能更大的环境保护和环境管理的必要条件”。在这次大会的推动下，工业自愿协议环境行动逐渐成为许多国家的工业行业和企业的普遍行为。

一、自愿环境协议手段在国外的应用

自愿环境协议首先在包括美国、日本、加拿大、欧盟成员国等发达国家得到使用，最早的自愿环境协议形式出现在 20 世纪 60 年代的日本，在欧盟最早实施的国家则是 70

年代的法国。自90年代初期以来，自愿环境协议在几乎所有的发达国家中得到应用，其中欧盟国家的应用范围最广泛、实施程度最深、解决问题最复杂、最具有代表性，资料也最为丰富。特别是欧盟一体化进程的快速推进，使得统一的欧盟环境法成为可能，这样就为自愿环境协议的发展提供了更多的方便。到1996年，在欧盟所有的成员国中得到应用的自愿环境保护协议总共有 300 多个，大多数的协议是关于减少空气污染、水污染和固体废物的。已经在欧盟成员国实施的环境保护协议主要有汽车尾气排放标准、环境影响评估、生态标签、欧盟气候变化公约、环境管理和审计体制（EMAs）、战略环境评估。因此，本书将以欧盟国家为主要对象，介绍自愿环境协议在欧盟各国的实施应用情况，并比较分析各国在一些具体层面的差别。

（一）自愿环境协议手段在欧盟国家的应用

欧盟第一个自愿协议于1971年在法国实施。20世纪70年代，自愿环境协议发展并不是很迅速。而到了80年代，欧洲大部分国家都把自愿环境协议作为环境管理的一个重要工具。大部分的欧洲国家在不同的级别上引入这种管理方法，包括国家级、区域级和地方级。据统计，所有的欧盟国家都采用了自愿环境协议，只是数量不一。荷兰在自愿环境协议的发展上比较领先，有超过 100 个协议，在调查的协议中，荷兰和德国大约占了总数的2/3。在一些较小的国家，如奥地利、比利时、丹麦和瑞典，协议数量多于法国、意大利和英国。这表明自愿环境协议在环境政策比较成熟、决策过程中有着权力分散、共识构建和有协商传统的国家达成的更多。其他的非欧盟国家，如美国、日本、加拿大和新西兰等国，自愿环境协议的采纳和实施也已走在世界前列。

1. 欧盟自愿环境协议的特点分析

欧盟成员国实施的自愿环境协议可以根据 1992 年欧盟第五届环境行动计划（European Union’s Fifth Environmental Action Programme）划分的部门和主题进行分类，自愿环境协议涉及农业、能源、工业、运输、旅游等各个领域，尤其是工业领域最为普遍。到目前为止，大多数成员国的自愿环境协议大部分都发生在污染较为严重的经济部门，如金属冶炼、金属电镀、化学、能源和交通等，欧盟第五届环境行动计划提供的资料显示，化学品生产、化学及人造纤维领域占被调查的 305 个自愿环境协议的 20%。其他部门如食品、饮料及烟草生产（12%）、运输、仓储及通信（11%）、金属制品制造（11%）、其他非金属性矿物生产（10%）、橡胶及塑料产品制造（10%）、电力、燃气及水供应（10%）。

从表 7-2 中可以发现，荷兰和德国的应用最多，他们是欧洲应用自愿协议的典范。

同时，自愿环境协议涉及的环境问题非常广泛，废物管理、空气污染、气候变化、水污染、臭氧层枯竭和土壤污染是欧盟自愿环境协议重点关注的环境问题。对于欧盟的每一个成员国来说，废物管理比较容易实施自愿环境协议。综观所有被采用的自愿协议，应用在废物管理和气候变化的自愿协议是最多的，在大气污染、水污染和突发性污染领域的自愿协议也多达 70 余个。

表 7-2 欧盟成员国自愿环境协议特点

国家	首次应用时间	主要涉及的领域	涉及的环境问题
荷兰	1977	化工、金属、食品、纺织、农业、渔业、运输业	空气污染、水污染、臭氧层枯竭和土壤污染
德国	1978	化学工业、金属加工业、能源开发业	温室气体减少、废物管理
丹麦	1980	化学工业、交通运输业	废物管理、气候保护和空气质量方面
奥地利	1978	化学工业、汽车制造、造纸、建筑行业	废物管理、气候保护和大气质量
比利时	1988	废物管理	空气污染、水污染、臭氧层枯竭和土壤污染
芬兰	1989	能源开发工业、食品工业	废物管理、气候变化
法国	1971	化学工业、金属加工业	废物管理、气候变化、水污染和土壤污染
爱尔兰	1996	包装材料	废物管理、空气污染
意大利	1988	造纸业、机器设备工业	废物管理、空气污染
卢森堡	1989	食品、饮料、烟草加工业和化学工业	废物管理、气候变化
葡萄牙	1988	食品、饮料、烟草加工业和金属加工业	空气污染、水污染、废物管理
西班牙	1989	造纸业、合成工业	空气污染、臭氧层枯竭、水污染、废物管理
瑞典	1978	造纸业、能源开发	废物管理、空气污染、气候变化、臭氧层枯竭
英国	1972	化学工业、合成工业	废物管理、水污染气候变化

2. 欧盟自愿环境协议的实施趋势分析

20 世纪 90 年代是自愿环境协议蓬勃发展的时期，在这一期间，自愿环境协议的数量得到了很大的提高。在 90 年代末期，许多研究项目又进一步推动了自愿环境协议的发展。这些协议的一部分应用至今，另外的一部分则经过了进一步的修改和完善而更加成熟。在 80 年代到 90 年代初期，自愿环境协议主要集中于减少污染和禁止使用危险品方面，如德国、荷兰和比利时的关于减少二氧化硫和氮氧化物气体排放的自愿协议。现在，自愿协议的内容发生了很大的变化。在德国，减少污染和禁止使用危险品方面的自愿协议已经转向更为复杂的自愿协议，如联邦州之间缔结的环境合约，旨在促进环境管理标准的实施。从90年代初期到中期，单方面的承诺协议比较盛行，如德国关于将汽车燃耗减少25%（1990）和德国关于全球气候升温预防的工业宣言（1995）；前者在1995年已经被更新，后者则先后在1996年和2000年被两次更新。此外，关于气候变化的自愿协议在英国也正在实施。这些例子表明自愿协议在欧盟成员国是作为一项重要的管理手段在使用，特别是在废物管理和气候变化领域。国际气候政策和各欧盟成员国关于减少 CO_2 气体排放的目标都是防止气候变化的重要驱动器。然而，新实施的欧盟气体排放交易制度对自愿协议很可能产生影响，因为它强迫工业企业减少 CO_2 排放。在德国，气体排放交易将很可能变得比工业企业自我承诺更重要，甚至在一定程度上取代它。相比之下，在荷兰，气体排放交易是基准缔约的补充，只是作为一项选择。

如今，欧洲级别的自愿协议为数不多，它们主要用于气候变化问题，这样的例子有旨在减少汽车 CO_2 排放的 ACEA 协议。在1992年的第五届环境行动计划中，欧盟委员会倡导综合应用环境管理手段，使之能够应对更加复杂的环境问题。在1996年，欧盟委员会发布了第一个关于自愿协议的倡议书。该倡议书讲述了在欧盟成员国里，怎么通过环境协议手段来实现既定的环境方针。紧接着在2002年，第二个倡议书指导了怎么在欧洲国家之间应用环境自愿协议来解决环境问题。这些倡议书为未来的环境框架奠定了基础。同时，有几个环境问题也促进了自愿协议的发展，如综合产品政策、废物管理和气候变化。除了单方面的自愿协议之外，欧盟委员会期望将自愿协议式管理方法发展成为法律框架下的执行手段。

总体而言，在欧盟，自愿环境协议手段正在继续发展。无论是老成员国还是2004年春天加入的新成员国都在积极地应用和发展该手段。在欧盟，越来越多的自愿协议都在为欧洲法律的实施服务，或者作为法律的补充，或者将成为法律的一部分。关于同一环境问题的法律与自愿协议将得以同步发展，并且二者的优点都得以综合应用和体现。

（二）自愿环境协议手段在其他国家的应用

1. 美国

由于美国国家环保局的推动，美国开展的自愿环境协议比大多数国家更为先进。美国实施自愿环境协议时间较晚，但效果较为显著。美国对自愿协议手段十分支持，26个州在美国国家环保局实施国家计划之前就有了自己的自愿环境协议。随后，各州开始实施这项计划，许多企业成为自愿协议的参与者。美国国家环保局推动的著名自愿环境协议为“明智减废计划”“绿色照明工程”。“明智减废计划”始于 1994 年，旨在减少固体废物，仅 1994 年就有 370 多家企业参与了此计划。“绿色照明工程”始于 1991 年，目的是通过优化工商业照明系统的效率提高能源利用率，减少温室气体排放。作为回报，美国国家环保局提供技术信息支持和公共资源支持。至 1998 年，已有 2 500 个参与企业，降低用电量累计达 47 亿 kW。

2. 日本

日本是最早提出和实施自愿协议的国家。1964—1999 年，共签订公害防止协定 54 379 个，涉及农业、矿业、建筑业、化工、机械等各行业。自愿环境协议已经与法律、条例并列成为防止公害的有力手段。

3. 加拿大

1997 年 11 月关于气候变化的京都协议第三次会议召开，在会上工业化国家同意到 2008—2012 年将 CO_2 降低到 1990 年的 5.2%，这就是著名的应对气候变化的自愿挑战和注册计划（The Climate Change Voluntary Challenge and Registry，VCR），此计划的主要目标是减少温室气体的排放以减少对大气的污染。在此计划中，加拿大承诺降低到 1992 年的 6%。

另外，在墨西哥、哥斯达黎加、印度尼西亚、南非等国也都出现了通过自愿环境协议的方式解决环境问题。例如在墨西哥，从 1987 年到 1997 年十年间仅在制革业内就连续签订了 4 个自愿环境协议，4 个协议均是在墨西哥的制革贸易协会与联邦政府以及地方政府之间签订，地方政府负责监管，旨在降低制革业的水污染以及水资源的浪费。

（三）国外实施自愿环境协议的特点

1. 各国之间存在的差异

一是各国数量上存在差异。即使在日趋一体化的欧盟，在自愿协议数量上，荷兰和德国一直处于遥遥领先地位，其他国家数量明显要少。到 1996 年，欧盟 15 国总计达成自愿协议的数量为 300 项，荷兰和德国共完成 200 项，其余的 13 国只占总数的 1/3。二是协议类型和法律属性上各国有自己的特点。有些国家工业类的协议占多数；有些国家以废物管理的协议为主；有些国家如荷兰的自愿协议大多是有法律约束的；而有些国家如德国的自愿协议基本上是无法律约束的。存在以上差异的原因主要是，国与国之间社会、经济、文化、法律制度以及面临的环境问题都不相同，各国在解决环境问题时主要根据本国的环境政策和环境法规来采取行动。另外，自愿协议本身具有的自愿性质也是造成这种分布不均的一个原因。

2．各国之间存在的共同之处

自愿环境协议的一个特点就是它代表一种协议。无论是正式协议还是非正式协议，最重要的一点就是它都建立在一种正式程序的基础上，程序可以采取谈判、签订协议、共同目标设立、互助交流、广告或评估等形式。谈判协议是欧盟国家的主要协商模式。在已有的协议中大多数都是这类协议。谈判协议在各国的工业和能源部门运用的最多，几乎所有国家都曾运用谈判协议来解决工业污染问题。工业部门中又以化工行业的谈判协议居多，1996 年的欧盟统计数据显示，化工行业的谈判协议占欧盟工业部门谈判协议总数的 28%。还有一个共同点就是协议关注的环境问题主要集中在废物管理、空气污染控制、水污染控制、气候变化、臭氧消耗、土壤污染等方面。其中废物管理问题的关注程度最高，几乎所有欧盟国家都运用谈判协议解决废物管理问题。政府与企业之间的这种伙伴关系的所有相关特点可归结为信任二字。企业相信政府在制定环境政策时采取有效和公正的方式，让企业发现最有效的投入-产出办法和途径。政府相信企业会承担自己的责任，将环境目标与自身的长远计划和日常管理结合起来。在建立伙伴关系相互信任的过程中，共同分担协议内容，承担诺言。

3．行业协会起着重要的沟通作用

各国在推进自愿环境协议实施时，行业协会起了重要的作用。行业协会作为桥梁，能够迅速建立起企业与政府之间的信任关系，而且在谈判时可以起到很好的沟通作用。许多国家层面上的协议是政府与行业协会签署，如荷兰经济部及可持续发展局与荷兰化学工业协会关于提高能源效率的长期协议，德国铝制品工业协会保护气候自我承诺减少温室气体排放量的自愿协议，等等。

4．与传统环境许可证的关系密切

自愿环境协议允许用比传统环境许可证更灵活的方式达到环境保护目标。企业最清楚如何解决自己的污染问题。正因为如此，自愿环境协议允许工业企业在制定减少污染规划时拥有更多的灵活性，并以主动参与的方式用最有效率的方法达到环境保护目标。当然，自愿环境协议方法并不能取代传统环境许可证，但是企业在实行自愿协议后，政府可以考虑在这些企业的环境许可证内容和审批时间上给予一些优惠条件。例如，荷兰在提高能源效率的自愿协议基准盟约中有关条款规定，企业参加盟约后，可以不在环境许可证内容中规定有关能源的要求。

二、自愿环境协议手段在我国的实践应用

自愿环境协议在我国虽然尚未被纳入正式环境管理手段，但随着西方各国实施自愿性环境措施的经验推广以及我国政府部门在环境管理工作中逐渐意识到传统行政指令的不足，我国自20世纪90年代以来开始进行了此方面的尝试，重点领域主要为节能和SO_2减排方面。目前比较具有典型意义的项目有中国节能协会组织的节能自愿协议项目、欧盟委员会支持的自愿协议式企业环境管理项目等。

1999年，中国的节能自愿协议项目开始实施，这是中国可持续能源项目“建立中国节能法规基础体系项目”的子项目，得到了美国能源基金会中国可持续能源项目资助，并得到美国劳伦斯伯克利实验室的技术支持，由国家经贸委与美国大卫与露西·派克德基金会、能源基金会共同实施，由中国节能协会具体组织。2002年，中国节能协会以及中外专家一起调研和分析了中国的钢铁、有色金属、建材、化工、石化等重点耗能行业，并对山东、上海、江苏、辽宁、河北等省份进行对比分析，最终选择在山东的钢铁行业开展自愿协议政策试点。2003年4月在山东济南，山东经贸委、济南钢铁厂、莱芜钢铁厂签订了首个节能环境协议。2004年欧盟委员会亚洲环境支持项目“自愿协议式方法在中国工业环境管理中应用的可行性研究”在南京选取了20家企业作为自愿环境协议试点，进行自愿环境协议试点意愿调查，分析在中国实施自愿环境协议的基础，积极探索了在中国开展自愿协议式环境管理的可行性。2007年3月，欧盟“中国城市环境管理自愿协议式试点”项目（二期）启动，协议规定在今后的三年内，来自南京、西安和克拉玛依三个试点城市共14家企业涉及钢铁、石化、化工、建材等行业，将以每年3%～5%的速度自觉减少污染物排放，并把能源利用率提高3%～5%。

2009年11月21日，工信部与中国移动签订《节能自愿协议》，中国移动承诺，以2008年能源消耗为基准，到2012年12月月底实现单位业务量耗电下降20%，节约用电118亿kW·h。2010年，《节能自愿协议技术通则》（GB/T 26757—2011）国家标准通过了全国能源基础与管理标准化技术委员会组织的审定，作为推荐性国家标准，报国家标准委批准发布。该标准对自愿协议的参与主体、各方权利义务和奖惩约束作出说明。2012年，工业和信息化部印发《工业领域应对气候变化行动方案（2012—2020年）》，提到碳排放自愿协议制度的开展行业、制定管理办法和奖惩措施等。2013年，环境保护部印发的《化学品环境风险防控“十二五”规划》将自愿协议作为化学品环境风险防控的综合管理手段。

（一）我国实施自愿环境协议的条件和基础

根据我国实践自愿环境协议的效果，我国当前已具备了进一步扩大规模实施自愿环境协议的条件和基础，主要体现在以下 4 个方面。

1. 相关的法律法规基础逐步完善

2003 年开始施行的《清洁生产促进法》对清洁生产要求分为一般性要求、自愿性规定和强制性要求三种类型。其中，自愿性规定主要是鼓励企业自愿采取行动实施清洁生产，在企业达到国家和地方规定的排放标准基础上，需与有关部门签订节约资源、削减污染物排放量的协议。2007 年修订的《节约能源法》中明确指出了对采取节能措施的单位的激励措施，包括财政补贴、税收、价格、宣传等方面的政策，这些激励措施有利于鼓励有能力的企业参与类似自愿环境协议的超前环境行为，通过技术研发、改造实现节能。

2. 国家采取各种形式促进“节能减排”

国家“十五”“十一五”“十二五”“十三五”规划连续明确提出节能减排的目标，各级政府也积极采取配套措施保证目标的实现，但节能减排的形势依旧严峻。近年来，“国家环境友好企业”“千家企业节能行动”等活动的开展有效地促进了节能减排的实施，为自愿环境协议的实施奠定了良好的基础。

3. 企业环保意识提高

伴随经济的高速发展，我国企业的技术水平和创新能力得到大幅度的提升，在不断与国际化接轨的过程中，公众的环保意识大大增强，企业的社会责任意识比以前有了较大程度的提高。一些企业特别是经济发展较好地区的企业确实已经具备了实现更好环境目标的能力和诉求，自愿环境协议正是企业将经济行为与超前的环境行为相结合的有效途径。

4. 试点项目取得了相当的效果

从 2002 年开始，在一些国际机构和国内有关部门的支持下，陆续有与自愿环境协议相关的项目试点在我国开展，这些项目通过借鉴国际经验并结合我国国情，在不长的时间内取得了不错的节能减排效果。以参与首个节能环境协议的莱钢为例，签署自愿协议后 3 年的时间里，累计节能 12.99 万 t 标准煤，减排二氧化硫 2 334 t，减排二氧化碳 77 940 t，实现节能效益过亿元。这些试点项目的实施为今后自愿环境协议的广泛开展积累了宝贵的经验。同时，国内也出现了一些相关的自愿环境协议理论研究，对自愿环境协议的实践具有一定的指导作用。

因此，自愿环境协议虽然引入我国的时间不长，但已具备了良好的发展前景，特别是最近几年协议的数量不断增长，社会各界对自愿环境协议的认识也不断增强。

（二）我国自愿环境协议实践中的不足

由于自愿环境协议在我国尚属于一项较新的环境管理方式，无论是指导政策和理论还是在实践方法方面都难免存在一些不足。对这些不足需要给予重视并加以改进，从而使自愿环境协议的实施效果得到进一步改善。

1．对自愿环境协议的认识不够充分

自愿环境协议手段从诞生至今不过几十年的历史，在我国则更是属于一项新的环境管理方法，自愿环境协议的理论研究明显不足，从能够检索到的文献数量就可以看出，针对包括自愿环境协议在内的自愿性环境管理手段的文章相当有限，从而导致理论对实践的支持不够。就国外的经验来看，自愿环境协议始于实践，理论的研究是后续跟进的；并且，目前国外对自愿环境协议认识也存在很大的分歧，但若使用得灵活恰当仍可以保证自愿环境协议的实施效果。企业对自愿环境协议的认识还十分有限，表现出对自愿环境协议作用、特点以及实施程序了解不够。因此，应加强自愿环境协议理论的深入研究以及政府的有力宣传。

2．自愿环境协议实施的范围有限

近年来国内陆续出现以节能为主题的自愿环境协议，企业表现出较高的积极性，也取得了一定的成效，但涉及污染减排特别是 CO_2、SO_2 减排的协议很少，而从国外的经验不难看出，气候变化以及废弃物处理是自愿环境协议重点关注的领域，而自愿环境协议的灵活性则可以保证其宽泛的实施领域。2012 年，工业和信息化部印发《工业领域应对气候变化行动方案（2012—2020 年）》，提到碳排放自愿协议制度的开展行业、制定管理办法和奖惩措施等，表明自愿协议开始向节能目标以外的其他环保目标推进。目前，我国的自愿协议制度的运用范围还是局限于节能减排领域。我国作为最大的碳排放国，在国际上面临着巨大的碳减排压力，要实现 2030 年碳排放达到峰值的承诺，自愿环境协议应该成为节能减排以及处理其他环境问题的重要推动工具。

3．自愿环境协议的形式单一

一般来说，自愿环境协议有三种形式，即工业企业制定的单方承诺、公共权力机关制定的自愿协议和工业企业与公共权力机关制定的协商性协议，我国目前实施的自愿环境协议基本上都是政府提供、企业参与的类型。虽然存在协商的因素，但十分有限，企

业略显被动，“自愿”的成分也大打折扣。当然，这符合试点阶段的国情，但却限制了自愿环境协议的普及与作用的发挥。实证研究的结果也表明，许多企业在对自愿环境协议有所了解后，表现出了参与的意愿，但却没有参与的途径，单边声明的协议未被发掘和利用。

4. 实施保障机制有待完善

自愿环境协议为保证环境目标的实现，在签署协议时，需要配有成套的监督和保障机制。目前，我国存在的自愿环境协议的透明度不够，表现为缺乏协议执行的连续性信息披露，导致公众及民间组织的第三方监督作用未能发挥。此外，国外的许多自愿环境协议具有法律约束并带有对未完成目标的惩罚机制，但并不妨碍自愿环境协议自愿性的体现。因此，我们在实施自愿环境协议时，要特别注重保障机制的健全，才能保证协议环境目标的顺利达成。

第四节 自愿环境协议的典型案例

本节将为大家重点介绍两个典型自愿环境协议的案例。首先详细介绍这些协议的主要内容，然后分别评价其各方面的效益，最后总结协议实施过程中的经验教训。

一、荷兰能效标杆管理盟约和协议方案——啤酒厂案例

荷兰体制中的“盟约”是一个非常宏伟的协议制度，可称为特殊的政策管理手段。它起源于 20 世纪 80 年代末，此后运用到了不同的环境问题中。本案例概括描述了这个管理盟约，并以啤酒厂为例来评估它。

（一）标杆管理盟约概述

标杆管理盟约的目的是加强能源的有效利用，促使荷兰公司（包括啤酒厂）进入世界上能源有效利用率最高的前 10%的行列中。盟约包括政府与个体公司达成的一系列协议。加入盟约的公司应该履行协议规定的义务，作为交换，荷兰政府也要给出相应的回报。加入盟约的公司应在 2012 年达到盟约规定的环境目标。基本的思想是，生产工厂应该进入世界上能源有效利用率最高的前 10%的行列中。

荷兰工厂需要独自测量他们自己的能源有效利用率，也要调查世界上最好的地区的平均能源利用率或者全球范围内前 10%的平均能源利用率，并对二者进行比较。当公司

的能源有效利用率高于标准时，他们需要做的是继续走在世界的前列。如果公司的能源有效利用率低于标准时，他们必须整改，弥补存在的差距。这样，标准的发展对于公司自己的目标确定很重要。标准将每四年更新一次。参与的公司必须建立能源有效利用计划，该计划需要每四年更新一次，受政府与民间组织组成的审查处指导，目标怎么实现和什么时间实现都有明确的规定。盟约包括一些管理投资率的标准。在刚开始的时候公司必须采取最经济有效的措施，政府在税后返还企业 15%的投资，接着可以采取一些稍微不怎么经济有效的措施。如果他们采取了这些措施之后仍然没有达到世界领先的水平，他们也可以采取一些灵活的手段，如在 2008 年以前进行的有关排放权的交易。独立的审查处将评估这个能源有效利用计划。一经证实，它将与环境许可证合成一起。

盟约管理委员会将会负责盟约的整个实施过程。这个委员会由所有加入盟约的各参与方派出的代表组成委员会，监测盟约的进展情况，报告给相关的责任部门。同时成立了盟约管理审查处，特别为盟约的技术监测服务，它主要负责审查在盟约的各个不同阶段各参与方的执行情况。例如，审查处将检查世界领头羊地位是否稳固、能源有效利用计划是否被正确地糅合在一起，审查处还将就此给予各参与方和相关部门一些建议。

（二）参与方和动机

签署该合同形式盟约的参与方有：经济事务部；住宅、空间规划与环境部；代表各个省份的省际咨询机构；荷兰工业与劳工联邦会；不同领域、不同行业的企业和组织，以啤酒厂为例是荷兰啤酒联合会。此外，公司通过《参与宣言》以确定他们与盟约的联姻关系。所有的荷兰企业只要他们每年的能耗在 5×10^{14} J 以上都可以加入这个盟约。关于啤酒行业，荷兰有 3 家大型的啤酒厂和其他 5 家中等的厂总共 8 家生产厂厂家签署了这一宣言。荷兰政府执行盟约的动机来自外界的压力。特别是在 1997 年东京举行的气候会议上，欧盟各成员国一致同意将 CO_2 排放减少 8%，荷兰同意与欧盟其他成员国一道继续减少 CO_2 和其他温室气体的排放。然而，荷兰政府对工业公司施以强制性措施的空间很小，因为强制性措施将减小生产厂的扩建生产余地，这与荷兰发展经济的政策是相违背的。在盟约条款的规定下，参与企业将最大限度地减少 CO_2 的排放。这样，环境获取就不会与经济获取相矛盾。

（三）法律框架

盟约的第一个参考是荷兰国家环境保护计划，它确定了荷兰环境政策的基本方向，

强调了大量减少 CO_2 排放的目标。荷兰盟约管理体系与地方权力机关的许可证制度有一定的联系。通常情况下，根据环境法律为每一个公司制定环境标准是地方权力机关的事情。如果一个公司加入了标杆管理盟约，在能源有效利用方面，它将不再受许可证制度的支配，因为这方面已经包含在盟约中了。如果一个公司没有能够在盟约的要求下实现既定的目标或甚至不想参与盟约，它将不得不履行由地方权力机关设定的能效要求。这是一个很强的制裁机构，地方权力机关可以设定一个比盟约更为严格的环境目标。加入盟约的公司可以有一定数量的 CO_2 排放份额；没有加入盟约的公司，地方权力机关将分给它们很少的份额。表 7-3 是对啤酒厂实例的介绍。

表 7-3 啤酒厂实例介绍

项目	描述
问题	气候变化
目标	使加入盟约的啤酒厂成为世界上啤酒行业能源有效利用率最高的前 10%的行列
参与方	荷兰酒业协会、盟约标杆管理委员会、审查处（独立的权力机关）
时间	2000—2004—2008—2012 年，分三个阶段：能源有效利用计划每四年更新一次
协议框架	参照国家环境保护计划、对未来气体排放权进行约定
法律机制	与排污许可证捆绑式使用

（四）盟约的实施过程

加入第一代长期协议的啤酒厂到 2000 年年末的时候，达到了将能源利用率提高 27%的目标。与此同时，荷兰政府和荷兰工业联合会同意继续将这一管理手段引向深入，在 1999 年建立的能源节约盟约的基础上建立新的能源标杆管理盟约。啤酒协会被提议组织盟约的建立。这样，经过审查处的批准，由职业咨询专家起草了最好的啤酒工业能效标准。接着，向全世界 500 多个啤酒厂发出了问卷调查表，收到了 102 个答复，确定的能耗标准是 193 MJ/100 L。

然后，同一咨询专家评估了加入盟约的公司，检查他们是高于标准还是低于标准。通过这种方式，来确定哪些单个目标是必须达到的。从 2004 年年末以来，啤酒厂采取措施，进行了第一次监测。此外，第二阶段的标杆管理进程也开始了。新的标杆管理在 2005 年年初实施，工业标准被进行了修改，公司的具体目标也有所变化。这样盟约的实施过程可以分为三个阶段：2000—2004—2008—2012 年。

在盟约设计完成之后，标杆管理工作将会分为三次来实施。每一次，标杆管理工作分为标杆标准、能源有效利用计划、措施和监测。在第三阶段的时候，公司允许通过气体排放权交易来达到他们的目标。关于啤酒厂实例的标杆管理进程见表 7-4。

表 7-4 啤酒厂能源标杆管理进程表

时间节点	盟约进程和任务
1999	部门与工业协会之间签署标杆管理协议
2001	啤酒厂加入标杆管理盟约；建立第一个标杆；公司制订第一个能源利用计划
2000—2004	第一个时期的措施（5 年的回收时间）
2004	第一次评估；建立第二个标杆；公司制订第二个能源有效利用计划
2004—2008	第二个时期的措施（多于 5 年的回收时间）
2008	第二次评估；建立第二个标杆；公司制订第三个能源有效利用计划
2008—2012	第三个时期的措施和气体排放权交易

（五）协议的要素

协议采用民间法律的格式，包含了 25 个条款和 5 个附件。这些条款可以分为 6 个要素，见表 7-5。

表 7-5 啤酒厂能源标杆管理协议的要素

要素	内容描述
目标	受委托的咨询专家负责标杆的确定工作，确定出最好的工业标准（全球前 10%行列）。审查处将接受这一标准。咨询专家分析公司的运行情况，来确定公司情况与最好的工业标准之间存在的差异。最好工业标准的确定在盟约中有详细描述
考虑的事项和措施	工业组织需要考虑：鼓励参与、实施标杆管理、实施盟约。政府要考虑在气候方面不再应用额外的政策。每一个公司必须建立自己的能源有效利用计划，描述实现标准的具体措施。该计划必须得到审查处的认可并公开。建立能源有效利用的详细方式，也在盟约中进行了具体的规定
监测	公司每年都要向审查处报告，审查处需要向盟约管理委员会报告。下一个四年拟定期望的目标，需要通知各部委和议会。监测的详细方法在盟约进行了规定。评估报告每四年发布一次并公开
监督机制	标杆管理委员会与参与方和审查处共同监督标杆管理和监测工作。在最初能源有效利用计划批准之前或盟约有变化的时候，加入盟约的公司可以退出盟约。当有的参与方不履行盟约规定的时候，政府可以采取严厉的排放许可措施
成本花费	费用由参与方共同承担。政府为盟约的准备、监测和标杆管理委员会和审查处提供经费支持。各参与公司需要承担在制定最佳工业标准、能源有效利用计划和措施的实施过程需要的经费开销
合理性或合法性	盟约相当于引导性政策，包含了定义、目标、参与方、签名单、保密性条款、界限、法律状态等，这些都为盟约的有效执行奠定了基础

总体上，这个案例是欧盟自愿协议的一个很好的典范。它是一个关于复杂环境问题（如气候变化和能源有效利用）是怎样在工业和环境目标方面实现双赢的例子。

目标方面：荷兰能源管理标杆盟约目标是一个不确定性的、竞争性的目标（成为世界上能源有效利用率最高的前10%的公司）。每一个公司需要制定定量的目标，还要进行阶段性的重新定量和修改目标，这就使得目标变得非常灵活。然而这样也提高了操作难度和复杂性。

环境影响方面：目前还未有可利用信息和数据，但2002年一个过渡报告提到，一些公司已经在社会影响方面，提高了荷兰国民和企业的环境意识，而且提高了世界其他国家的环境意识。标杆管理体制和“成为最好”的标识不仅是参与的动机，也诠释了解决方案。协议的进程不仅促进了改革，也传播了能源有效利用的好经验。

监测方面：标杆管理盟约的监测程序是以第一代长期协议积累的经验为基础。研究方法较为先进，报告较为频繁。审查处将指导标杆管理、能源有效利用计划和完成的目标。对于啤酒行业来说，纳入盟约的能耗和能耗计算的方式都是准确的。

监督方面：盟约是一个有法律约束力的民事法律合同。盟约体制中的制裁机构是审计和监测机构本身。遵循盟约的内部压力是使公司成为世界前 10%行列中的一员。遵循盟约的外部压力是省级权力机关可能会减少 CO_2 的允许排放份额，另外一个好处是可以从省级权力机关获得环境许可。

费用方面：实施盟约所需要的费用由公共权力机关和工业企业共同承担。审查处的员工工资由政府承担，咨询专家的费用和实施措施的过程中所需要的费用由工业企业自己解决。比起法律法规来，这个盟约的花费要省很多。

合理性或合法性方面：公共管理部门的参与和向议会的汇报说明了标杆管理的合法性。监测报告的公布确保了其对公众的公开性。考虑到保密因素，有关公司的特殊信息不会公布，但民间组织例外。没有任何信息表明社会公众对该方法的反对。

一般而言，荷兰标杆管理盟约方案的啤酒厂案例代表了工业环境管理中协同合作的一个高度发达的体制。它是关于自愿环境协议很好的案例，在能源利用政策和应对气候变化问题方面有着很好的目标。啤酒厂的案例只是一个部门如何融入到建立通用协议方案的一个例子。关于目标问题，标杆管理程序本身就要求各参与公司建立明确的目标。因此，企业与企业之间，以及企业内部的设备与设备之间的目标是不一样的。一个由独立职权部门支持和控制的体制健全的监测体系和监督机制对协议的顺利进行起到了重要的作用。鼓励机制和制裁机制的建立促进了公司的参与行为。

二、欧盟旨在减少客车 CO_2 排放的 ACEA 协议

此案例是关于减少客车 CO_2 排放的环境协议，由欧洲汽车制造联合会（Association des Constructeurs Européens d'Automobiles，ACEA）与其成员共同签署的，旨在减少客车 CO_2 的排放。因此，它是与产品有关的协议。选择这个例子是因为它是为数不多的欧洲级别的自愿环境协议例子。这个协议被认为具有高度自愿程度，另外还有一个复杂的监测机构，这是该协议能够在目标履行和监测进程中展示优良的实践效果的原因。由于欧洲还没有统一的关于客车 CO_2 排放问题的规定，所以有关的排放标准在欧洲各成员国之间不尽相同。

（一）协议概述

交通运输工具 CO_2 排放特别是汽车的 CO_2 排放是一个很重要的环境问题。在 20 世纪 90 年代早期，此问题便已得到了欧盟的重视。运输工具是气候变化的最重要的挑战之一。在欧盟，它是欧盟 CO_2 增长最快的排放源。如果不采取相应措施的话，预计到 2010 年来自运输工具的 CO_2 排放与 1990 年相比会上升 40%，它们将占据整个欧盟 CO_2 排放数额的 30%。而来自汽车的 CO_2 排放将占欧盟运输工具的 CO_2 排放的 50%左右，占据整个欧盟 CO_2 排放数额的 12%。交通运输的发展对于欧盟在《京都议定书》中达成的环境目标构成了威胁，《京都议定书》要求到 2008 年 CO_2 总排放要比 1990 年低 8%。所有的这些数据都显示这个环境问题的重要性。

经过两年的协商之后，在 1998 年欧盟和 ACEA 签署了自愿协议。在欧盟和 ACEA 的环境协议框架中，ACEA 承诺减少新型客车气体排放。表 7-6 是对这个协议的介绍。

表 7-6　ACEA 关于减少 CO_2 排放协议的介绍

项目	描述
问题	汽车 CO_2 排放
目标	减少汽车 CO_2 排放； 1990 年汽车 CO_2 排放平均值为 186 g CO_2/km； 2003 年汽车 CO_2 排放达到中期目标，165～170 g CO_2/km； 2008 年汽车 CO_2 排放平均值减少到 140 g CO_2/km； 2010 年汽车 CO_2 排放平均值达到 120 g CO_2/km 或更少
参与方	协议方：ACEA、欧盟 监测机构：欧洲议会、欧盟理事会
时间	减少汽车 CO_2 排放和提高燃料经济的欧盟策略（1996）
协议框架	欧盟关于环境协议的讯息文件（2002）

（二）参与和动机

协议内容由ACEA1998年签署的承诺和欧盟委员会1999年签署的提案组成。ACEA的成员有欧洲汽车制造商BMW、Porsche、Peugeot-Citroen、Daimler-Chrysler、Renault SA、Fiat、Ford、Volkswagen、General Motors、Volvo and Man。在承诺的背后，ACEA的动机是保护汽车CO_2排放的法律和财政措施（如CO_2排放的最高标准或购买税），以便为不同的车型保持灵活性和留出空间。目标为140 g CO_2/km的自愿协议给汽车工业留出了更多的空间。公共权力机关（如欧盟委员会）的动机是应对汽车CO_2排放问题。由于欧盟成员国之间缺乏统一的认识，这个问题不能通过法律和财政手段来解决。这样，自愿协议管理方法可能是一个可行的解决方法。

（三）法律框架协议

欧洲水平的自愿协议是不具备法律约束力的，因为欧盟没有与工业企业签署协议的正式权力。这就是为什么欧盟广泛的自愿协议，到现在为止仍然是工业企业的自愿承诺，通过信函交流，这个承诺得到了欧盟委员会的认可。当时没有关于汽车CO_2排放的欧洲水平立法行动。欧盟理事会特别提出了战略的目标：最迟至2010年，新型客车需要达到120 g CO_2/km的排放标准。理事会也指出工业企业应该把这项目标写入协议中。ACEA协议是这项战略实施的一部分。和欧洲水平的自愿协议一样，它也是不具备法律约束力的，协议中不包括强制执行机制。唯一的制裁是：当不能实现协议规定的目标时，欧盟委员会将提议一项法律行动，这一点在欧盟讯息文件有所规定。

（四）协议发展历程

早在20世纪90年代初期，汽车CO_2排放问题就已经列上了议事日程。欧洲国家和欧盟的相关机构竭力寻找解决这一问题的方法。协议的发展过程可以分为下面四个阶段：意识需求阶段（1991—1995年），意识到需要寻求法律解决方案；第二阶段（1995—1997年），第一轮协商，但没有取得进展；第三阶段（1997—1998年），进一步协商：达成了ACEA协议；第四阶段（1998—2004年），协议的实施。各个时间段的相关进程见表7-7。

表 7-7 ACEA 协议发展历程

时间	进程
1991 年	欧盟理事会 91/441 号决定呼吁减少客车 CO_2 排放
1992 年	欧盟一致认为很难诉诸法律来解决客车 CO_2 排放问题
1995 年	欧盟建立旨在减少客车 CO_2 排放的次策略，建议将自愿协议作为策略的一部分
1996 年年初	欧盟委员会开始与 ACEA 进行技术谈判
1997 年 6 月	ACEA 提出 167 g CO_2/km 的目标，遭到了欧盟的否决
1998 年 2 月	法国斯特拉斯堡课题研讨会使谈判方讨论汽车 CO_2 排放问题
1998 年 3 月	欧盟接受了 140 g CO_2/km，但同时也强调了相关的条件
1998 年 7 月	ACEA 协议由 ACEA 和欧盟委员会最终确定
1999 年 2 月	欧盟委员会的 1999/125/EC 号决议认可了 ACEA 承诺
2000 年 8 月	采用了关于监测新型客车 CO_2 排放的决定
2002 年	第四个年度报告评估了减少汽车 CO_2 排放策略的有效性，第一次评估了各个成员国提供的数据，报告显示 ACEA 达到了它的中期目标
2003 年	ACEA 必须实现中期目标 165～170 gCO_2/km，并回顾已经取得的进步，分析 2012 年实现 120 g CO_2/km 目标的可能性

（五）协议的要素

正如前面已提到的，ACEA 协议一方面包含 1998 年做出的承诺，另一方面也包括 1996 年的委员会提案。ACEA 承诺和委员会提案的内容一并构成协议。它主要有目标、监测监督等方面的内容。

目标：ACEA 的承诺和委员会的提案都规定了定量的目标（表 7-8）。

表 7-8 ACEA 协议的定量目标

时间安排	目标
2000	ACEA 的一些成员在欧洲市场上推出 CO_2 排放为 120 g CO_2/km 或更少的汽车
2003	实现欧洲新型汽车平均排放 165～170 g CO_2/km 的中期目标（这相当于比 1995 年减少了 9%～11%的 CO_2 排放）
2008	实现欧洲新型汽车平均排放 140 g CO_2/km 的目标（这相当于比 1995 年减少了 25%的 CO_2 排放，超额完成《京都议定书》的任务）
2010	新型客车需要达到 120 g CO_2/km 的排放标准

监测：欧盟委员会和 ACEA 联合监测了新型客车 CO_2 排放的进展、ACEA 协议假定情况和汽车工业技术（如天然气、氢气和电动技术）的新发展。ACEA 同意提供必要的

信息来监测协议的执行。ACEA 着眼于 CO_2 排放 120 g CO_2/km 的目标，于 2003 年对协议进行了全面的评估。为了进一步提高监测水平，欧洲议会和欧洲理事会制定特别的监测程序，那就是欧盟各成员国必须提供汽车 CO_2 排放的数据。欧盟关于汽车 CO_2 排放的策略会以讯息文件的形式每年一次地报告给欧洲议会和理事会。

监督制裁：如果 ACEA 不能实现承诺中规定的目标，或者如果它没有取得迈向这个目标的足够的进步，欧盟委员会声称将引入一项法律建议。同时欧盟委员会与属于 ACEA 的其他汽车制造商签署了协议。这些生产商应该使他们在欧洲市场上销售的汽车实现同等的汽车 CO_2 排放减少量。

总体而言，欧盟与 ACEA 签署的自愿协议是一个国际范围应对气候变化的优秀样本，特别是在监测方面和监测决定的实施阶段，取得了很大的提高。各成员国之间及与欧盟委员会之间的合作也值得其他国家效仿和借鉴。

目标方面：经过量化的有固定时间表的目标，有中期和远期目标两种（120 g CO_2/km）。在环境影响目标方面，由于欧盟市场汽车销售量的提高，CO_2 排放总量有可能增加。如果协议制定的目标更有挑战性，那么可能就会达到更好的环境影响，如稳定或减少汽车总 CO_2 排放。在社会影响目标方面，提高环境意识，促进技术革新，对欧盟以外的汽车生产商造成压力，利于促进全社会 CO_2 减排。

监测方面：共同制定和实施的 ACEA 协议监测方案拥有许多优点，并且有可进一步提升的空间，此协议中的监测程序比其他协议中更精确，并且在执行过程中得到了很大的提高。

监督机制方面：这一策略不具有法律约束力，也没有关于减少 CO_2 排放的其他政策法规来促进减少 CO_2 排放，因此监督力度不是很大。

花费方面：关于 ACEA 协议的花费，没有任何可以利用的信息，但总体花费不高，且大部分由各个国家分别承担。

合理性或合法性方面：一些民间组织批评说，虽然整个工业联盟正在为实现目标而努力着，但 ACEA 单个成员没有向公众公布各自减少 CO_2 排放的进展情况，这样减少了这个协议的合法性。

虽然协议文本没有对监测程序做任何规定，但总体上监测情况还是发展良好。关于监督机制，进一步引入了旨在减少汽车 CO_2 排放或正面或负面的制裁措施。但是在初期，制裁措施的威慑力还不够强大。

思考题

1. 请阐述自愿环境协议的经济学意义。
2. 请结合当前发展现状，尝试分析我国自愿环境协议的前景。

参考文献

[1] 庇古. 福利经济学[M]. 北京：中国社会科学出版社，1999.

[2] 李文青. 自愿协议环境管理模式研究[D]. 南京：南京大学，2006.

[3] 王勇. 自愿性环境协议在我国应用之可行性研究[J]. 环境与发展，2016，28（1）：6-14.

[4] European commission. Communication from the commission to the council and the European parliament. Implementing the community strategy. Brussels. 2004.

[5] Sarah K B. a critical analysis of the voluntary fuel economy agreement，established by the European automobile manufactures and the European commission with regard to its capacity to protect the environment.2000. http：//www.eeb.org/publication/2000/acea-10-finalcomplete，pdf.

后　记

环境管理学是环境科学体系中的一门重要的分支学科。环境管理学旨在结合环境经济学、管理科学、政策科学等社会科学的理论范式和分析方法来系统阐述环境管理的理论、方法、手段和政策实践，进而设计科学的宏观调控与管理工具，提供问题导向型的系统解决方案，协调经济发展与环境保护之间的关系。当前的环境管理教材多侧重于介绍环境管理的基本理念、基本知识和方法。但随着时间的流逝，时代在前进，人类社会的认识在深化，人类社会对环境管理的观念也在发生着巨大的改变。为此，本书系统介绍了当前环境管理主要理论，同时追踪国际社会环境管理发展历程和趋势，全面分析了环境管理主要手段以及这些管理手段的应用和政策实践。

全书章节结构安排主要为前三章介绍环境管理的基本理论，即环境事务中的政府干预理论、环境事务中的公众参与理论、环境管理中的利益权衡理论；后四章结合环境管理基本理论，全面阐述当前主要的环境管理手段和方法，即环境规制手段、环境经济手段、环境信息公开手段、自愿环境协议，并结合具体的案例分析，深入浅出地介绍了各类环境管理手段和方法的作用与效果。

本书原版《环境管理》于2009年出版，全书由王远、吕百韬负责拟定章节结构并统一修改定稿，由陆根法教授最终审定，其中引言部分由南京农业大学的吕百韬执笔，第一章由南京大学的万玉秋、刘洁执笔，第二章由贵州理工大学的安艳玲、李素贞、张钥执笔，第三章由南京大学的陈洁、王义琛执笔，第四章由山东大学的张式军执笔，第五章由中国人民大学的石磊、邢璐执笔，第六章由王远执笔，第七章由吴小庆、李文青、周婧执笔。

近年来，环境经济管理学科领域出现了许多新变化、新政策，尤其是党的十九大报告提出了中国发展新的历史方位——中国特色社会主义进入了新时代，为更好地介绍在新时代背景下环境经济与管理的新变化，更好地服务高等院校环境科学与环境工程教学，特将原《环境管理》修订为《环境经济与管理》。本书对近年来环境政策、环境标准的新变化进行了修订，增加了环境经济与管理领域的新内容。

此次修订工作由王远、安艳玲、张晨、刘宁、张式军、石磊、刘岩等共同完成，具体工作分工如下：第一章，刘宁、安艳玲、罗进、高世林；第二章，安艳玲、罗进、周晓雯；第三章，张晨、李增辉、蒋培培、陈华阳；第四章，张式军、罗进、黄逸敏；第五章，石磊、陈迪、王玥；第六章，王远、罗燊静、陈艳云；第七章，刘岩、黄逸敏。在此，谨向上述诸位同志致谢。

在本教材的编写中，我们参考了相关论著、书籍和文献，吸收和借鉴了同行的最新研究成果，在此谨向这些作者表示真诚的谢意！由于编者水平有限，书中错误、缺点在所难免，敬请读者批评指正。

编　者

二〇一九年九月